适用于机动车检测维修经理人

Jidongche Jiance Weixiu Jingliren Congye Zige Kaoshi Zhinan

机动车检测维修经理人从业资格考试指南

机动车维修检测人员从业资格考试指南编委会

人民交通出版社
China Communications Press

内 容 提 要

本书主要介绍了汽车维修企业厂长(经理)应该掌握的企业管理理论与方法,主要内容有:汽车维修企业管理概论、汽车维修企业生产管理、汽车维修企业服务营销、汽车维修企业安全与设备管理、汽车维修企业质量管理、汽车维修企业人力资源管理、汽车维修企业信息管理等。

本书是汽车维修企业厂长(经理)培训的专门教材,也可作为大专院校汽车专业的教学用书,还可作为汽车维修企业管理人员的参考书。

图书在版编目(CIP)数据

机动车检测维修经理人从业资格考试指南/机动车维修检测人员从业资格考试指南编委会主编. --北京:人民交通出版社,2012.5

ISBN 978-7-114-09669-3

Ⅰ.①机… Ⅱ.①机… Ⅲ.①机动车-车辆修理-资格考试-自学参考资料 Ⅳ.①U472.4

中国版本图书馆 CIP 数据核字(2012)第 037095 号

书　　名: **机动车检测维修经理人从业资格考试指南**
著 作 者: 机动车维修检测人员从业资格考试指南编委会
责任编辑: 曹延鹏
出版发行: 人民交通出版社
地　　址: (100011)北京市朝阳区安定门外外馆斜街 3 号
网　　址: http://www.ccpress.com.cn
销售电话: (010) 59757973
总 经 销: 人民交通出版社发行部
印　　刷: 北京市密东印刷有限公司
开　　本: 787×1092　1/16
印　　张: 14.25
字　　数: 352 千
版　　次: 2012 年 5 月　第 1 版
印　　次: 2013 年 9 月　第 2 次印刷
书　　号: ISBN 978-7-114-09669-3
定　　价: 30.00 元

机动车维修检测人员从业资格考试指南 审定委员会

主　任：徐同连

副主任：冯海波　李显生　刘浩学　华玉岩　吴东风　王　忠　席金波　隋中田

成　员（按姓氏笔画排序）：

马殿利　方学立　王　铮　吕万民　朱　军　李　敏　李　森
时　锋　杨　昆　张　禛　张忠文　项纪春　秦振彪　徐东风
徐殿忠　徐红梅　韩春晓

机动车维修检测人员从业资格考试指南 编写委员会

主　任：李晓峰

副主任：张西振　赵锦鹏

成　员（按姓氏笔画排序）：

于春光　王　凯　王凌艳　代洪娜　付　强　卢长福　刘　刚
刘贵英　曲昌辉　李　超　李景芝　朱鸿娟　宋孟辉　宋振华
邵启城　吴　刚　吴兴敏　杨洪庆　杨艳芬　张成利　张立新
张　远　郑长革　周英男　姜春连　姜　辉　姜　源　耿　炎
郭大民　徐　兵　黄月梅　康宏卓　梁　锋　潘宇飞　鞠　峰

前言

交通运输部颁布实施的《道路运输从业人员管理规定》,规定了对道路运输从业人员实行从业资格考试制度。道路运输从业人员从业资格考试制度的实施,对于加强我国道路运输从业人员从业资格管理、提高道路运输从业人员素质和促进我国道路运输业健康发展具有十分重要的意义。

道路运输从业人员是指经营性道路客货运输驾驶员、道路危险货物运输从业人员、机动车维修技术人员、机动车驾驶培训教练员、道路运输经理人和其他道路运输从业人员。其中,道路运输经理人包括道路客货运输企业、道路客货运输站(场)、机动车驾驶员培训机构、机动车维修企业的管理人员;其他道路运输从业人员包括道路客运乘务员、机动车驾驶员培训机构教学负责人及结业考核人员、机动车维修企业价格结算员及业务接待员。

为了配合交通运输部道路运输从业人员从业资格考试,帮助广大应考人员系统地学习相关知识,在短时间内掌握考试内容,顺利地通过考试,我们继《机动车维修技术人员从业资格考试指南》(共5本)之后,又组织编写了《机动车检测维修经理人从业资格考试指南》、《机动车维修企业价格结算员从业资格考试指南》、《机动车维修企业业务接待员从业资格考试指南》。

本书根据交通运输部《道路运输经理人从业资格实施办法》编写而成。道路运输经理人从业资格分为道路旅客运输及客运站经理人、道路货物运输及站场经理人、机动车检测维修经理人和机动车驾驶培训经理人4个类别。本书适用于参加机动车检测维修经理人从业资格考试的广大考生。

作为机动车检测维修经理人培训的专用教材,本书具有以下特点:其一,知识体系完整,内容编排上科学合理,由浅入深、循序渐进,语言通畅,概念清晰,图文并茂;其二,注重理论联系实际,在系统介绍汽车维修企业的科学理论与方法的同时,注重对典型案例的分析,有利于提高学员解决实际问题的能力,达到学以致用的目的。

本书适用于机动车检测维修经理人的自学和培训教育,是机动车检测维修经理人从业资格考试的配套教材。

由于编者水平有限,加之编写时间仓促,书中难免存在疏漏和不妥之处,诚请广大读者批评指正。北京华育通盛文化发展有限公司、辽宁省道路运输协会等单位在本套从书编写和审定过程中也做了大量工作,在此深表感谢。本书在编写过程中得到了行业内相关专家、学者的无私帮助,同时也参考了许多相关的著作、论文、报纸发表的文章、企业培训资料、网站等,在此一并表示感谢。

最后,预祝广大应考人员顺利通过机动车检测维修经理人从业资格考试。

机动车维修检测人员从业资格考试指南编委会

二〇一二年三月

目 录

第一章 汽车维修企业管理概论

学习目标

通过对本章内容的学习,你需要:

1. 了解汽车维修行业面临的机遇与挑战;
2. 掌握管理的概念及管理的二重性;
3. 掌握企业与企业管理的概念与基本特征;
4. 了解目前我国汽车维修行业存在的问题;
5. 了解国外汽车维修行业现状。

汽车作为现代化的交通运输工具,在国民经济中起着非常重要的作用。随着汽车技术的发展、人民生活水平的提高,我国汽车保有量正在迅速增长。2009 年中国汽车产销量均超过 1350 万辆,首次成为世界汽车产销第一大国。截至 2010 年 12 月 31 日,我国民用汽车保有量为 7802 万辆(其中载客汽车 6030 万辆)。汽车维修行业作为汽车运输的保障行业,也得到了迅速的发展,汽车维修企业(图 1-1)的管理水平也在不断的提高。目前,全国一类、二类汽车维修企业共有 30 多万家,从业人员近 300 万人。随着汽车维修市场的全面开放,美国、日本、德国等国家的快修连锁品牌纷纷进入中国,它们为汽车维修业带来了活力,也是国内汽车维修企业强有力的竞争对手。因此提高汽车维修企业管理水平非常重要,科学管理已成为培育汽车维修企业核心竞争力、实现企业可持续发展的重要途径。

图 1-1 环境整洁的汽车维修厂

第一节 企业管理的概念与特征

一 管理的概念及二重性

1 管理的概念

管理是人类共同活动的产物，只要存在众多人的协同劳动，就需要管理。管理活动具有普遍性。人的社会性必然要求人生活于组织中，参与其中的活动。而把众多人员组织起来以后，必须按照一定的标准进行科学的分工与合作，建立一定的关系和秩序，并对存在的矛盾与冲突进行协调。对于管理的概念，存在着不同的理解。

诺贝尔经济奖获得者西蒙认为:管理就是决策。

美国管理协会的定义:管理是通过他人的努力来达到目标。

著名管理学家曾仕强认为:管理是一个修己安人的历程。

一种普遍接受的观点是:管理是一定组织中的管理者，通过实施计划、组织、领导、控制等职能来协调他人的活动，让别人和自己一起完成组织目标的过程。

2 管理的二重性

管理的二重性是指管理的自然属性和社会属性。一方面，管理是由许多人进行协作劳动而产生的，是有效组织共同劳动所必需的，具有同生产力和社会化大生产相联系的自然属性；另一方面，管理又体现着生产资料所有者指挥劳动、监督劳动的意志，它又有同生产关系和社会制度相联系的社会属性。从管理过程的要求来看，既要遵循管理过程客观规律的科学性要求，又要体现强调实践的艺术性要求，这就是管理所具有的科学性和艺术性。

管理的二重性是马克思主义关于管理问题的基本观点。它反映出管理的目的性与必要性。所谓目的性，就是说管理直接或间接地同生产资料所有制有关，反映生产资料占有者组织劳动的目的。所谓必要性，就是说管理过程固有的属性，是有效的组织劳动所必需的。

二 企业的概念

企业是从事生产、流通、服务等经济活动，为满足社会需要和获取盈利，依照法定程序成立的具有法人资格、进行自主经营、独立享受权利和承担义务的经济组织。

企业的含义

▲企业是一种营利性组织，其生存的前提是“创造利润”。

▲企业是个别经济单位，或为工业，或为商业，自主经营，自负盈亏。

▲企业为社会提供产品或劳务，以满足消费者的需要。

三 企业管理的概念

企业管理是对企业的生产经营活动进行组织、计划、指挥、监督和调节等一系列职能的总称。企业管理的目的是尽可能利用企业的人力、物力、财力等资源,取得最大的经济效益。随着企业经营规模的不断扩大、生产专业化程度的提高,提高企业管理水平也越来越重要。

构成企业的要素为7M,即人员、金钱、方法、机器、物料、市场及工作精神。企业所要管理的对象,也包括这几个方面,即人力资源管理、财务管理、生产管理、设备及安全管理、市场营销管理及文化管理。

四 企业管理的特征

1 企业管理是一种文化现象和社会现象

只要有人类社会存在,就存在着管理。因此,管理是一种社会现象和文化现象。管理的载体是组织。组织是两个或两个以上的人组成的为实现一定目标进行协作活动的集体。

组织的规模、类型可能千差万别,但其内部都包括五个基本要素,即人(管理的主体和客体)、物(管理的客体、手段和条件)、信息(管理的媒介、依据)、机构(反映管理的分工关系和管理方式)、目的(表明为什么要有这个组织)。外部环境对组织的效果和效率有很大的影响,外部环境包括一般环境和具体环境两部分。一般环境主要指经济、法律、社会文化和科学技术因素,具体环境主要指顾客、供应商、竞争者等因素。

2 企业管理的主体是管理者

管理是让别人和自己一起去实现组织的目标,管理者就要对管理的效果负责。企业管理者在企业生产经营活动中处于领导地位,发挥着重要的作用。企业管理者具有计划、组织、领导、控制各项职能。

3 管理的核心是处理好人际关系

人既是管理的主体又是管理的客体,因此,管理者一定要处理好各种人际关系,尤其要注重调动下属的积极性。根据马斯洛的需求层次理论(图1-2),人的需求分为五个层次,管理人员可以通过问卷调查、走访、观察等形式了解下属的需求,并采取多种方法满足员工的需求,调动大家的积极性,共同实现组织的目标。

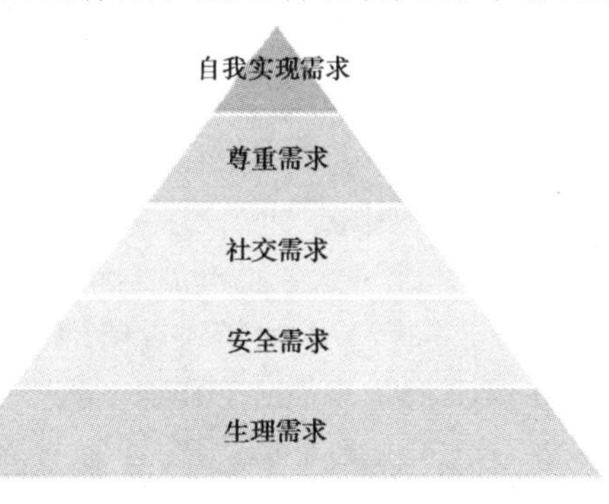

图1-2 马斯洛需求层次理论

小资料

马斯洛的需求层次理论

马斯洛理论把需求分成生理需求、安全需求、社交需求、尊重需求和自我实现需求五类,依次由较低层次到较高层次排列。

(1)五种需求像阶梯一样从低到高,按层次逐级递升,但这样次序不是完全固定的,可以变化,也有种种例外情况。

(2)一般来说,某一层次的需求相对满足了,就会向高一层次发展,追求更高一层次的需求就成为驱使行为的动力。相应地,获得基本满足的需求就不再是一股激励力量。

(3)五种需求可以分为两级,其中生理上的需求、安全上的需求和感情上的需求都属于低一级的需求,这些需求通过外部条件就可以满足;而尊重的需求和自我实现的需求是高级需求,需通过内部因素才能满足的,而且一个人对尊重和自我实现的需求是无止境的。同一时期,一个人可能有几种需求,但每一时期总有一种需求占支配地位,对行为起决定作用。任何一种需求都不会因为更高层次需求的发展而消失。各层次的需求相互依赖和重叠,高层次的需求发展后,低层次的需求仍然存在,只是对行为影响的程度大大减小。

(4)马斯洛和其他的行为心理学家都认为,一个国家多数人的需求层次结构,是同这个国家的经济发展水平、科技发展水平、文化和人民受教育的程度直接相关的。在不发达国家,生理需求和安全需求占主导的人数比例较大,而高级需求占主导的人数比例较小;在发达国家,则刚好相反。

五 企业管理原理

1 系统原理

系统原理是用系统的观点、理论和方法研究管理问题,把管理对象看成一个有机的统一体,分析其构成要素以及要素与要素、要素与整体的关系,从总体上把握系统的特点和构成,从整体效应出发寻求解决问题的办法和措施,从而达到管理优化的目标。

运用系统原理的观点,是因为人类面临的问题越来越复杂,社会生产实践范围扩大,只有运用系统原理的观点去观察、分析和处理问题,才能有好的效果。

2 创新原理

创新原理是指企业为实现总体战略目标,在生产经营过程中,根据内外环境变化的实际,按照科学态度,不断否定自己,创造具有自身特色的新思想、新思路、新经验、新方法、新技术,并加以实施。

企业创新一般包括产品创新、技术创新、市场创新、组织创新和管理方法创新等。产品创新主要是提高质量,扩大规模,创立名牌;技术创新主要是加强科学技术研究,不断研发新产品,提高设备技术水平和职工队伍素质;市场创新主要是加强市场调查研究,提高市场占有率,努力开拓新市场;组织创新主要是企业组织结构的调整要切合企业发展的需要;管理方法的创新主要是企业生产经营过程中的具体管理技术和管理方法的创新。

3 开放原理

企业作为一个系统,生存在特定的环境之中,系统或组织从属于某个更大的系统,系统与环境有物质、能量、信息交换的现象称之为系统开放性。一个有机系统必须对外开放,通过与外界进行物质、能量、信息的交换,补充系统内部消耗散失的能量,才能保持活力,保持生命力。

4 人本原理

人本原理是指树立以人为本的管理思想，一切管理活动都应以调动人的主观能动性、积极性和创造性为核心来进行。现代管理把人的因素放在首位，重视处理人际关系，尽量发挥人的自觉性和自我实现精神，是现代社会、经济和人类自身发展的必然结果。

实施人本管理，第一，要研究人的需求和行为动机，掌握人的心理活动规律，进而激发人的动力；第二，要积极为被管理者创造良好的工作环境和条件，满足其必要的物质和精神需要，激发其工作热情；第三，要正确处理民主和集中、统一领导与分级管理的关系，理顺管理者和被管理者的关系，发挥被管理者的主观能动性；第四，要采用有效的管理措施手段，转变传统管理方式，建立科学的管理机制，鼓励员工参与管理和决策，实施人性化的柔性管理。

5 动力原理

管理是一个活动过程，需要有动力，有了动力并能正确运用动力，才能推动管理运动持续而有效地进行下去，这就是管理的动力原理。动力是一种能源，管理活动中必须采取各种有效手段和措施，为员工注入强大的动力，才能充分调动员工的积极性和创造性，进而推动管理活动按照预期的方向有序高效地进行。

在管理中运用动力原理需要处理以下几种关系：

第一，动力分为物质动力、精神动力和信息动力三种，三种动力相互促进，相互补充，综合运用；

第二，个体动力和集体动力的协调、平衡；

第三，近期动力和远期动力之间的协调。

6 反馈原理

反馈是控制系统将其输出的信息结果返送回原始输入端，对信息的加工处理产生影响，使输出的结果更加接近预定目标的控制调节机制。

正反馈使系统的输入对输出的影响增大，导致系统的运动扩散加剧（正反馈一般反馈的是成绩、优点、好处等）。

负反馈使系统的输入对输出的影响减小，使系统偏离目标的运动收缩（负反馈一般反馈的是问题、缺点、教训等）。

7 弹性原理

管理必须保持应有的弹性和灵活性，即对管理系统外部环境和内部情况的不确定性要予以考虑，在做出决策、确定目标、制定计划等方面留有余地，使系统对未来的变化具有很强的应变能力。

8 控制原理

控制原理是指根据工作计划和目标，制定标准，监督各项活动，将实际工作绩效与标准进行比较，发现和分析偏差，然后采取管理措施纠正偏差，以保证原定计划和目标的实现。

控制按控制的时间分，有事前控制、事中控制和事后控制；按控制的结构分，有集中控制和分散控制；按控制的手段分为直接控制和间接控制。

控制是实现计划的保证,控制系统要反映计划的要求。有效的控制也必须反映组织结构类型,符合组织机构中职责的要求。做好控制工作还要注意把握关键影响因素和事物发展变化的趋势,具有全局观,善于控制关键点。做到客观公正,使员工能自觉接受监督和控制。

9 效益原理

效益原理是指企业通过加强管理工作,以尽量少的劳动消耗和资金占用,生产出尽可能多的符合社会需要的产品,不断提高企业的经济效益和社会效益。

提高经济效益是社会主义经济发展规律的客观要求,是每个企业的基本职责。企业在生产经营管理过程中,一方面要努力降低消耗、节约成本,另一方面又要努力生产符合社会需要的产品,从增产和节约两个方面提高经济效益,以求得企业的生存与发展。

企业在提高经济效益的同时,也要讲求社会效益。企业应从大局出发,首先满足社会效益,在保证社会效益的前提下,追求经济效益。

第二节 汽车维修企业的经营理念

随着市场经济的建立与完善,对传统的经营理念造成了根本性的冲击。汽车维修市场已由卖方市场转化为买方市场,树立正确的经营理念,努力提高服务质量至关重要。

一 CS 经营理念

“CS”是 Customer Satisfaction 的英文缩写,译为“顾客满意”,也称“顾客完全满意”。CS 理念即顾客满意理念,是指顾客在购买和消费某种有形产品或无形产品的过程中,消费需求获得满足的状态。CS 理念是一种以顾客满意为核心,以信息技术为基础,以顾客满意程度为工具的一种新型的现代企业经营管理理论;CS 理念中的“顾客”:一是指企业的外部顾客,即购买和可能购买企业产品或服务的个人或团体;二是指企业的内部顾客,即企业的内部成员,包括企业的员工和股东。故 CS 战略是一种以广义的顾客为中心的全方位顾客满意经营战略。

图 1-3 加强与顾客的沟通

CS 理念中的顾客满意指企业提供给顾客的产品或服务符合或超过顾客的事前期待的状态,顾客的事前期待与顾客对产品或服务的实际体验两者间的差距决定着顾客的满意程度;顾客满意是建立在道德、法律和社会责任基础上的,有悖于道德、法律和社会责任的满意行为不是顾客满意的本意;顾客满意的内容是一个动态变化的发展系统,顾客满意是相对的,是建立在特定的时空条件下的生产力水平和消费水平上的;顾客满意有鲜明的个体差异,企业应提供有差异化的顾客满意服务。目前汽车维修企业面临着激烈的市场竞争,只有为顾客提供优质服务,加强与顾客沟通(图 1-3),提高客户满意度,才能在竞争中取胜。

二 诚信经营理念

诚信经营是企业生存的基础，是微观经济实体的生存之本。一个市场信用不好，就会衰落萧条；一个企业信用不好，就很难生存发展。社会主义市场经济是法制经济，也是道德经济，更是信用经济。一个企业信用不好，将会在无情的市场竞争中被淘汰出局，这是社会发展的必然规律。社会主义市场经济要求人们信守合约、文明经营、履行承诺、公平竞争，反对见利忘义、坑蒙拐骗、权钱交易。贯穿这些经济道德的主线就是诚实守信。诚实守信是市场经济不可或缺的道德观念，也是一个地区、一个企业、一个经营者最可贵的无形资产。有个别维修企业受利益驱使，采取了漫天要价、配件以次充好等欺诈手段，坑骗消费者，损害了企业的声誉，应及时解决这些问题，否则将影响到汽车维修企业的长远发展。

三 以人为本理念

"以人为本"就是企业把人当作是企业发展的最根本条件，把人才真正视为企业的无形财富。"以人为本"就是以人为基础，以人为前提，以人为动力，以人为目的。在现代社会，以人为本的思想越来越受到重视。人们普遍把它作为经济社会发展的一种尺度、一种原则、一种要求，作为维护人的利益的一种需要、一种追求和目的。这种理念思想内涵深刻，具有很大的现实意义。

员工是创造企业财富的源泉。员工是企业产品或服务数量、质量的生产者，是企业财富的创造者，人力资源是企业最为宝贵的资源。"以人为本"的企业文化应该是尊重知识、尊重人才的文化，充分重视人才的价值，视员工的生命、财产安全高于一切。企业的运作和发展，依靠的是全体员工的力量，而不单单是依靠某个人、某几个人的能力。故企业要靠尊重和培养员工的主人翁精神，同心同德，共谋发展。企业领导要了解员工的优势需求，注重调动员工的积极性。

第三节　汽车维修业现状及发展趋势

汽车作为现代化的交通运输工具，在国民经济中起着非常重要的作用。随着汽车技术的发展、人民生活水平的提高，我国汽车保有量正在迅速增长。汽车维修行业作为汽车运输的保障行业，也得到了迅速的发展。

一 汽车维修行业现状

市场预测显示，随着汽车数量的增加，售后服务行业的企业规模将以每年近20%的速度发展，以满足汽车使用中对维修、检测等方面的需求。据中华网报道，2009 年我国全部汽车维修业年创产值400 亿，一类企业超过 9000 家。目前，全国一类、二类汽车维修企业共有 30 多万家，从业人员近 300 万人。

目前，我国已形成了以一类汽车维修企业为骨干、二类汽车维修企业为基础、三类汽车维修业户为补充、综合性能检测站为技术支撑的多种经济成分协调发展的机动车维修服务网络格局，汽车维修经营模式和服务方式愈加多元化，从过去的大而全、单一的综合性维修模式，发展为目前的汽车特约维修、3S/4S 店、综合类、快修、连锁、一站式服务等多种经营模式并存的局面。从维修服务网点布局分析，绝大部分一类企业和部分优秀的二类企业已转型为4S 店，分布于大中型城市内；二类企业和大部分三类企业分布在公路沿线和城乡结合部。

1 行业形象明显改善

汽车维修行业在提升维修质量和服务能力的同时，政治意识、大局意识明显增强。在国家重大突发事件发生时，冲得上，保障能力强。在抗洪抢险、抗震救灾中，义务为运输车辆提供后勤保障以及紧急救援服务，赢得了社会的高度赞誉。汽车维修业的社会认知度明显提升，曝光事件大大减少，社会满意度不断提高。

2 汽车维修质量明显提高

多年来，道路运输管理机构引导和督促企业建立健全岗位责任制度、质量管理制度、三检制度、质量保证期制度、出厂合格证制度等质量保证体系，提高了汽车维修质量保障能力，从采购、入库、出库各个环节规范了配件使用管理，明显提高了行业整体维修质量。

3 市场秩序明显好转

汽车维修行业作为一个新兴行业，经过数次全国范围内的大规模整顿，在依法取缔无证经营，严厉打击欺诈行为，整治经营条件不达标和经营不规范企业等方面，取得了明显实效。

二 汽车维修业存在的主要问题

1 行业的诚信度较低

汽车维修技术与迅速发展的汽车技术之间存在较大差距，加之从业人员素质偏低，影响了汽车维修质量；有些企业使用假冒伪劣的汽车配件，存在着乱收费等问题，使很多用户修车担心上当受骗，导致汽车维修行业在社会上的诚信度不高，信誉度较差。

汽车维修服务质量的高低是企业生存的关键。随着汽车工业的发展，高新技术在汽车上的广泛应用，对汽车维修人员的技术水平及整体素质都提出了更高的要求。但是目前从业人员的文化水平较低，服务意识、技术水平都急待提高，个性化定制服务机制尚未形成，行业的信息反馈机制、投诉调查处理机制还不完善，顾客满意度不高。

2 信息化管理水平较低

信息化管理是现代化管理的显著标志。由于缺少全行业信息网络化建设规划和技术规范，加上各级管理部门对信息化建设重视不足，资金投入少，整体汽车维修信息化管理水平还不够高。目前大部分管理部门建立了只有许可审批、质量管理、市场监管、内部查询等功能的局域网，不能实现车辆管理信息资源共享。

汽车维修市场及汽车维修行业管理工作信息化程度不高，一方面造成消费者获得信息的途径不畅、信息不对称,不能及时全面地了解行业有关政策、法规、标准、企业资质及诚信度、救援等信息;另一方面,极大地影响了汽车维修行业管理的效率和质量,不能适应现代经济发展的需要。

3 政策法规不完善,市场需要进一步规范

我国汽车维修行业标准还不够完善,不能很好的适应市场发展需要。《中华人民共和国道路运输条例》、《机动车维修管理规定》对行政许可、经营行为、维修质量、人员培训等都做出了明确、具体的要求,并且制定了一些禁止性规定,但是对不履行责任和义务或者违反禁止性条款的行为却没有设置对应的罚则,如:规定应该执行竣工检验制度和质量保证期制度,但企业没有履行该义务,规定只有警告和责令改正的处罚,处罚力度不够;对从业人员持证上岗率应达到40%以上的规定,维修企业不执行也没有相应的罚则。

三 汽车维修行业面临的发展机遇与挑战

1 汽车维修业前景广阔

在一个完全成熟的国际化的汽车市场中,60%的利润来自于服务领域,汽车的销售利润约占整个汽车业利润的20%,零部件利润约占20%。目前国内汽车的销售利润中,制造商的比重过大,服务的比重偏小,这种局面急待改进,汽车维修业前景广阔,有着巨大的发展潜力。

2 行业主管部门加大了对汽车维修行业的管理力度

交通运输部在2005年颁布实施了《机动车维修管理规定》,还在2006年颁布实施了《机动车维修企业质量信誉考核办法》和《道路运输从业人员管理规定》。这些规定的实施加强了对汽车维修行业的全面管理,推动了汽车维修行业健康有序的发展。

3 传统的盈利模式已开始向售后服务业转移

有关资料预测,国内汽车产业2015年总值将达到14620亿元,其中汽车售后服务业的产值将达到5400亿元,约为汽车产业总产值的1/3。随着不断引进国外先进服务理念和服务手段,传统的盈利模式已开始向售后服务业转移。

4 汽车维修市场全面开放后面临激烈的市场竞争

随着汽车维修市场的全面开放,美国、日本、德国等国家的快修连锁品牌纷纷进入中国。它们为汽车维修企业带来了活力,也带来了先进的管理经验,也是国内汽车维修企业强有力的竞争对手。

小资料

国外汽车维修行业现状

1. 美国:连锁经营唱主角

专业连锁维修店是美国人维护车辆的首选,有人把它形象的比作汽车售后服务行业中

的"麦当劳"。从某种意义上说,美国发展成为当今世界第一汽车大国,除了一些大的汽车制造公司所作的巨大贡献,发展完善的汽车专业连锁维修业也立下了汗马功劳。

从20世纪20年代开始,美国汽车维修行业的连锁经营模式就崭露头角,其着眼点放在专业性和广泛性上,在美国的50个州随处可见这种连锁经营模式的汽车维修店。

2. 加拿大:行业标准有特色

加拿大的汽车修理业已成为一种产业,专业的汽车技工需要为车主提供汽车性能评估、汽车修理及维护服务。

为了规范汽车维修市场,加强用户与汽车服务商之间的联系,解决双方的纠纷,加拿大在全国范围内成立了国有的非营利性机构——"驾车者安全担保计划"(MAPC),为汽车驾驶员和服务商提供有关汽车维修方面的培训,并制定了严格的行业标准,监管全国的汽车零售商和维修服务商。

加入"驾车者安全担保计划"的汽车维修厂都会悬挂醒目统一的标识,这个标识在加拿大如同"绿色环保标志"、"纯羊毛标志"等标识一样家喻户晓,也是车主选择汽车维修地点的根据。悬挂这个标志意味着汽车维修厂家是通过国家维修技术鉴定的服务商,它必须遵守"驾车者安全担保计划"规定的所有行业标准,履行对消费者的承诺,并接受该计划的监督。"驾车者安全担保计划"的成员资格只授予那些诚实可信、严守职业道德的服务商。在加拿大,要想获得这个资格,必须通过"驾车者安全担保计划"全方位的鉴定。

在"驾车者安全担保计划"的加盟维修厂,消费者享有整个维修过程的控制权,服务商必须与顾客进行全面、诚实的沟通,不能对汽车状况和维修内容有所隐瞒或扭曲,必须为顾客提供最适当的维修方案,以提高车辆的可靠性能、保障车主的安全。服务商必须在店面的明显位置悬挂"驾车者安全担保计划"的服务标准和担保承诺,并严格遵守。

3. 日本:尽享人性化服务的汽车维修服务

日本汽车市场的兴旺带动了汽车维修领域的蓬勃发展。多年来,日本汽修领域形成了完善的服务体系,人性化的服务措施,使得日本有车族们安心享受着完美的"房车生活"。

在日本,几家大型汽车公司同时也是汽车维修厂的主要供应商。为完善售后服务,同时也看好汽车维修领域巨大的经济利益,许多直营或加盟的特约维修站应运而生。由于有配套的技术、品牌的质量保证、统一的标准,使得许多日本人愿意将车送到特约维修站进行维修。特约维修站有一整套专业的车辆技术资料,维修人员经验丰富,当汽车进行维修时,运用这些技术资料可以快速查找故障原因,设计出最佳的排除故障方案,而且在维修站使用的都是与自己车型相匹配的原厂件,能够保证汽车维修的质量,令客户放心。

四 汽车技术变化及特征

汽车产品也被称之为高新技术的载体,涉及诸多领域的科学与技术问题,随着科技水平的提高而不断变化。汽车行业的发展有如下的技术特征。

1 新能源汽车发展迅速

为保障汽车能源安全和应对气候变化,随着各国鼓励政策的实施,进入21世纪以来,以混合动力车为代表、包括纯电动和燃料电池在内的新能源汽车得到了快速发展。国际能源机构(IEA)预测,到2012年,混合动力汽车的销售量会达到220万辆。混合动力汽车以日本为主导的格局正在打破，各汽车公司纷纷推出具有特色的混合动力汽车。美国三大汽车公司2008年的混合动力汽车超过8款，大众、奔驰、宝马等欧洲车企也全面加快推出柴油混合动力产品。美国新一届政府计划2015年生产100万辆混合动力车。我国也将新能源汽车（图1-4）作为七大新兴战略产业之一。

图1-4 新能源汽车

我国发展电动汽车有得天独厚的条件，第一，从中国的能源结构看，石油资源相对短缺，而电能、风能、太阳能等清洁能源应得到充分利用；第二，发展混合动力汽车可以规避在发动机、变速器等传统汽车技术方面的劣势，有“跨越式”或“弯道超车”的诱惑；第三，发展电动汽车有相对优势，政府在推动充电站等方面的力度较大，以及稀土、锂资源不受外国制约等。

2 智能化安全控制技术将得到广泛的应用

汽车安全性能是汽车的核心性能之一。常规汽车安全控制系统（如ABS、TCS、VDC、安全带、安全气囊等）已成为很多车型的标准配置。此外，基于智能交通系统概念，以事故预防为主要目的的理念是：自动感知交通环境；提前判断车辆行驶安全状态；主动辅助驾驶员控制；有效提高行驶安全性。基于这种理念的多种智能化驾驶辅助系统已得到应用。

3 新型汽车设计上遵循“节能、环保”的理念

基于循环经济要求，在汽车新产品开发和设计上遵循“节能、环保”和“可拆卸、可回收、再利用”理念。汽车轻量化技术也是节能减排的有效措施之一，国际上有多项针对此技术的研究计划，我国也成立了汽车轻量化联盟。目前汽车轻量化技术研究主要包括结构优化方法、轻量化材料和先进制造技术。

五 我国市场经济条件下汽车服务企业的经济环境

汽车服务企业是指为潜在和现实的汽车使用者和消费者提供服务的企业，主要是指从事汽车营销的企业和为汽车使用者或消费者提供维修和保障技术服务、配件供应及其他相关服务的企业。

汽车服务企业的发展与汽车工业的发展息息相关。汽车工业经过120多年的发展，给人类社会带来了翻天覆地的变化。汽车工业被许多国家视为支柱产业，在经济发展过程中发挥了重要作用。我国改革开放以来，汽车工业得到了迅速的发展，特别是自20世纪90年代后我国政府实施了鼓励汽车进入家庭的政策，汽车的产量以每年15%～20%的增幅快速增长，这也给汽车后市场带来了前所未有的发展机遇。

汽车属于高科技含量的产品，在其整个寿命周期内，都需要专门的技术人员提供服务，因此，汽车服务企业伴随着汽车工业的发展也得到了快速的发展。据美国测算，1美元的汽车工业产值将会带来8美元的汽车后市场产值。因此，汽车服务后市场也称为汽车制造业价值链中的“第二桶金”，汽车服务业有着良好的发展前景。据不完全统计，近年来我国汽车服务企业的数量每年增长10%。此外，随着国际服务贸易壁垒的打破，国外汽车服务企业也

在大量进入我国市场，致使汽车服务市场竞争更为激烈。

案例分析

上海汽车集团"宅捷修"开创售后服务新形式

日前，上海汽车正式启动了"尊荣体验"售后服务品牌旗下的全新服务产品——"宅捷修"，在国内汽车行业售后服务领域再创先河。"宅捷修"以"到家式"的服务方式和多达50项的特色服务内容，树立国内汽车售后服务行业的全新标准，颠覆了"4S店坐等车主上门"的传统服务模式，具有划时代的意义，"宅捷修"的服务专用车如图1-5所示。

图1-5 "宅捷修"的服务专用车

此次推出的"宅捷修"，是上海汽车结合中国市场区域特色和消费者需求，在国内首创的全新"到家式"售后服务产品。"宅捷修"不仅能够覆盖服务网点密集的一、二线城市，在网点较为稀疏的三线、四线城市同样可以通过全国巡回的方式将专业服务"送上门"，从而大大节省了消费者的时间和费用成本。"宅捷修"的服务内容也非常丰富，涵盖了车辆检测、修理、维护三大类50项内容，更有两油两液检测及添加、轮胎气压检测及补充、发动机舱线束整理等增值项目，以"以养代修"服务理念帮助消费者及时发现隐患、有效降低使用成本。

事实上这已不是上海汽车第一次"开启业内之先河"了。早在2006年荣威品牌推出之前，上海汽车就已先行发布了"尊荣体验"的服务品牌；当行业内普遍遵守"2年或6万km"服务标准时，上海汽车又率先提出了"3年或8万km"的保修政策。在业界有这样一句俗语："一流企业做标准，二流企业做品牌，三流企业做产品"，而上海汽车用一个个"业内首创"的服务产品，一次次刷新国内汽车售后服务行业标准，从而使其能够持续成为国内汽车售后服务领域的领军企业。

（摘自2011年08月23日北京晚报）

讨论题：上海汽车推出全新服务产品"宅捷修"给我们带来哪些启示？

【复习思考题】

1. 什么是企业管理？它具有哪些基本特征？
2. 汽车维修业面临的机遇与挑战有哪些？
3. 什么是管理及管理的二重性？
4. 汽车行业技术发展的特征有哪些？
5. 目前我国汽车维修行业存在哪些问题？
6. 国外汽车维修行业现状如何？
7. 企业管理的基本原理有哪些？

第二章 汽车维修企业生产管理

学习目标

通过对本章内容的学习，你需要：

1. 了解完整的汽车维修企业服务内容，熟悉各服务流程环节的服务流程及服务规范；
2. 掌握企业实施六西格玛管理的方法、处理顾客与企业关系的原则、顾客档案的建立与使用等；
3. 重点掌握服务流程的内容、业务流程再造的方式、六西格玛管理内容；
4. 掌握汽车维修合同签订的范围与内容。

第一节 服务流程

一个汽车维修企业是否有一套科学完整的业务流程以及这种业务流程执行得是否全面和细致，直接体现了企业的经营管理水平。汽车维修企业的维修服务过程具有明显的特点和步骤，主要包括：预约、接待、维修、质量检验、交车及结算、跟踪等环节，如图2-1所示。

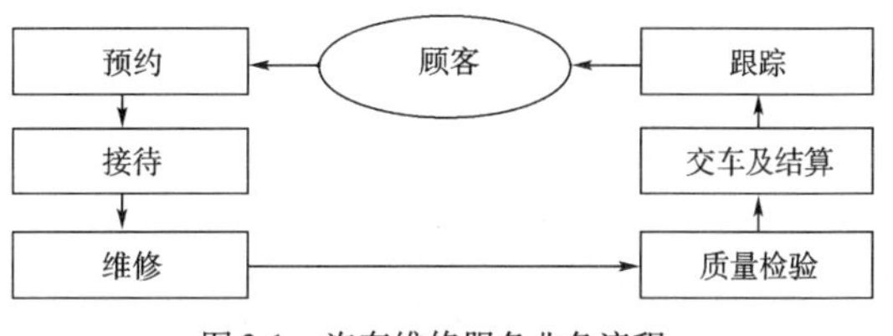

图2-1 汽车维修服务业务流程

 预约

图2-2 汽车维修服务预约

1 预约服务流程

预约是同顾客预先约定好何时维修、维修什么项目，它是汽车维修服务流程的第一个重要环节，构成了与顾客的第一场接触，从而也就提供了立即与顾客建立良好关系的机会。电话预约如图2-2所示。

预约服务流程如图2-3所示。

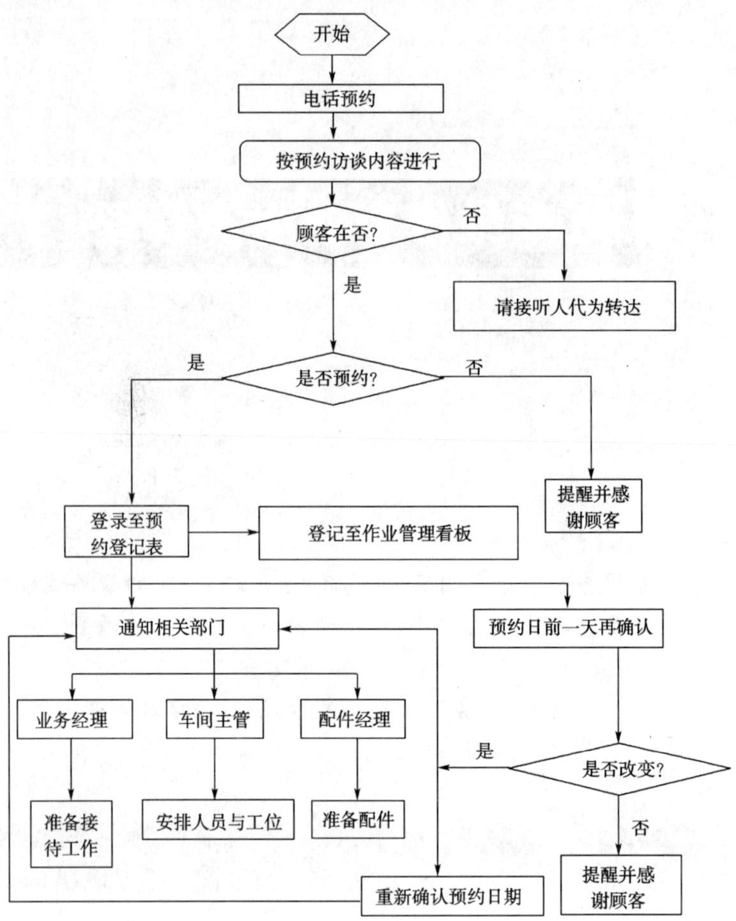

图 2-3　预约服务流程

2 预约实施规范

(1)车辆维护电话预约应在维护前一周进行,信函预约应在维护前两周进行。

(2)预约的顾客应做好预约记录,并通知车间、配件部门。

(3)对预约的顾客要预留工位、配件和维修人员。

(4)预约日前一天再提醒顾客。

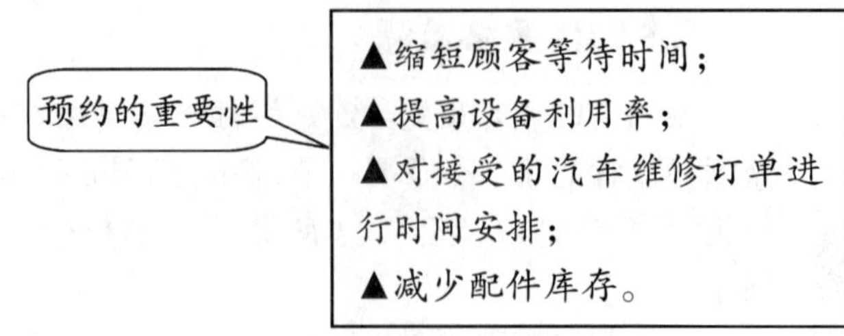

 接待

1 接待应注意事项

从顾客将车停到业务接待厅的门前那一刻,对顾客的接待就已经开始了。接待属于服务流程中与顾客接车环节,业务接待员将与顾客进行沟通交流,因此业务接待员应当注意形象与顾客进行有效的沟通,体现出对顾客的关注与尊重,体现出高水平的业务素质,从而为企业创造最大的效益。接待时应注意做到以下几点:

图 2-4 陪同顾客检查车辆

(1)让顾客满意的前提是与顾客进行良好的沟通。其中包括认真听取顾客意见,提出问题,解释关联性问题以及为顾客提供良好的、专业化的咨询。

(2)业务接待员有必要与顾客一起检查车辆(图 2-4),从而赢得顾客的信任。

(3)让顾客相信并理解即将进行的工作的必要性和重要性。因为顾客在送修之前几乎总是看到缺点:工时费用高、配件费用高、送取车费高等,而业务接待员的任务就是赢得顾客的信任。

2 接待服务流程

接待服务流程图如图 2-5 所示。

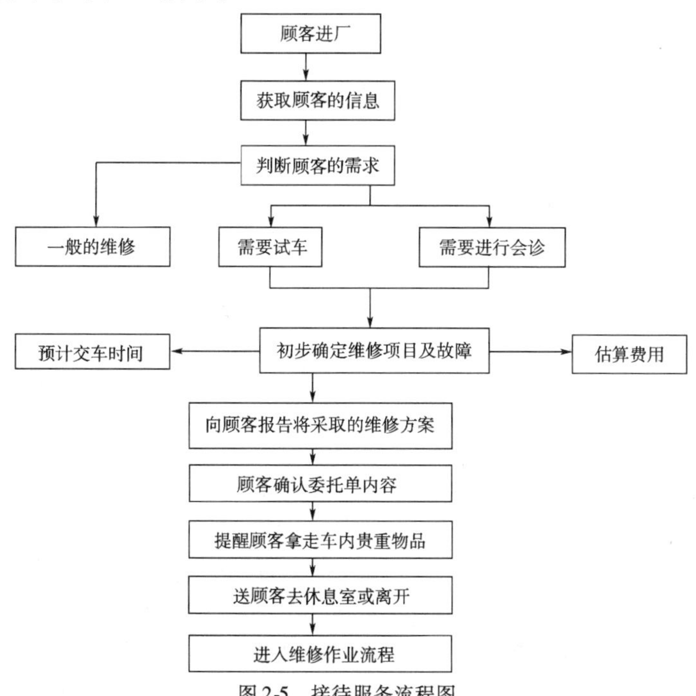

图 2-5 接待服务流程图

3 接待服务规范

(1)业务接待员要亲自进行顾客接待工作,不能因为工作忙,就叫其他人员代替,这样会让顾客感到不受重视,顾客会对企业产生不信任感。

(2)业务接待员需将胸牌戴在显眼的位置,以便顾客知道在和谁打交道,有利于增加信任。

(3)接待时应直接称呼顾客的姓名和职务,这样顾客感到受重视,同时显得亲切。

(4)接待的顾客可分为预约顾客、未预约顾客。

(5)接待时应集中精力,避免匆忙或心不在焉。

(6)认真听取顾客有哪些具体的愿望和问题,通过有针对性的提问更多地了解顾客的要求,并将所有重要的信息记录在派工单中。

(7)在填写维修单之前与顾客一起对车辆进行检查,如果故障只在行驶中发现,应与顾客一起进行试车。

(8)向顾客解释可能的维修范围,若顾客不明白或想进一步了解,可通过易于理解的实例来形象的解释一些技术细节。

(9)告诉顾客所进行的维修工作的必要性和对车辆的好处。

(10)在确定维修范围之后,告诉顾客可能花费的工时费及材料费。

图2-6　顾客接待室

(11)分析维修项目,告诉顾客可能出现的几种情况,并表示在进行处理之前会事先征得顾客的同意。

(12)业务接待员要写出或打印出维修单,经与顾客沟通确认能满足其要求后,请顾客在维修单上签名确认。

(13)提醒顾客将车上的贵重物品拿走。

(14)最后请顾客到顾客接待室(图2-6)休息或与顾客道别。

三 维修

1 维修应注意事项

维修属于汽车维修企业内部环节,维修企业的经营业绩和车辆维修的质量主要由此环节产生,因此,这个环节是维修企业管理的核心环节。为保证维修的效率和质量,应注意以下几方面的工作:

(1)应及时、全面、准确的完成维修项目,不应超过维修范围进行作业。如发现维修内容与车辆的实际情况不完全相符,需要增加、减少或调整维修项目时,应及时通知业务接待员,由业务接待员估算相关维修费用、完工时间,取得顾客同意后方可更改维修内容,并办理签字手续。

(2)由于新车型、新技术不断出现,对维修人员的综合技术素质要求越来越高,维修人员应当具备比较丰富的汽车理论知识与实践经验,受过专业培训并取得维修资格后方可上岗。

（3）维修人员在作业中应当爱惜顾客的车辆，注意车辆的防护与清洁卫生。如果有可能，就给车辆加上翼子板护垫、座椅护套、转向盘护套、脚垫等防护用具。

（4）维修作业时应当做到文明生产、文明维修。做到零件、工具、油水“三不落地”，随时保持维修现场的整洁，保持维修企业的良好形象。图2-7所示为宽敞明亮的维修工作场所。

图2-7　宽敞明亮的维修工作场所

❷ 维修服务工作流程

维修服务工作流程如图2-8所示。

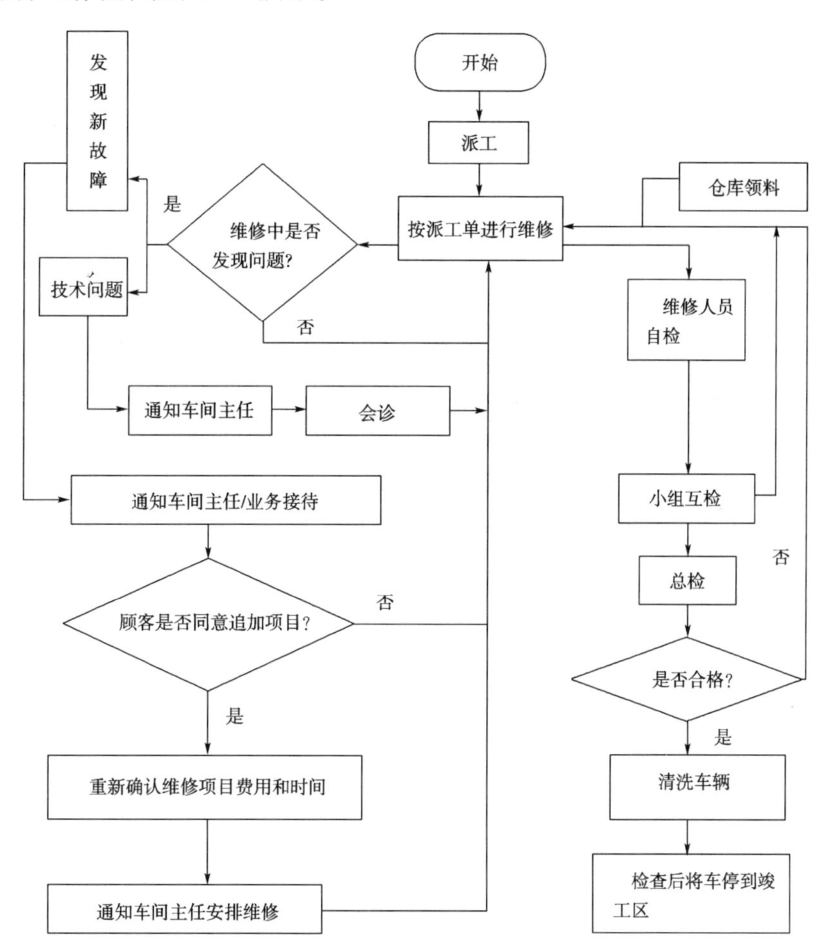

图2-8　维修服务流程

❸ 维修服务规范

（1）维修人员要保持良好的职业形象，穿着统一的工作服和安全鞋。

（2）作业时要使用座椅套、脚垫、翼子板保护垫、转向盘套、变速杆套等必要的保护装备。

（3）不可做在顾客车内吸烟、听音响、使用电话等与维修无关的事情。

(4)作业时车辆要整齐摆放在车间。

(5)时刻保持地面、工具柜、工作台、工具等整齐清洁。

(6)作业时工具、拆卸的部件及领用的新件不能摆放在地面上。

(7)正确使用专用工具和专用仪器,不能野蛮作业。

(8)在维修过程中,发现新故障时,要及时向领导报告并通知顾客。

(9)维修人员要保证在预期的时间内完成,如果认为可以提前或延迟完工要报告车间主任,以便车间主任通知业务接待员与顾客联系。

(10)作业完毕后将车内的旧件、工具、垃圾等收拾干净。

(11)将更换下来的旧件放在规定位置,以便顾客带走。

(12)将座椅、转向盘、后视镜等调至原来位置。

四 质量检验

1 质检服务流程

质检服务流程如图2-9所示。

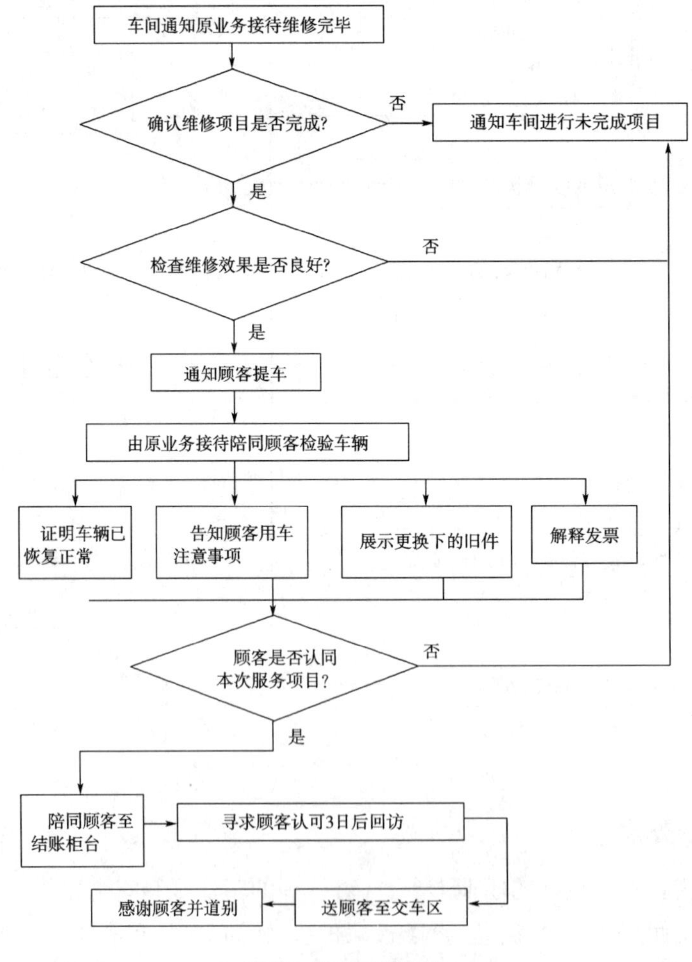

图2-9 交车服务流程

2 质检服务规范

(1)维修质量实行自检、互检和专检相结合的质量检验制度。维修人员负责对维修质量的自检、各作业班组维修质量的互检,专职质量检验员全面负责竣工车辆的质量把关工作,对车辆性能进行终检。

(2)检查维修单的所有维修项目应均已完成,且100%达到质量要求。

(3)汽车维修完毕后,自检、互检和竣工检验的质量检验员应在维修单上签字确认。

(4)检验不合格的维修汽车,应及时通知车间返工/返修。

(5)质量检验应贯穿于维修的全过程,零部件在发放前应进行检验,若发现不合格品,坚决不能发放。

五 交车及结算

1 交车工作流程

交车及结算环节是服务流程中与顾客接触的环节,由业务接待员来完成。顾客到来之后,不应让顾客长时间地等待,应及时打印出结算单。

2 交车服务规范

(1)确保车辆内外清洁,检查已维修过的地方无损坏或油污。

(2)检查交车时间、费用、实际维修项目是否与维修单上的项目相符。

(3)确认工作单上的项目已完成。

(4)业务接待员审查完维修单后,将维修单送交收款员处核算。

(5)收款员检查料单和其他凭证是否齐全,检查出库的材料是否与订单要求的维修范围一致。

(6)在顾客取车的时候,尽可能使顾客取车的经历成为积极的体验,让顾客确信选择该维修企业的决定的正确性。

(7)向顾客逐项解释发票内容,以便让顾客了解哪些维修是必要的。

(8)提醒顾客维修过程中发现但未排除的故障。

(9)向顾客提示当前的服务项目、新推出的项目及下次维护日期。

(10)向顾客提出关怀性的建议。

六 跟踪

1 跟踪服务流程

跟踪回访是维修服务流程中的最后一个环节,属于与顾客接触沟通交流的环节,一般通过电话访问的方式进行。在较大的维修企业由专职的回访员做这项工作,在较小的维修企业可由顾客顾问兼职来做。

跟踪服务流程如图2-10所示。

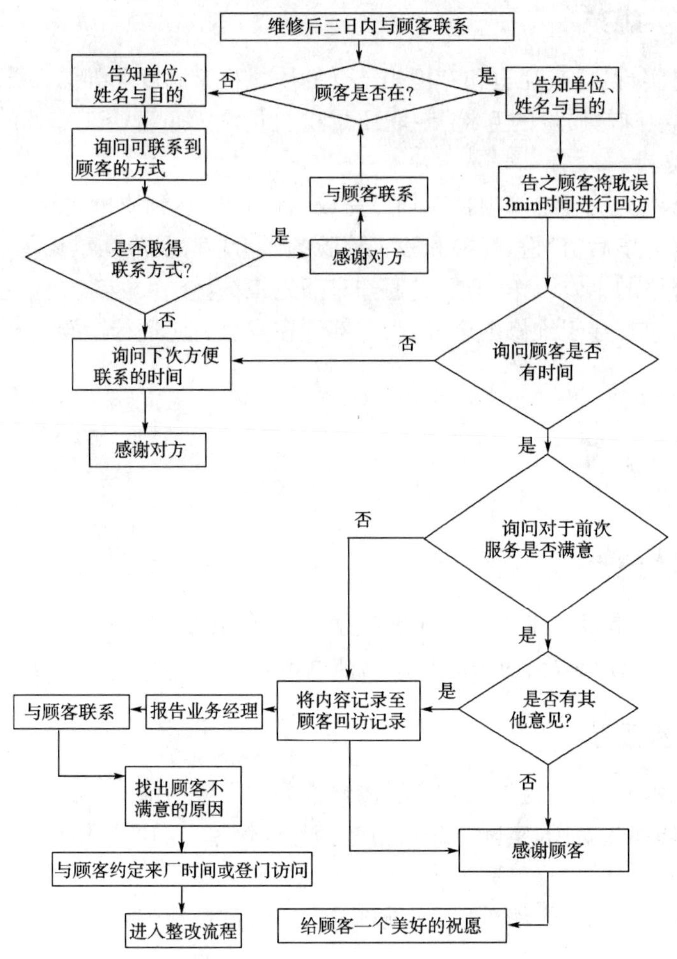

图 2-10　跟踪服务流程

2 跟踪服务规范

(1)跟踪可通过电话或邮件进行,一般通过电话进行。通过电话回访询问顾客对维修工作的满意程度时,应在顾客取车之后 1 ~3 天内进行。电话回访这种形式是一种行之有效的跟踪服务手段。

(2)及时将跟踪结果向维修经理汇报,之后维修经理可与顾客联系,属服务质量问题的要将车开回维修车间进行维修,属服务态度问题的要向顾客表示歉意,直至顾客满意,这样从预约开始到跟踪结束,就形成了一个闭环。

跟踪的重要性

▲体现对顾客的关心,增强顾客信任度。

▲及时了解顾客对维修质量、用户接待、维修时效性等方面的反馈意见,找出改进工作的措施。

▲确保顾客对维修的满意程度,作为质量分析和顾客满意度分析的依据。

第二节　车间现场管理

一 生产作业计划

汽车维修企业的生产作业计划是汽车维修企业组织日常生产活动的依据，它一般根据市场经营管理部门按月或按周下达的《汽车维修合同》进行编制。主要内容有：生产进度要求、维修车辆的型号与台数、维修作业等级等。

1 计划的编制

编制生产作业计划的基本要求为：尽可能将其细化，并层层分解落实到车间、班组与生产工人，要保证各生产环节的相互协调，保持均衡有序的生产节奏。

2 计划的实施

在实施生产作业计划的过程中，要加强现场车间管理，及时进行监督检查，保证生产作业计划的顺利实施及较高的维修质量。

二 生产调度

生产调度是对汽车维修企业生产作业计划的具体落实。

1 生产调度的基本任务

生产调度的基本任务

▲调度车辆进场维修。

▲对待修车辆进行实际检测与诊断，确定实际维修项目。

▲落实具体维修人员。

生产调度人员所使用的调度令即《派工单》，见表2-1。

派　工　单　　表2-1

车型________　车号________　维修类别________　承修车间班组________　工单号________

序号	主要作业项目	作业要求	定额工时	要求完工时间	主修人竣工签字	检验员竣工签字
备注						

派　工　员____________

派工日期____________

为了保证修车质量,生产调度人员要合理地处理好汽车维修过程中各生产环节之间的关系,这也是生产调度人员的基本职责。为此,生产调度人员在派工调度时要注意各班组维修工作量的基本平衡。

除了日常的生产调度之外,在生产过程中还应按照生产作业计划的要求定期召开现场生产调度会,从而保证生产有序地进行。生产调度会的作用是协调各部门的工作,以及部署和指挥生产活动,主要内容有:

(1)检查生产作业计划的执行情况,找出存在的问题,分析造成问题的原因,提出改进的措施。

(2)下达新的生产作业计划,并监督、帮助各相关部门做好各项技术准备工作。

2 生产调度方式

传统的汽车零件生产方式采用由前道工序向后一道工序运送的方式。由于前一道工序不了解后一道工序的需要量和需要时间,因此经常造成后一道工序在制品的积压或短缺,降低了效率,造成了浪费。日本丰田汽车公司首先创立并且推行的准时制生产方式(JIT),则采用了拉动式生产,准时地组织各个环节进行生产,既不超量,也不超前,以总装配拉动总成总配,以总成拉动零件加工,以零件拉动毛坯生产,以主机厂拉动配套厂生产。在生产过程中,工序间的零件是小批量流动,甚至是单件流动的,在工序间基本上不存在积压或者完全没有堆积的半成品。

JIT是一种拉动式的管理方式,它需要从最后一道工序向上一道工序传递信息,传递信息的载体就是看板。没有看板,JIT是无法进行的。因此,JIT生产方式有时也被称作看板生产方式。

小资料

看板管理

看板管理方法是在同一道工序或者前后工序之间进行物流或信息流的传递。

一旦主生产计划确定以后,就会向各个生产车间下达生产指令,然后每一个生产车间又向前面的各道工序下达生产指令,最后再向仓库管理部门、采购部门下达相应的指令。这些生产指令的传递都是通过看板来完成的。

一、看板的功能

看板最初是丰田汽车公司于20世纪50年代从超级市场的运行机制中得到启示,作为一种生产、运送指令的传递工具而被创造出来的。经过五六十年的发展和完善,目前已经在很多方面都发挥着重要的机能。

1. 生产及运送工作指令

生产及运送工作指令是看板最基本的机能。公司总部的生产管理部根据市场预测及订货而制定的生产指令只下达到总装配线,各道前工序的生产都根据看板来进行。看板中记载着生产和运送的数量、时间、目的地、放置场所、搬运工具等信息,从装配工序逐次向前工序追溯。

2. 防止过量生产和过量运送

看板必须按照既定的运用规则来使用。其中的规则之一是:“没有看板不能生产,也不能运送。”根据这一规则,各工序如果没有看板,就既不进行生产,也不进行运送;看板数量减

少，则生产量也相应减少。由于看板所标示的只是必要的量，因此运用看板能够做到自动防止过量生产、过量运送。

3. 进行“目视管理”的工具

看板的另一条运用规则是“看板必须附在实物上存放”、“前工序按照看板取下的顺序进行生产”。根据这一规则，作业现场的管理人员对生产的优先顺序能够一目了然，很容易管理。只要通过看板所表示的信息，就可知道后工序的作业进展情况、本工序的生产能力利用情况、库存情况以及人员的配置情况等。

4. 改善的工具

看板的改善功能主要通过减少在制品的数量来实现。工序间在制品库存量的减少可减少资金的占用。图 2-11 所示为每班生产管理看板。

图 2-11　每班生产管理看板

如果在制品存量较高，即使设备出现故障、不良产品数目增加，也不会影响到后工序的生产，所以容易掩盖问题。在 JIT 生产方式中，通过不断减少在制品库存，就使得上述问题不可能被无视。这样通过改善活动不仅解决了问题，还使生产线的“体质”得到了加强。

二、看板操作的六个使用规则

看板是 JIT 生产方式中独具特色的管理工具，看板的操作必须严格符合规范，否则就会陷入形式主义的泥潭，起不到应有的效果。

概括地讲，看板操作过程中应该注意以下六个使用原则：

(1)没有看板不能生产也不能搬运。

(2)看板只能来自后工序。

(3)前工序只能生产取走的部分。

(4)前工序按收到看板的顺序进行生产。

(5)看板必须和实物一起。

(6)不把不良品交给后工序。

三、看板的种类

看板的本质是在需要的时间，按需要的量对所需零部件发出生产指令的一种信息媒介体，而实现这一功能的形式可以是多种多样的。看板总体上分为三大类：传送看板、生产看板和临时看板。

1. 工序内看板

工序内看板是指某工序进行加工时所用的看板。这种看板用于装配线以及即使生产多种产品也不需要实质性的作业更换时间(作业更换时间接近于零)的工序，例如机加工工序等。

2. 信号看板

信号看板是在不得不进行成批生产的工序之间所使用的看板信号，看板挂在成批制作出的产品上，当该批产品的数量减少到基准数时摘下看板，送回到生产工序，然后生产工序按该看板的指示开始生产。另外，从零部件出库到生产工序，也可利用信号看板来进行指示配送。

3. 工序间看板

工序间看板是指工厂内部后工序到前工序领取所需的零部件时所使用的看板。

4. 外协看板

外协看板是针对外部的协作厂家所使用的看板。对外订货看板上必须记载进货单位的名称和进货时间、每次进货的数量等信息。外协看板与工序间看板类似,只是“前工序”不是内部的工序而是供应商,通过外协看板的方式,从最后一道工序慢慢往前拉动,直至供应商。因此,有时候企业会要求供应商也推行 JIT 生产方式。

5. 临时看板

临时看板是在进行设备保全、设备修理、临时任务或需要加班生产的时候所使用的看板。与其他种类的看板不同的是,临时看板主要是为了完成非计划内的生产或设备维护等任务,因而灵活性比较大。

四、看板与 MRP 的关系

随着信息技术的飞速发展,当前的看板方式呈现出逐渐被计算机所取代的趋势。现在最为流行的 MRP 系统就是将 JIT 生产之间的看板用计算机来代替,每一道工序之间都进行联网,指令的下达、工序之间的信息沟通都通过计算机来完成。

目前国内有很多企业都在推行 MRP,但真正获得成功的却很少,其中的主要原因就是企业在没有实行 JIT 的情况下就直接推行 MRP。实际上,MRP 只不过是一种将众多复杂的手工操作计算机化的软件,虽然能够大大提高生产效率,但是并不能处理 JIT 所提出的一些观念和方法。因此,MRP 仅仅是一个工具,必须建立在推行 JIT 的基础之上。如果企业没有推行 JIT 就去直接使用 MRP,那只会浪费时间和金钱。

三 5S 管理

5S 活动起源于日本,现已在企业中广泛推行,5S 活动的对象是现场的环境,它对生产现场环境全局进行综合考虑,并制订切实可行的计划与措施,从而达到规范化管理。5S 活动的核心和精髓是修身,如果没有职工队伍素质的相应提高,5S 活动就难以开展和坚持下去。汽车维修企业实行 5S 管理后,维修车间环境整洁,管理有序,会给顾客留下一个良好的印象,并有进一步合作的意愿。

(一)5S 活动的内容

5S 活动的内容如图 2-12 所示。

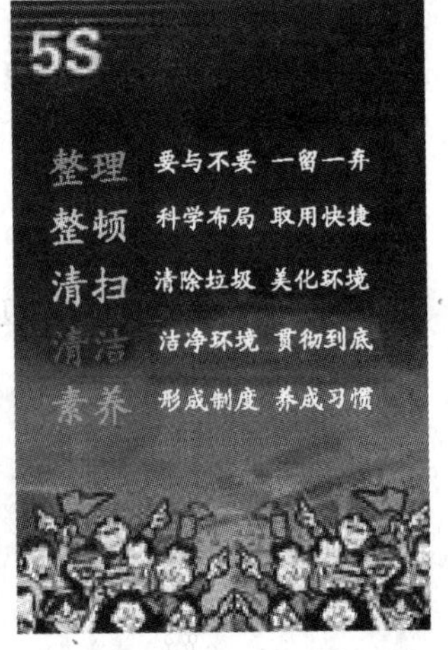

图 2-12 5S 活动内容

1 整理

把要与不要的人、事、物分开,再将不需要的人、事、物加以处理,这是开始改善生产现场的第一步。其要点是对生产现场摆放的各种物品进行分类,区分什么是现场需要的,什么是现场不需要的;其次,对于现场不需要的物品,诸如用剩的材料、多余的半成品、切下的料头、切屑、垃圾、废品、多余的工具、报废的设备、工人的个人生活用品等,要坚决清理出生产现场,这项工作的重点在于坚决把现场不需要的东西清理掉。对于车间里各个工位或设备的前后、通道左右、厂房上下、工具箱内外,以及车间的各个死角,都要彻底搜寻和清理,达到现场无不用之物。坚决做好这一步,是树立好作风的开始。日本有的公司提出口号:效率和安全始于整理!

整理的目的是:

①改善和增加作业面积;

②现场无杂物,提高工作效率;

③减少磕碰的机会,保障安全,提高质量;

④消除管理上的混放、混料等差错事故;

⑤有利于减少库存量,节约资金;

⑥改变作风,提高工作情绪。

2 整顿

把需要的人、事、物加以定量、定位。通过前一步整理后,对生产现场需要留下的物品进行科学合理的布置和摆放,以便用最快的速度取得所需之物,在最有效的规章、制度和最简捷的流程下完成作业。

整顿活动的要点是:

①物品摆放要有固定的地点和区域,以便于寻找,消除因混放而造成的差错。

②物品摆放地点要科学合理。例如,根据物品使用的频率,经常使用的东西应放得近些(如放在作业区内),偶尔使用或不常使用的东西则应放得远些(如集中放在车间某处)。

③物品摆放目视化,使定量装载的物品做到过目知数,摆放不同物品的区域采用不同的色彩和标记加以区别。

生产现场物品的合理摆放有利于提高工作效率和产品质量,保证生产安全。

3 清扫

把工作场所打扫干净,设备异常时立即修理,使之恢复正常。生产现场在生产过程中会产生灰尘、油污、铁屑、垃圾等,从而使现场变脏。脏乱的现场会使设备精度降低,故障多发,影响产品质量,使安全事故防不胜防;脏乱的现场更会影响人们的工作情绪,使人不愿久留。因此,必须通过清扫活动来清除那些脏物,创建一个明快、舒畅的工作环境。

清扫活动的要点是:

①自己使用的物品(如设备、工具等),要自己清扫,而不要依赖他人,不增加专门的清扫工。

②对设备的清扫,着眼于对设备的维护;清扫设备要同设备的检查结合起来;清扫设备要同时做好设备的润滑工作,清扫也是保养。

③清扫也是为了改善。当清扫地面发现有油水泄漏时,要查明原因,并采取措施加以改进。

4 清洁

整理、整顿、清扫之后要认真维护,使现场保持完美和最佳状态。清洁,是对前三项活动的坚持与深入,从而消除发生安全事故的根源。创造一个良好的工作环境,使职工能愉快地工作。

清洁活动的要点是：

①车间环境不仅要整齐，而且要做到清洁卫生，保证工人身体健康，提高工人劳动热情；

②不仅物品要清洁，而且工人本身也要做到清洁，如工作服要清洁，仪表要整洁，及时理发、刮须、修指甲、洗澡等；

③工人不仅要做到形体上的清洁，而且要做到精神上的“清洁”，待人要讲礼貌、要尊重别人；

④要使环境不受污染，进一步消除浑浊的空气、粉尘、噪声和污染源，消灭职业病。

5 素养

素养即努力提高人员的修养，养成严格遵守规章制度的习惯和作风，这是5S活动的核心。没有人员素质的提高，各项活动就不能顺利开展，开展了也坚持不下去。所以，抓5S活动，要始终着眼于提高人的素质。

(二)5S的起源

5S起源于日本，是指在生产现场中对人员、机器、材料、方法等生产要素进行有效的管理，这是日本企业独特的一种管理办法。

1955年，日本的5S的宣传口号为“安全始于整理，终于整理整顿”。当时只推行了前两个S，其目的仅为了确保作业空间和安全。后因生产和品质控制的需要而又逐步提出了3S，也就是清扫、清洁、修养，从而使应用空间及适用范围进一步拓展，到了1986年，日本的5S的著作逐渐问世，从而对整个现场管理模式起到了冲击的作用，并由此掀起了5S的热潮。

(三)5S的发展

日本的企业将5S运动作为管理工作的基础，推行各种品质的管理手法，第二次世界大战后，产品品质得以迅速地提升，奠定了经济大国的地位，而在丰田公司的倡导推行下，5S对于塑造企业的形象、降低成本、准时交货、安全生产、高度的标准化、创造令人心旷神怡的工作场所、现场改善等方面发挥了巨大作用，逐渐被各国的管理界所认识。随着世界经济的发展，5S已经成为工厂管理的一股新潮流。

根据企业进一步发展的需要，有的企业在原来5S的基础上又增加了安全(Safety)，即形成了“6S”；有的企业再增加了节约(Save)，形成了“7S”；也有的企业加上习惯化(Shiukanka)、服务(Service)及坚持(Shikoku)，形成了“10S”，有的企业甚至推行“12S”，但是万变不离其宗，都是从“5S”里衍生出来的，例如在整理中要求清除无用的东西或物品，这在某些意义上来说，就涉及节约和安全。

(四)开展5S活动的原则

1 自我管理的原则

良好的工作环境，不能单靠添置设备，也不能指望别人来创造。应当充分依靠现场人员，由现场的当事人员自己动手为自己创造一个整齐、清洁、方便、安全的工作环境，使他们在改造客观世界的同时，也改造自己的主观世界，产生“美”的意识，养成现代化大生产所要求的遵章守纪、严格要求的风气和习惯。因为是自己动手创造的成果,也就容易保持和坚持下去。

2 勤俭办厂的原则

开展5S活动,会从生产现场清理出很多无用之物,其中,有的只是在现场无用,但可用于其他的地方;有的虽然是废物,但应本着废物利用、变废为宝的精神,该利用的应千方百计地利用,需要报废的也应按报废手续办理并收回其"残值",千万不可只图一时处理"痛快",不分青红皂白地当作垃圾一扔了之。对于那种大手大脚、置企业财产于不顾的"败家子"作风,应及时制止、批评、教育,情节严重的要给予适当处分。

3 持之以恒的原则

5S活动开展起来比较容易,可以搞得轰轰烈烈,在短时间内取得明显的效果,但要坚持下去,持之以恒,不断优化就不太容易。不少企业发生过一紧、二松、三垮台、四重来的现象。因此,开展5S活动,贵在坚持,为将这项活动坚持下去,第一,企业应将5S活动纳入岗位责任制,使每一个部门、每位员工都有明确的岗位责任和工作标准;第二,要严格、认真地搞好检查、评比和考核工作、将考核结果同各部门和每位员工的经济利益挂钩;第三,要坚持PDCA循环,不断提高现场的5S水平。即要通过检查,不断发现问题,不断解决问题。因此,在检查考核后,还必须针对问题,提出改进的措施和计划,使5S活动坚持不断地开展下去。

(五)5S的作用

(1)提高企业形象;
(2)提高生产效率;
(3)提高库存周转率;
(4)减少故障,保障品质;
(5)加强安全,减少安全隐患;
(6)养成节约的习惯,降低生产成本;
(7)缩短作业周期,保证交货期;
(8)改善企业精神面貌,形成良好企业文化。

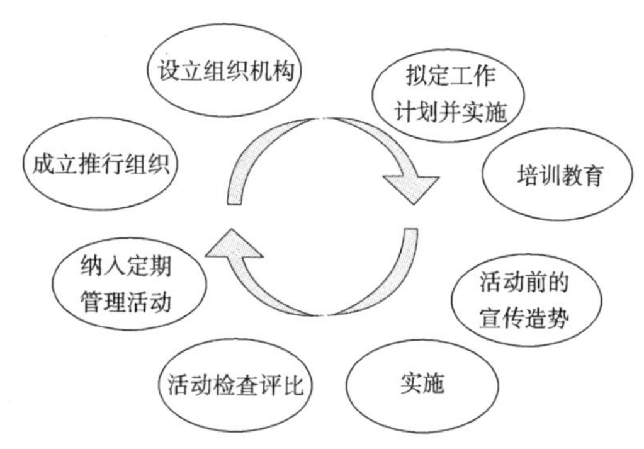

图2-13 5S管理法推行步骤

(六)5S推行的步骤

5S管理法的推行步骤如图2-13所示。

(1)成立5S推行小组,筹划5S推行事宜,寻找专家,负责对内、对外之联络工作。

(2)对中高层管理者进行教育训练,使其了解5S的真意及目的,唯有他们的支持及参与,5S活动才可能成功。

(3)推行计划先由推行小组拟定草案,并评估成效。有关工作项目、时间、负责人员皆明确制定,以便追踪。

(4)利用全体员工开会的场合,由高层管理者向全体员工表达推行5S活动的决心,并列入公司年度重要方针。

(5)基层人员教育训练,除了有关5S之定义及目的外,更强调推行具体的操作方法,让基层员工人人参与。

(6)正式推行5S:首先清除不要的东西,并进行全公司大扫除,再针对各工作区域进行规划及改善,必要时可先设定一示范区,等有改善成效后,再扩展至其他区域,以免顾此失彼。

(7)制定评价基准及竞赛办法,使5S活动能在彼此学习观摩、良性竞争之下,达到应有的成效。

(七)5S的工具和方法

一般在推行5S活动时,有以下工具可以应用:

(1)利用公司内部刊物传达公司政策及理念,进而举办5S征文比赛及5S海报、标语比赛。

(2)外购5S海报及标语。

(3)每年确定5S月或每月确定5S日,定期对5S再加强及教育。

(4)到其他厂参观或参加发表会,吸取他人经验。

(5)利用定点摄影方式,将5S较差的地方或死角让大家知道,定期照相追踪,直到改善为止。

(6)制定5S检查表,以检核5S是否每项都做好。

(7)配合其他管理活动推广,如提案制度、TQC活动等。

(8)高层管理人员定期或不定期巡视现场,让员工感受被重视。

(9)成果发表及表扬优秀单位,提高荣誉感及参与度。

(10)建立快速应急小组,针对常见和重大设备问题做好预案。

第三节　汽车维修企业流程再造

一　企业流程再造概述

什么是业务流程再造

业务流程再造(Business Process Reengineering,BPR)是指在企业战略目标的指导下,以顾客需求为导向,从根本上重新考虑企业的业务流程,并构建新的企业流程。不断的整合优化作业流程,进行业务流程再造是提升汽车维修企业核心竞争力的重要途径。

企业流程再造不仅需要先进合理的理念,还要有企业的组织、技术、制度、文化、信息等做保证。其内容包括:

1)组织再造

组织再造是企业流程再造的硬件支撑体,组织再造主要是以业务流程为中心,建立能不断提高流程本身素质和绩效的组织结构。

2)理念再造

理念再造强调重新审视企业现有的经营理念与价值观念,是否与其所面临的外部环境相契合。供应链管理环境下,企业的管理者与操作者必须建立适应时代发展需要的新的企业观,并以此来建立和发展企业。

3)流程再造

流程再造指对企业的现有的流程进行分析、诊断、再设计,然后重新构建新流程的过程。它主要包括三个环节:业务流程识别与分析、业务流程再设计、业务流程再造的具体实施。

4)技术再造

技术再造是企业实施业务流程再造的基础设施和硬件。技术再造应以企业业务的需要为前提,主要考虑运作技术、信息技术以及管理技术。根据企业维修技术设备水平,信息化的状况和维修运作的特点及再造后的总体要求而进行。

5)企业的文化再造

企业文化再造是一种较高形式的再造,企业文化对企业具有巨大的驱动力和软约束力,能保证企业维修业务流程再造的顺利完成。企业核心竞争力的提高以企业所拥有的知识存量为基础,因此企业文化再造必须以提高企业的知识存量为目标,在企业内部建立学习型组织。在企业文化再造的过程中,创新机制和激励学习是其重要内容,它需要以人为本重新设计企业的考评体系,以学习为手段使整个企业的知识存量得以提高,并不断创新,最终实现企业素质的提高。

业务流程再造内容
▲组织再造;
▲理念再造;
▲流程再造;
▲技术再造;
▲企业文化再造。

2 业务流程再造的原则

1)顾客为导向

业务流程再造所追求的再造是以顾客需求为导向,凡是无法为顾客创造价值的活动,均为业务流程再造目标。

2)流程为导向

传统企业在分工的架构下,强调"功能部门"而非"流程",强调各部门完成各部门的工作而非全体完成一项整合的工作。业务流程再造则强调打破部门及组织的界限,以流程为工作单位,重新设计工作及组织架构。

3)流程改进后具有显效性

业务流程再造不是在原有的组织架构上作修补的工作,而是彻底改变作业流程。因此,改进后的流程的确提高了效率,消除了浪费,缩短了时间,提高了顾客满意度和公司竞争力,降低了整个流程成本。

4)信息技术的运用

有效运用信息技术是流程再造中重要的一环。信息技术一项重要的功能是能突破时间及空间限制,适时、适地将信息传给使用者,使得流程中的信息流及物流迅速地传达。

二 业务流程再造的方式

业务流程再造实施一般分为两大类:一类是全新设计法;一类是系统化改造法。

全新设计方法就是抛开现有流程中所隐含的全部假设,从根本上重新研究和设计企业开展业务的方式。具体说就是从流程所要取得的结果出发,逆向倒推,从零开始设计全新的业务流程。这种方法的优点是提供了业绩飞跃的可能性,使公司有可能在较短的时间内获得跳跃性的发展,与此同时,还有可能带来产品结构的改变,拓展企业的发展空间。这种方法能使绩效得以显著提高,但要实现企业变革的目标,困难相当大,风险很高。

系统化改造方法则是以企业现有业务流程为出发点,通过清除浪费、简化和整合任务,渐进式地改进业务流程的效果和效率。这种方法虽然难以实现业务流程的根本性改造,但由于变革可以逐步积累实现,因而收效较快,而且风险较小,尤其是当在全公司范围内实施时,能够取得大规模渐进性改善。

另外,考虑到企业面临的困难程度、所动员的力量、管理层的动力、企业文化和社会舆论等方面的因素,根据企业的实际情况,可将两种方法结合起来使用,在有的业务流程上使用全新设计方法,在其他的业务流程上使用系统化改造方法。

三 流程再造的具体步骤

流程再造的具体步骤如图 2-14 所示。

1 进行流程分析,发现存在的问题

对汽车维修企业的业务流程进行全面的功能和效率分析,绘制清晰、明了的作业流程图。一般而言,原来的作业流程是与过去的市场需求、技术条件相适应,并有一定的组织机构和作业规范做保证。当市场需求、外部环境和技术条件发生变化,使现有的作业流程难以适应时,作业效率和组织机构的功效就会有不同程度的降低。因此,必须从以下几个方面分析现有业务流程存在的问题。

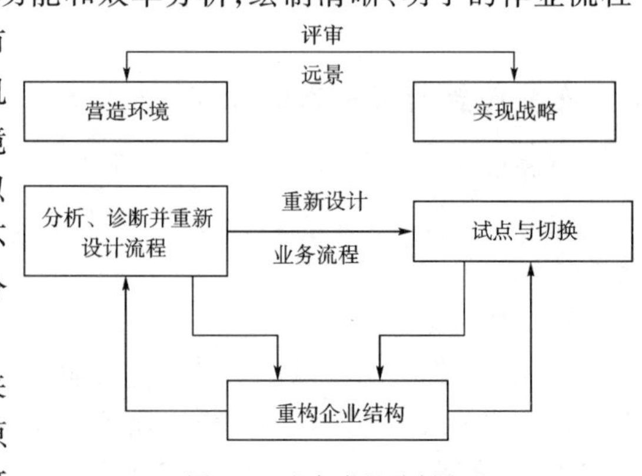

图 2-14 业务流程再造图

(1)功能障碍:随着维修技术的发展,越来越多的新的技术手段应用到企业中来,使得原来技术上具有不可分性的团队工作和个人可以完成的工作额度发生了变化,这就会使原来的服务流程遭到破坏,增加了管理成本,或因管理层次增多造成权责利脱节,并会造成组织机构设计的不合理,形成企业发展的瓶颈。

(2)重要性:不同的服务流程作业环节对企业的影响是不同的。随着市场的不断发展,顾客对产品、服务需求的不断变化,作业流程中的关键环节以及各环节的重要性也随之发生变化。

(3)可行性:根据市场、外部环境、技术变化的特点及企业内业务流程的实际情况,分清问题的轻重缓急,找出流程再造的切入点。

2 设计新的改进方案并进行评估

为了设计更加科学、合理的业务流程，必须全面考虑、集思广益、鼓励创新。在设计新的流程改进方案时，可以考虑：

(1)将现在的数项业务或工作进行组合与合并；

(2)将维修工作流程的各个步骤按其自然顺序进行；

(3)赋予员工参与决策的权力；

(4)对同一种工作流程设置若干种不同的进行方式；

(5)实际工作应当不受组织的界限，在最适当的场所进行；

(6)尽量减少检查、控制、调整管理工作人员；

(7)设置专门的项目负责人；

(8)提出多个业务流程的改进方案，并从成本、效益、技术条件和风险程度等多个方面进行评估，选取其中可行性强的方案。

3 制定相应的改进规划

根据所选择的改进方案，制定出与之相配套的组织结构人力资源配置和作业流程规范等改进规划，形成系统的业务流程再造方案。只有以流程改进为核心形成系统的业务流程再造方案，才能取得预期的效果。

第四节　汽车维修合同管理

汽车维修合同是承修、托修双方当事人之间设立、变更、终止民事法律关系的协议。双方在确立承修、托修关系时，必须依法签订汽车维修合同，以维护汽车维修活动的正常秩序，保障双方的合法权益。

一　汽车维修合同的签订

汽车维修合同的签订应按照平等互利、协商一致、等价有偿的原则依法签订，并在承修、托修双方签字后生效。

1 汽车维修合同签订的范围

办理以下汽车维修业务的单位，承修、托修双方必须签订汽车维修合同：

(1)汽车大修；

(2)汽车总成大修；

(3)汽车二级维护；

(4)汽车维修预算费用在1000元以上的汽车维修作业。

2 汽车维修合同签订的形式

汽车维修合同签订的形式一般有两种：一种是即时合同，即一次使用的合同；另一种是长期合同,即最长在一年之内使用的合同。

 汽车维修合同的主要内容

维修合同的主要内容

▲承修、托修双方名称;

▲签订日期及地点;

▲合同编号;

▲送修车辆的车型、牌照号、发动机号、底盘号;

▲送修日期、地点、方式;

▲交车日期、地点、方式;

▲维修类别及项目;

▲托修方提供材料的规格、数量、质量及费用结算原则;

▲质量保证期;

▲验收标准和方式;

▲结算方式及期限;

▲违约责任和金额;

▲送修地点、方式;

▲解决合同纠纷的方式;

▲双方签订的其他条款。

三 汽车维修合同的履行

汽车维修合同的履行是指承修、托修双方按照合同的规定内容全面完成各自承担的义务,实现合同规定的权利。汽车维修合同签订后,承修、托修双方应严格按照合同的规定履行各自的义务。

1 托修方的义务

(1)按合同规定的时间送修车辆和接受竣工车辆。

(2)提供车辆的有关情况(包括送修车辆基础技术资料、技术档案等)。

(3)如果提供维修材料,必须保证是质量合格的维修材料。

(4)按合同规定的时间与方式缴纳汽车维修费用。

2 承修方的义务

(1)按照合同规定的时间交付修竣的车辆。

(2)按照有关汽车技术标准修理车辆,保证汽车维修质量,向托修方提供竣工出厂合格证。

(3)建立承修车辆维修技术档案,并向托修方提供维修车辆的有关资料。

(4)按规定收取有关费用,并向托修方提供票据及维修工时、材料明细表。

小资料

北京市汽车维修合同

托修方(甲方):________________________

承修方(乙方):________________________

1. 托修车辆基本信息:

号牌号码	品牌型号	发动机号码	VIN代码/车架号	注册登记日期	里程表公里数

2. 维修项目:预定维修项目以双方确认的《进厂检验记录单》为准;实际维修项目以《维修结算清单》为准。

3. 维修材料:

品名	零件号	制造商	规格	型号	价格	数量	类别	提供方式
注:1. 具体内容见《维修结算清单》。2."类别"为"原厂件"、"副厂件"或"修复件"。3."提供方式"为"甲方自备"或"乙方提供"。								

4. 竣工交车日期:________年______月______日,交车地点:

____。

5. 验收及提车:甲方应当在乙方交车后当场验收;验收合格的,甲方应当在《机动车维修竣工出厂合格证》上签字确认,并按照《维修结算清单》结清维修费用后,方可提车。

6. 结算方式:

____。

7. 合同变更:托修车辆竣工交付前,双方可以(书面□ 电话□)通知的方式,就维修项目、维修工时和材料、竣工交车日期等内容进行变更。

8. 违约责任:(1)迟延履行的,应当向对方支付迟延履行违约金________元/日;(2)____。

9. 其他约定:

____。

10. 本合同经双方签字盖章后生效。合同一式两份,双方各执一份。

请在签字前充分了解有关事宜,认真填写表格内容,仔细阅读并认可背书合同条款,特别是黑体字部分。	
托修方(签章): 经办人(签字): 联系方式: 签约日期: 年 月 日	承修方(签章): 经办人(签字): 联系方式: 签约日期: 年 月 日

承修、托修双方权利义务

一、适用范围

本合同主要适用于甲方委托乙方进行的汽车总成修理、整车修理或道路运输营运车辆的二级维护。其他维修项目也可参照使用本合同。

二、甲方权利、义务和责任

(一)向乙方交付托修车辆时,应当自行取走车内可移动贵重物品及相关证件。

(二)要改变托修车辆车身颜色,更换发动机、车身或车架的,应当依法办理有关审批手续,并向乙方出示相关手续的原件及复印件。

(三)自备维修材料的,应当承担因材料质量问题产生的相应责任。

(四)应当根据乙方维修工作的需要积极履行协助义务。

(五)应当按照合同约定验收、结清维修费用并提车。

(六)对乙方擅自将维修工作转托他人,或维修质量达不到国家标准、行业标准或北京市地方标准要求的,有权要求乙方返修,也可解除合同并要求乙方赔偿损失。

(七)对乙方未签发《机动车维修竣工出厂合格证》、未按照规定出具结算发票和《维修结算清单》的,有权拒绝支付维修费用。

三、乙方权利、义务和责任

(一)应当对托修车辆进行维修前进厂诊断检验,并填写《进厂检验记录单》。

(二)应当妥善保管托修车辆及固定或遗落在托修车辆上的附件、设备及有关物品。除因维修或检验目的外,不得以任何形式使用托修车辆。违反上述约定造成托修车辆损坏的,应当无偿修理并赔偿损失。

(三)应当使用符合国家规定及双方约定的维修材料,否则应当无条件更换,并依法承担赔偿责任;由此影响甲方正常使用的,应当按照迟延履行的违约责任标准执行。

(四)维修过程中换下的配件、总成,竣工交车时应当交由甲方自行处理;但对环境有影响的废弃物品,应当在征得甲方同意后按照有关规定统一处理。

(五)托修车辆竣工质量检验的各项技术指标应当符合相关国家标准、行业标准或北京市地方标准的要求,并签发《机动车维修竣工出厂合格证》并交甲方保存。

(六)向甲方交付托修车辆时,应当出具符合规定的结算发票,并附《维修结算清单》,清单中工时费与材料费应当分项列明。

(七)对甲方无正当理由拖欠维修费用的,可行使留置权。

(八)质量保证期以《机动车维修竣工出厂合格证》载明的期限或里程为准,但不得低于国家规定的最低标准。返修车辆质量保证期自返修竣工交付日起重新计算。

(九)在质量保证期内,因维修质量原因导致托修车辆无法正常使用,且乙方在3日内不能或者无法提供因非维修原因而造成托修车辆无法正常使用的相关证据的,乙方应当及时无偿返修,做好车辆返修记录,不得故意拖延或者无理拒绝。托修车辆因同一故障或维修项目经两次修理仍不能正常使用的,乙方应当联系经甲方认可的其他汽车维修企业对车辆进行维修,并承担相应维修费用。由此影响甲方正常使用的,按照迟延履行的违约责任标准执行。

四、其他条款

(一)《进厂检验记录单》、《维修结算清单》、《机动车维修竣工出厂合格证》应当经甲方签字确认,作为本合同附件。

(二)结算价格按照乙方公示的汽车维修项目工时费和材料费价目表执行。

(三)在本合同项下发生的纠纷,双方可协商解决或向辖区道路运输管理部门申请调解解决;不愿协商、调解或协商、调解不成的,可向人民法院提起诉讼或依据另行达成的仲裁条款或仲裁协议申请仲裁。

第五节　六西格玛管理

六西格玛(Six-Sigma)管理最早作为一种突破性的质量管理战略在20世纪80年代在摩托罗拉公司提出并付诸实践，目的是减小产品和制造过程的波动，预防缺陷，持续改进产品质量，提高企业经营业绩。它是一种客户驱动的追求卓越绩效和持续改进的系统科学，以TQM为基础，以"零缺陷"为目标，以六西格玛质量水平为标尺，以统计技术为手段，以突破性改进为方式，通过改进并优化过程，旨在消除变异、稳定流程、获得客户满意和显著高组织绩效。目前六西格玛已经从一种度量、一种技术方法，发展成为一种综合的管理系统。

一　六西格玛管理概述

1 六西格玛的统计含义

"西格玛"一词源于统计学中标准差σ的概念。标准差σ表示数据相对于平均值的分散程度。"西格玛水平"(或σ水平)则将过程输出的平均值、标准差与客户要求的目标值、公差限联系起来并进行比较。这里，目标值是指客户要求的理想值；公差限是指客户允许的质量特性的波动范围。假设过程输出质量特性服从正态分布，并且过程输出质量特性的分布中心值重合，那么西格玛越小，过程输出质量特性的分布就越靠近于目标值，同时该特性落到公差限外的概率就越小，出现缺陷的可能性就越小，图2-15所示为六西格玛概率分布图。

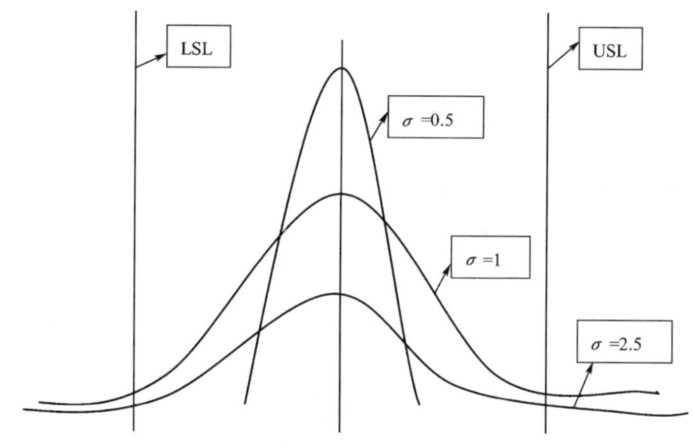

图2-15　六西格玛概率分布图

六西格玛就是阿拉伯数字6加上希腊字母σ(西格玛)。σ是一个反映数据特征的希腊字母，现在则不仅仅是单纯的标准差的含义，而是被赋予了新的内容，六西格玛就意味着差错率为百万分之三点四(即3.4×10^{-6})。从统计意义上来说，一个过程具有六西格玛能力就意味着过程平均值与其规格上下限线的距离为6倍标准差，而此时过程波动减小，每100万仅有3.4落入规格限以外。因此，作为一种衡量标准，σ的数量越多，质量就越好。

用下面的计算公式表示σ的大小：

$$\sigma = \sqrt{\frac{\sum_{i=1}^{n}(x_i - x)^2}{n-1}}$$

式中：x_i——样本观测值；

x——样本平均值；

n——样本容量。

2 客户驱动的六西格玛管理

六西格玛管理正是从分析顾客需求，将顾客需求转化为产品或服务设计的标准，通过持续改进企业的业务流程，实现顾客满意。在供应链环境中，要从终端顾客需求中提取分析顾客的期望，将顾客的语言转化为设计的语言，使此种信息向上流动，在成员之间共享与分配。面对终端顾客的上游所有供应商要共同对整个过程进行改进和完善，以消除过程缺陷，提高质量水平，降低成本，缩短运转周期，提升顾客满意，增强供应链竞争力。

六西格玛管理的特点"关注客户、数据驱动、基于过程、风险管理"决定了在供应链环境中，六西格玛的应用也必须从一个系统来考虑，不单是一个节点企业的作用，而是所有供应商、制造商、分销商与零售商都必须从质量的角度，收集与分析数据信息，从数据信息中揭示质量波动规律，改进其形成产品质量与服务水平的整个过程，将六西格玛管理从仅在制造企业内部实施扩展到所有相关企业的质量管理中，这是供应链竞争所必需的，也是终端顾客主导下的产品与服务的要求。

二 六西格玛改进流程

汽车维修服务企业的建设与发展是建立在对内部管理、顾客需求、市场情报信息的收集、加工和使用的基础之上。随着国内汽车行业的发展，汽车维修市场将更加规范和成熟，维修企业间的竞争也日益激烈。六西格玛管理就是能够帮助维修企业在激烈的市场中保持不败业绩的有效手段。作为一种管理方法，六西格玛管理包括："六西格玛设计（DFSS，Design for six sigma）"和六西格玛改进（即 DMAIC 过程改进流——D 界定 Define；M 测量 Measure；A 分析 Analyze；I 改进 Improve；C 控制 Control）两个方面。六西格玛设计就是指对新产品（新流程）进行设计，使产品在低成本下实现六西格玛质量水平，满足或超过客户的需求。而六西格玛改进是指对产品生产和服务的全过程进行六西格玛管理。通过六西格玛管理改进过程，降低缺陷、提高效率，为汽车维修企业长期、高速、平稳发展提供有力保证。

六西格玛管理是通过持续改进产品、服务和过程的质量，实现提高顾客满意度，它通过系统质量改进流程，实现零缺陷的过程设计，同时对现有过程进行过程定义、测量、分析、改进和评价，消除过程变异，从而提高质量和服务、降低成本、缩短运转周期，达到顾客满意度，增强企业竞争力。六西格玛要求企业对顾客需求做出全面响应，并识别这些要求如何与企业自身的业务流程相联系。六西格玛管理以消除变异为手段，提出以数据为依据，以财务绩效为最终目标，它形成整套的质量改进 DMAIC，该模式从收集客户需求出发，定义改进的质量指标，然后分析流程，寻求影响关键产品特性的因素，确定少数的关键因素，对其优化，图 2-16所示是整套改进模式。

（1）界定（Define）：界定核心流程和关键顾客。

(2)测量(Measure):搜集数据,衡量整个流程或操作中有多少产生误差的机会。

(3)分析(Analyze):分析数据,探讨误差发生的根本原因。

(4)改进(Improve):找出最佳解决方案,然后拟定行动计划,确实执行。

(5)控制(Control):确保所做的改善能够持续维持、衡量不能中断,才能避免错误再度发生。

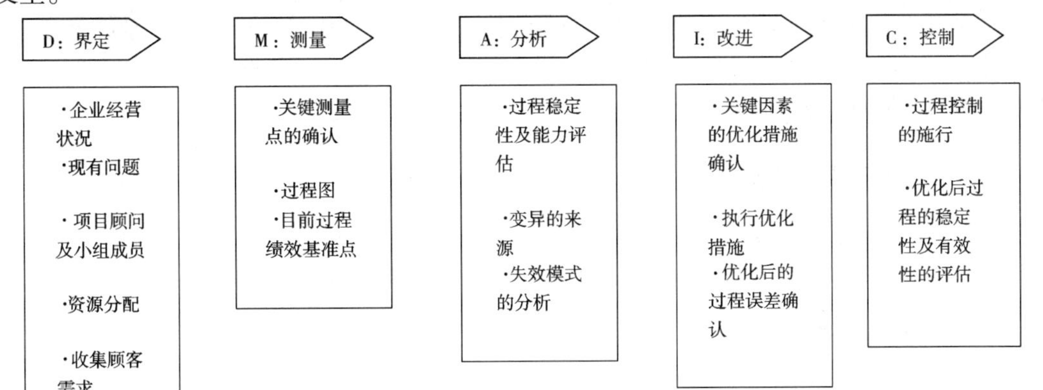

图2-16　六西格玛的改进模式

三　汽车维修企业六西格玛方法的实施

1 高层领导的大力支持

任何一种管理理念的实施,都离不开高层的支持,汽车维修企业高层领导中的每一位成员都应具有主人翁意识,充分信任六西格玛管理,并对推行六西格玛管理满怀热情。企业要成立一个由高层领导组成的六西格玛实施领导团队,主要职责是:建立六西格玛组织保障,参与六西格玛项目选择,参与六西格玛项目评审,倡导六西格玛企业文化,负责六西格玛实施的具体工作。

2 企业文化的辅助作用

企业的文化决定企业的行为。要推行六西格玛管理就要将六西格玛文化融入到组织当中,企业文化要朝着有利于六西格玛实施的方面变革,将以顾客为关注焦点,改变传统的质量管理理念融入到企业员工中,对六西格玛管理有正确的认识。树立积极向上的适应环境变化的企业文化,这通常伴随着组织结构的重构、精简、整合,加强与供应商、分销商、顾客的合作与联盟以及与竞争者的合作竞争,强调团队合作、不断学习,从个人学习到组织学习。学习是企业文化变革的根本动力,也是六西格玛实施的根本动力。

3 加强六西格玛的培训

六西格玛的培训应该针对不同的层次,分别进行。第一层,对企业高层,主要是六西格玛管理理念的导入,使高层管理者对六西格玛管理有清晰的了解,重点侧重于如何构建六西格玛管理基础,侧重于战略层次的策划。第二层,六西格玛黑带与绿带的培训,通过对六西格玛管理方法的学习及实践,使黑带和绿带掌握六西格玛突破方法和技术,体验六西格玛管理理念，实现解决问题的思维方式和行动方法的培训转变，从而使他们成为企业推动六西格玛管理的中坚力量。第三层，全体员工的六西格玛培训。这一般是由六西格玛黑带和绿带开展，随着项目的实施而推进的面向全体员工的培训。

4 选择专业咨询的必要

六西格玛管理是科学和严谨的方法，在流程改进方法论的同时，运用了大量统计工具。不大可能“自学成才”，在活动初期借助专业咨询公司的帮助是必要的。这是一项高回报率的投资项目，关键问题是如何选择专业的咨询机构。

5 充分的财务支持

六西格玛活动的开展需要财务部门的大力支持。无论在项目的选择还是结束过程都需要财务方面对项目经济效果客观的评估。在项目选择初期如果没有得到经济效果的确认，改进后期可能会发现黑带、绿带们历尽辛苦改进的项目几乎没有任何经济效果，白白浪费了人力、物力和财力资源。

6 正确的数据收集和分析

六西格玛是建立在以数据说话的基础之上的。在六西格玛管理中，要求管理人员使用数据做出正确的统计推断，用数据帮助准确地找到产生问题的根本原因。而实现“依据数据做出决策”不但需要数据，还要有从数据得出信息的技术，统计技术正是这样一种技术。因此，在六西格玛管理中需要大量地用到统计技术。

总之，六西格玛管理的实施是一项系统工程，需要企业在文化、组织、人力资源、信息系统等方面的一系列准备，需要长期不懈的努力，才可能收到预期效果。因此，汽车维修企业应该结合实际情况，有步骤、有选择地实施六西格玛管理。

案例分析

六西格玛的中远特色

中国本土企业是在2002年左右开始运用六西格玛方法的，这一批企业包括中远、哈飞、宝钢、春兰、海南航空、澳柯玛、上海烟草等，越来越多的中国企业也已经或开始打算引入六西格玛管理。2004年开始，TCL、美的等更多的企业开始关注并在制造流程中实施六西格玛。目前，这些企业已经开始建立现代物流管理体系，并已显现效益。

中远公司把所有决策流程按照六西格玛的方法做好，要求日常工作全部要用六西格玛去解决问题，包括开会、考虑问题等都要用这种方式。同时培训一批黑带，在各自的部门的日常管理中实施不同的项目。

中远推行六西格玛独特之处还在于在传统黑带、绿带基础上，自创了“蓝带”的角色，通常绿带的培训周期是两周，而蓝带则经过一周培训就可以。表现出色的蓝带可以升为绿带，通常100名蓝带中有20名可能成为绿带。

中远所做的“单证质量控制”项目主要针对物流业务。中远在物流方面和货主之间的联系主要靠单证，单证质量的好坏将关系到客户的整个作业流程和供应链，直接影响到顾客的满意度。

整个单证项目分三期,先是单证中心运营的质量提高,接着是改造系统使用的状况,最后是将单证质量用IT的方法固化。即项目完成落实到IT技术。

在单证差错率的项目方面,X(六西格玛里面的输入)很多,影响因素很多。如过去很多单证都在星期五输入,工作人员焦头烂额,而工作疲劳度直接影响到差错率。中远后来通过做项目调整了工作时间安排,将人员错开,避免员工闲时无事,忙时特别紧张的情况。

此外,通过六西格玛的方法分析,连续输入一个单子差错率比较小,中间打断出错率就大,后来中远要求必须完全输完单证之后才可以做别的事情。再如,员工的熟练程度和单证差错率也有关系,中远通过项目把每个人的特点找出来,进行细致改进。在实施项目过程中,用到了FEMA(失败模式和影响分析)、回归分析、过程能力分析等方法。六西格玛方法的实施,减少了单证的差错率,提高了顾客的满意度。

思考题:汽车维修企业可以借鉴中远公司的哪些经验?

【复习思考题】

1. 汽车维修企业的服务内容有哪些?
2. 什么是业务流程再造?其内容主要包括哪些方面?
3. 汽车维修企业实施业务流程再造的方式有哪几种?各有什么特点?
4. 汽车维修企业如何实施六西格玛方法?
5. 汽车维修合同包括哪些主要内容?
6. 什么是看板管理?它的功能有哪些?
7. 什么是5S管理?开展5S活动的原则有哪些?

第三章 客户关系管理

学习目标

通过对本章内容的学习,你需要:

1. 了解客户管理的基本目标;
2. 掌握汽车维修企业实施客户关系管理的重要性;
3. 掌握处理投诉的原则与技巧;
4. 了解客户关怀的实施要点;
5. 了解客户流失的原因。

目前,交通运输部提出了交通工作要"服务国民经济和社会发展全局,服务社会主义新农村建设,服务人民群众安全便捷出行"的要求。汽车维修企业,必须不断提高服务质量,实现"三个服务"的目标。客户是企业非常重要的经营资源,可以利用客户资源进行有效的感情联络及促销活动。经验证明,一个不满意的客户造成的潜在客户的流失数量比一个满意的客户带来的潜在客户数量要多很多。因此,企业必须对其高度重视,加以精心管理。

第一节 客户关系管理概述

一 客户关系管理含义

客户关系管理(简称 CRM)有两层含义:从管理的角度,指的是企业通过有意义的交流沟通,理解并影响客户的行为,最终实现客户获取、客户保留、客户忠诚和客户获利的目的;从技术角度,CRM 是指借助信息技术帮助企业建立系统性的管理客户关系的方法、相关的软件以及互联网设施,使企业能够全方位地理解并认识客户,同客户建立最好的交流关系,并能够帮助企业将管理方法和技术手段紧密结合。由于实施 CRM,能够帮助企业改变传统的、过时的经营观念,提高企业经营管理的效率,进而提升企业的竞争力。

客户关系管理的基本目标有三个:一是研究客户、巩固和加强市场;二是研究如何提供优质服务,提高老客户的忠诚度、吸引和开发新客户;三是通过客户研究确定企业的管理机制和管理内容。客户关系管理不仅是一个企业经营概念,同时也是管理技术。客户关系管理的不同层面和内涵如图 3-1 所示。

二 汽车维修企业实施客户关系管理的重要性

(1)提高客户忠诚度。客户关系管理(图 3-1)带来客户满意度的提高,又必然会进一步提升客户忠诚度。客户满意度是企业生存与发展的基础,是缔造品牌的重要因素。

(2)提高售后服务满意度。汽车维修行业的自身特性决定了它是个特别强调服务质量的行业,很难想象一个不能提供良好服务的企业能够在业内立足。同时,在客户群中品牌的良好口碑无疑可以对其今后的发展起到巨大的推动作用。

三 客户满意与客户关怀

1 客户满意因素

大多数客户在送修之前几乎总是看到维修企业的缺点,例如工时费用高、配件费用高、送车和取车费时及修车时无车可开等。所有这一切原则上都是客户满意度的负面因素。因此,汽车维修服务的目的就是要增加满意因子,赢得客户的信任,让客户满意。

根据有关理论,客户满意与品质、价值、服务有关(图 3-2),是这三个因素的函数。假如用 CS 代表客户满意、Q 代表品质(Quality)、V 代表价值(Value)、S 代表服务(Service),可以这样表示:

$$CS = f(Q, V, S)$$

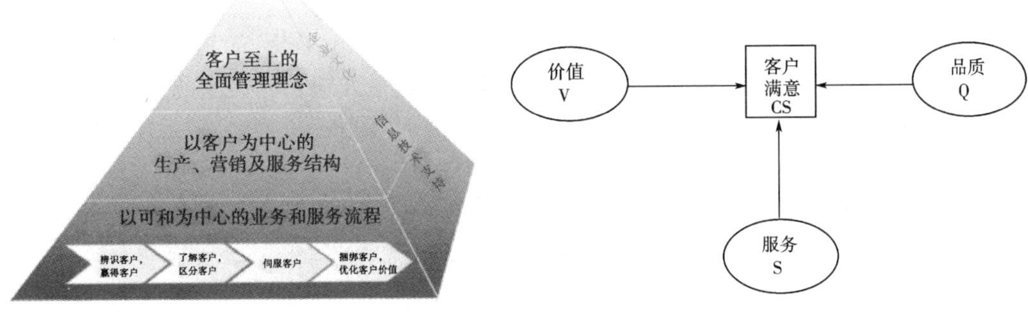

图 3-1 客户关系管理的不同层面和内涵

图 3-2 客户满意因素

2 客户关怀的实施要点

3 提高员工的满意度

任何客户关怀的行为与策略都需要员工去执行,如果员工不能理解客户关怀或员工满意度不高,都难以实现有效的客户关怀。因此,需要对员工进行系统的客户关怀培训,并且使用各种手段(图3-3)增加员工的满意度。

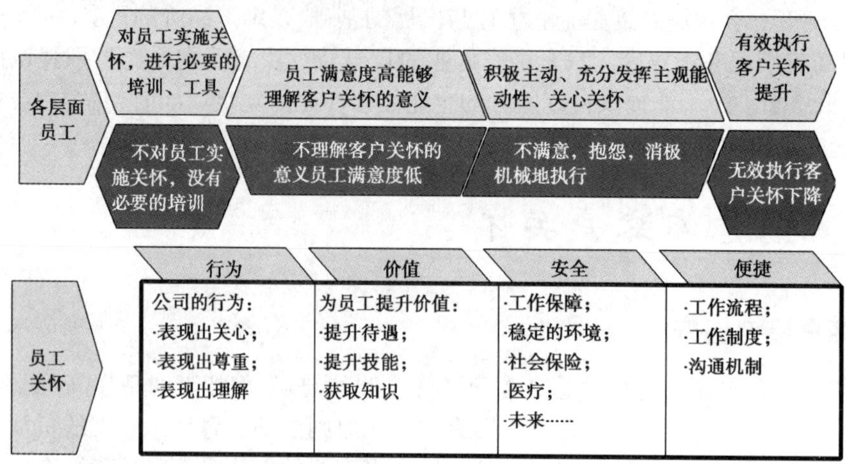

图3-3 员工满意

4 正确处理客户与企业的关系

在汽车维修服务中处理好企业与客户之间的关系,不论在任何时候、任何地方都十分重要。处理人际关系要相互尊重,从而达到互相满意,这就是"双胜无败"原则。从客户与企业的关系来看,大致可出现四种情况:

(1)客户的行为与员工的行为都正确。使客户得到与应该得到的利益,员工也得到最想得到与应该得到的利益,大家的需求都得到了满足。这是处理人际关系的最高境界和结局,即"双胜无败"的最好结局。

(2)客户的行为与员工的行为都不正确。客户的行为与员工的行为都不正确。客户没有得到应有的利益,造成很差的口碑效应,而员工的不正确行为将导致企业门庭冷落,最终被激烈的市场竞争无情的淘汰,即"双败无胜"的局面。

(3)客户正确、员工不正确。从客户的角度来分析,他们付了钱,要求获得优质服务的要求是正确的、应该的,而且他们的实际行为也符合客人的身份。但由于企业与员工一方的种种原因,导致客户利益受阻,造成心理失望。

(4)客户不正确、员工正确。既然是人对人的服务,那么由于利益、认识差异等原因,客户与员工之间发生矛盾甚至冲突就是在所难免的,而在那些矛盾与冲突中,员工应正确劝导客户的无理要求。

四 客户ABC分类法

客户ABC分类法是根据帕累托原则按利润额对客户进行分类的方法。通过对客户的分类,可以为关键客户提供优质的服务,从而给企业带来良好的效益。

1897年，意大利经济学家帕累托发现了著名的80/20定律，提出了帕累托曲线（图3-4）。100年后，理查德推出《80/20法则》一书，对帕累托法则进行了详细的解释。他指出，在因和果、投入和产出之间存在着不平衡的关系。典型的情况是80%的收获来自20%的努力，80%的销售额来自20%的客户，80%的利润来自20%的客户。为关键客户提供优质服务是必要的。当然，80/20并不是精确地数学公式，但它的可贵之处在于：在不精确之中寻找到了一条精确的平衡关系。

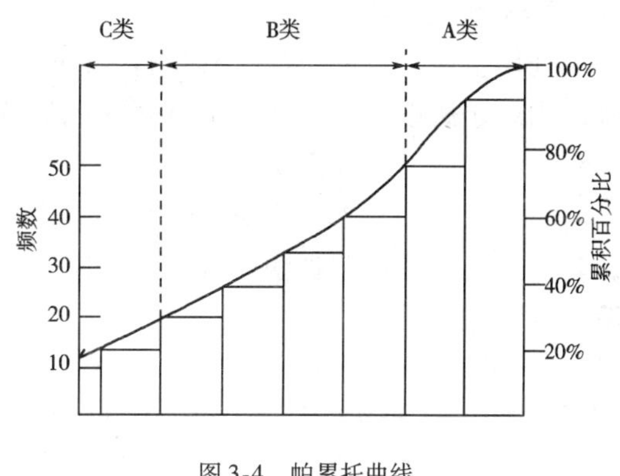

图3-4　帕累托曲线

综上所述，企业为能带来80%的利润的那20%的客户提供优质服务是必要的，但是也不能忽略其余80%的客户。这是因为：如果企业没有为80%的客户提供较好的服务，在他们负面口碑的作用下，那20%的关键客户也可能会选择离开；此外还有一些潜在的客户，这些潜在的客户虽然目前不是企业的关键客户，但将来也可能发展为企业的关键客户。因此要对服务进行综合的辩证分析，从而提供有针对性的服务，使每一个客户都感到满意。

第二节　客户投诉及受理机制

一　客户流失的原因

1 客户流失的现状

在营销手段日益成熟的今天，客户仍然是一个很不稳定的群体，因为客户的市场利益驱动杠杆还是偏向于人、情、理的。如何来提高客户的忠诚度是现代企业营销人一直在研讨的问题。

2 客户流失的原因

1）公司人员流动导致客户流失

这是现今客户流失的重要原因之一，特别是公司的高级营销管理人员的离职变动，很容易带来相应客户群的流失。因为职业特点，如今，营销人员是每个公司最大、最不稳定的“流动大军”，如果控制不当，在他们流失的背后，往往是伴随着客户的大量流失。这样的现象在企业里比比皆是。

2）竞争对手夺走客户

任何一个行业，客户毕竟是有限的，特别是优秀的客户，更是弥足珍贵的，20%的优质客户能够给一个企业带来80%的销售业绩，这是个恒定的法则。所以往往优秀的客户自然会成为竞争对手争夺的对象。

3）市场波动导致失去客户

任何企业在发展中都会遭受震荡，企业的波动期往往是客户流失的高频段位，因为企业高层出现矛盾以及企业资金出现暂时的紧张等，都会让市场出现波动，这时候，嗅觉灵敏的客户们也许就会出现倒戈。

4）诚信问题让客户流失

有些企业使用假冒伪劣汽车配件，存在着乱收费等问题，使很多客户修车时担心上当受骗，这些问题导致汽车维修行业在社会上的诚信度不高，信誉度较差。从业人员的文化水平较低，服务意识、技术水平都急待提高，个性化定制服务机制尚未形成，行业的信息反馈机制、投诉调查处理机制还不完善，客户满意度不高。

5）企业管理不平衡，令中小客户离去

很多企业都设立了大客户管理中心，对小客户则采取不闻不问的态度。广告促销政策也都向大客户倾斜，使得很多小客户产生心理不平衡而离去。其实不要小看小客户 20% 的销售量，算下来绝对是一笔不菲的数目。因此，企业真的应该重视一些小客户。

6）自然流失

有些客户的流失属于自然流失，公司管理上的不规范，长期与客户缺乏沟通，或者客户转行转业等。关键还是企业的市场营销和管理不到位，不能够为一线的市场做更多的沟通。企业如果不能够很好地去维护你的客户，那么流失客户的资源是非常正常的表现。

二 客户投诉及受理机制

在汽车维修企业里无论工作多努力，客户投诉也总是会发生，所以企业要对投诉认真分析并迅速处理，避免产生负面影响。

1 客户投诉分析

1）客户投诉的种类

（1）服务质量。服务客户时，服务态度不良或与客户沟通不够。

（2）维修技术。因维修技术欠佳，一次或多次维修未能修好故障。

（3）维修价格。客户认为维修价格与其期望相差太大。

（4）配件质量。由于配件质量差或没通知客户而使用了进口件或副厂件。进口件价格太高，客户接受不了；用副厂件，客户则会认为是在欺骗他。

（5）维修不及时。在维修过程中，未能及时供应车辆所需配件或维修不熟练，或对维修工作量估计不足，又没和客户沟通。

（6）产品质量。由于设计、制造或装配不良所产生的质量缺陷，与客户沟通不够。这种情况一般发生在特约维修服务的 3S 店、4S 店。

2）客户投诉的方式

（1）一般投诉。

①面对面表示不满。这种客户会将不满直接发泄给接待他的人，如业务接待、结算员、生活接待。

②投诉到汽车维修企业领导处。采用方式一般为电话投诉或直接投诉。

③投诉厂家。这种情况一般发生在特约维修服务的 3S 店、4S 店，由于对服务网点的处

理不满意，而投诉厂家。

(2)严重投诉。

①向行业主管部门投诉。此种投诉一般为产品质量问题。

②向消费者协会投诉。

③通过电视、广播、报纸等新闻媒体曝光维修中的问题。

④由汽车俱乐部或车主俱乐部出面协商处理。

⑤在互联网上发布信息，以引起社会人士的关注。

⑥通过律师打官司。

2 处理投诉的原则

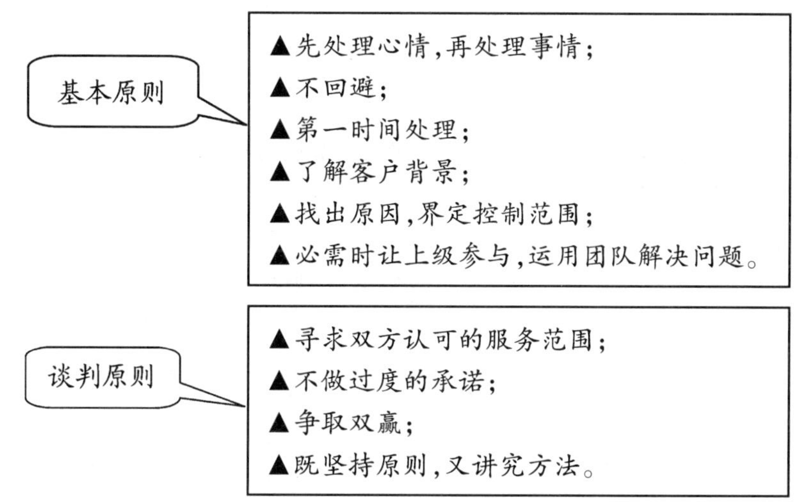

3 处理投诉的技巧

出现客户投诉，看似一个简单的事情，其实背后所反映的，可能是一个系统工程。必须做好一系列的工作，才能减少乃至消除投诉。

1)推行一项制度

在处理客户投诉时，应该推行“首问负责制”(图 3-5)，即谁接待的客户就由谁负责到底。

图 3-5　首问接待者

2)坚持两个做法

(1)倾听述说。如果客户投诉的是对维修服务不满，无论你是对还是错，均应首先向客户道歉。

客户的本意是：表达他的感情并把他的问题解决。

(2)补救补偿。处理投诉客户的返修时，对于通过补救可以解决的小问题，应该马上安排人员进行补救；对于无论如何也无法补救的损失，要在请示经理的前提下，给予客户适度补偿(如馈赠赠品、折扣优惠等)。

给予客户补偿、满足客户需求的几种常用方法：

常用方法

▲不要忘记了照顾客户；
▲了解客户的期待，尽量给予满足；
▲立即派人处理目前最紧急的事情，满足客户眼前的需求；
▲掌握客户真正的需求；
▲关注客户不经意的言语，注意客户反应；
▲关心客户同行的人，注意其家人或朋友的感受及需求；
▲随时问候、关心客户，设定服务施工的预计时间；
▲面向客户，随时微笑、点头。

3）明确三类人职责

客户的投诉，主要涉及三类人员：维修接待员、维修技师、客服经理。处理客户投诉时，需要分别明确这三类人员各自的职责。

（1）维修接待员。要诚恳而礼貌地接待客户，指导客户填写《客户投诉受理表》，认真听取客户的投诉，马上检查导致客户投诉的现象，准确判断发生故障的原因，并做出相应的处理与安排。

（2）维修技师。导致客户投诉的维修技师，必须按照维修接待员的派工要求，及时维修遭遇投诉的车辆，并确保客户满意。

（3）客服经理。客服经理主要负责参与处理重大的客户不满。接到报告后，出面安抚客户情绪，在自己权限范围内立即提出处理方案，并在规定时间内组织实施，达到客户满意。对于不能及时处理的问题，要提出合理化建议，同时应该对事态的发展有预见及应对预案。

4）坚持四个原则

（1）掌握政策，正确判别。遇到客户投诉时，必须正确判断其投诉的实质，分析出因果关系，然后判别投诉是否合理。

（2）以理服人，礼貌待客。当遇到不合理投诉时，在坚持原则的前提下不能违背服务宗旨，要礼貌待人，不能失礼，更不能用极端方式处理。

（3）调查分析，实事求是。接到客户投诉后，必须进行调查分析；要听取投诉人的陈述，还要向有关人员了解维修过程，听取被投诉人表述；既要尊重投诉人意见，又要尊重被投诉人意见；通过调查，得出合理判断，实事求是地解决问题。

（4）赏罚分明，统一尺度。假如客户投诉正确，就要对被投诉人做出相应处理。处理相关人员时，要注意关联性，只处理被投诉事件本身的当事人，而不处理投诉起因的责任人是不对的。

5）做好五方面工作

（1）热情接待，听取陈述。投诉的客户肯定带有不满情绪，因而，有必要对其热情对待。

（2）无论对错，均表歉意。要牢记：客户的对错并不重要，重要的是该如何解决问题而不让其蔓延。告知客户你已经了解了他的问题，并请他确认是否正确。

（3）耐心解释，及时解决。当客户的投诉与事实不符时，一定要耐心解释，让客户从内心感觉到是自己的不对而心服口服，这样就不会失去这个客户的业务。如果客户的投诉是对的，就必须给予快速解决，化解客户的不满，使客户感觉到这次事故其实只是一个意外，重新达到了满意,成为公司的"回头客"。

(4)敢于担责,勇于认错。有些投诉事件得不到有效解决,其实是维修企业没有勇气承认错误并承担责任造成的。只要客户有投诉,无论客户采用何种方式、投诉是否合理、投诉哪些问题,维修企业都应接受、承担、妥善处理。

(5)抓住机遇,快速处理。遇到客户投诉时,要快速处理,尽快平息客户心中的怨气。

案例分析

上海大众:双品牌优势互补"e购中心"引人关注

上海大众作为国内第一个轿车合资企业,成立20多年以来一直在业内扮演着领头羊的角色。其营销特征是,品牌战略、品牌形象、营销能力整合明显,突出性强。上海大众依靠大众与斯柯达两大品牌构架出互补而完整的产品体系,并各自取得不俗的市场业绩。

目前,大众品牌在全国已拥有近600家特许经销商/特约维修站。通过新一轮经销商能力和忠诚度提升计划,上海大众建立了经销商能力素质模型和相应的能力审核机制。与此同时,CSE卓越服务项目的推动,24小时援助服务的完善以及多种创新的季节性服务活动,《汽车课堂》等品牌化的客户关爱活动,也不断巩固着上海大众在服务技术方面的行业标杆地位。

2009年上海百联沪北汽车销售有限公司成为斯柯达e购中心首家e购经销商,营销创新不断的上海大众、斯柯达品牌正式启动了汽车营销与电子商务整合的探索之旅。通过斯柯达e购中心,消费者可以足不出户在享受上门一条龙服务的同时,坐等斯柯达品牌为自已送来心仪已久、个性化定制、手续齐备的斯柯达轿车。

斯柯达e购中心采用当今国际先进的网上实时3D数字技术,建立了与斯柯达旗舰店展厅同比例的网上3D品牌展厅,用户可详细了解到斯柯达品牌历史、文化荣誉、产品车型、销售、服务及车友会等各方面的具体情况;借助先进的3D实时定制工具,用户可根据自已喜好直接通过e购中心进行个性化定制,定制后消费者可进入网络"温馨洽谈室"享受斯柯达e购销售顾问提供的一对一服务。此外,用户在斯柯达e购中心还可与斯柯达e购销售顾问进行即时交流和询价,并进行订金在线支付。这意味着,借助企业级项目管理软件开发工具,斯柯达e购中心实现了网上客户从参观3D品牌展厅、个性化3D定制、即时交流询价直至网上支付订金的全过程在线化,打造了一个与客户在线交流和交易的平台。

(摘自中国质量新闻网,2010.02)

讨论题:上海大众斯柯达品牌汽车营销与电子商务整合的探索之旅,给消费者带来了哪些便利?

【复习思考题】

1. 客户管理的基本目标有哪些?
2. 汽车维修企业实施客户关系管理的重要性有哪些?
3. 处理投诉的原则是什么?
4. 客户关怀的实施要点有哪些?
5. 客户流失的原因有哪些?
6. 处理客户投诉时应掌握哪些技巧?
7. 客户流失的原因有哪些?

第四章 汽车维修企业设备与安全管理

学习目标

通过对本章内容的学习,你需要:

1. 了解汽车维修设备的分类、维修设备管理的意义及内容,汽车维修设备的维护;
2. 了解目前汽修企业安全生产面临的问题,以及采取什么措施来保证汽车维修过程中安全生产等,了解安全生产工作规范的相关内容;
3. 了解影响汽车维修企业环境的几大因素,应该如何建立环保型汽车维修企业;
4. 熟悉各类汽车维修企业的开业程序、条件等,掌握厂区的布局规划。

第一节 汽车维修设备管理

近年来,汽车工业的快速发展和汽车技术含量的不断提高,极大地带动了汽车维修业的兴盛和繁荣,同时也推动了维修设备的发展。

汽车维修设备管理是通过一系列的技术、经济及组织措施,对维修设备的设计、制造、选择、评价、购置、安装、调试、使用、维护、润滑、修理直到报废的全过程进行管理,是一项系统工程。具体地说,包括以下几个内容:

①汽车维修设备管理是对设备从选型、采购计划开始直到报废的全过程管理,涉及采购、安装、使用、维护、修理等多项工作。

②维修企业设备管理应从技术、经济、组织三个层面,物质运动和价值运动两个方面进行管理。

③设备管理与制造单位、销售单位密切相关,在人员、技术、资料、备件等方面都应注意与设备的供应单位建立联系。

一 汽车维修设备基本分类

汽车维修设备通常分为两类,即通用设备和专用设备。

维修设备分类

▲通用设备——适用于各行各业，如切削机床、锻压设备、空气压缩机、起重设备等。

▲专用设备——只适用于汽车维修行业的设备，如汽车检测设备、汽车清洗设备、轮胎拆装修补设备等，图4-1所示为汽车检测设备。

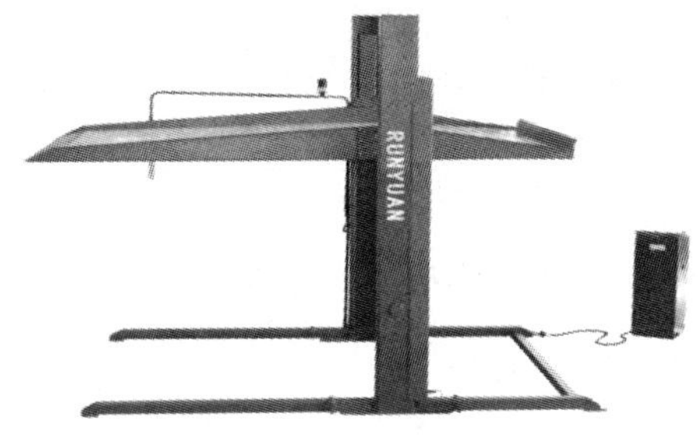

图4-1　汽车检测设备

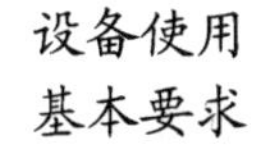

▲建立科学合理的使用程序和操作制度，坚持设备操作持证上岗制度和定人定机制度。

▲严格操作纪律，提高设备完好率，操作纪律包括下面四项：

■实行定人定机、凭证操作使用设备，遵守安全操作规程。

■经常保持设备整洁，按规定加油，保证零件润滑。

■工具、附件不得遗失，遵守交接班制度。

■ 设备运行中发现异常，立即停车检查，自己不能处理的应及时通知有关人员检查处理；设备使用单位要求做到“三好”：管理好、使用好、维修好；对员工要求“四会”：会使用、会维护、会检查、会排障。

▲落实设备岗位责任制。设备操作者必须执行“定人定机”、“凭证上岗”制度，按照“四会”和“三好”的规定，认真做好设备的维护工作。

维修设备发展方向

▲一机多能化；

▲电脑智能化；

▲操作简单化；

▲过程专业化；

▲发展国产化。

二 汽车维修设备管理的意义

管理的意义

▲加强设备管理、合理使用、精心维修,保障企业设备技术状态良好,才能保障汽车维修的正常运营。

▲加强设备管理,不仅可以保持汽车维修设备良好的技术状况,而且还可以确保维修设备的安全使用和汽车维修质量,从而保障汽车维修的安全生产,减少安全事故和返工返修。

▲加强设备管理,可以减少设备维修费用和延长其使用寿命,最终提高企业经济效益。

▲加强设备管理,可以提高汽车维修的机械化程度,加快维修进度,减轻劳动强度和提高劳动效率,有利于实现汽车维修企业的现代化。

三 汽车维修设备管理的内容

汽车维修设备管理工作的具体内容主要有以下几个方面:

(1)建立健全维修设备管理机构,为设备管理提供组织保证。企业领导要有专人负责设备管理,并要根据企业规模,配备一定数量的专职和兼职设备管理人员,负责设备的规划、选购、日常管理、维护修理以及操作人员技术培训工作。

(2)建立健全汽车维修设备管理制度,为设备管理提供制度保证。汽车维修业务应当根据国家的法律、法规要求和行业主管部门的具体规定,结合各自企业的特点制定企业的设备管理制度,规定设备安装、使用、维修等技术操作的流程,明确设备配置、领用、变更、报废等活动的管理程序,严格设备使用与管理的岗位责任制度与奖罚规定等,使设备管理有章可循,全员参与,各负其责。

(3)认真做好汽车维修企业设备管理的基础工作。从选购设备或自行设计制造设备到设备在生产领域内使用、维护、修理,直至报废退出生产领域实施全过程管理,其工作主要包括:

汽车维修设备台账、档案、资产卡管理

▲建立设备台账,记录设备的购进、数量、金额、设备分布及变动等情况。

▲建立设备档案,记录设备从设计、制造、安装、调试、使用、维修、改造、更新至报废的全过程中的技术图纸、文字说明、凭证、记录等技术文件和资料。

▲建立设备资产卡,登记设备的资产编号、主要技术参数及变更情况等。

(4)加强汽车维修设备日常使用管理,保证合理使用。对精密、贵重、操作难度大的设备,要指定专人操作和管理,严格执行操作规程,保证设备安全使用,充分发挥其利用效率。

维修设备维护

汽车维修设备强制维护通常采用日常维护、一级维护(季度维护)和二级维护(年度维护)3级。

▲日常维护

汽车维修设备的日常维护应做到经常化和制度化,由专职操作人负责每班例行维护和每周例行维护。

作业项目包括:使用前机况检查,并清洁、润滑、试运转,以确保设备状况良好;使用中严格按照安全技术操作规程使用设备,发现故障及时排除;使用后认真清洁、润滑、紧固、调试、试运转检查及排故等,并记录日常运行记录。

▲一级维护

当设备运行累计450~500h(单班制3个月),以设备主操作人为主,机修工为辅,对设备进行一级维护。

作业项目包括:日常维护作业内容、对设备按维修计划进行局部拆卸检查,并做好维护记录。

▲二级维护

当设备累计运行2400~2500h,应以机修工为主,操作者配合,结合年度性机况鉴定及年度性检修,对设备进行二级维护。

作业项目包括:一级维护作业内容,并要对设备进行局部解体和检修,以更换易损件,修复磨损件,调整恢复其性能和精度,并做好维护记录。

(5)认真执行汽车维修设备的维护制度,加强设备维护管理。对维修加工机械设备要制定设备定期维护计划,并认真组织实施,定期对设备进行紧固、调整、换油和检修作业,保证设备处于良好技术状态,适时做好汽车维修设备的更新改造与报废处理工作。

设备管理措施

▲合理配备操作人员。

▲操作人员应进行岗前培训。

▲为汽车维修设备人员创造良好的工作环境和条件。

▲坚持“谁使用、谁维护”,“谁管理、谁负责”的原则。

维修设备的报废

■已超过使用年限,型号陈旧,技术性能落后,效率低下者。

■主要结构部件已严重损伤无法修复、或虽能修复或技术改造但得不偿失,经济上不划算。

■受灾害或意外事故造成主要零件严重损坏而无法使用、无法修复或技术改造可能者。

■自制非标准汽车维修设备,经维修生产验证和技术鉴定已不能使用、无法修复、无法改造和无出售可能者。

■严重污染环境而无法治理者。

■不符合国家技术政策和技术标准者。

案例分析

某汽车维修企业用数十万元购买了一台计算机检测设备，因维修业务量减少，该计算机检测设备长时间闲置，无人管理，致使检测软件丢失。因此，在企业需要使用时却无法使用，维修作业无法进行。

从上面案例可以看出，加强设备的日常维护管理，才能最大限度地发挥汽车维修设备的作用，保证维修生产的正常进行，为企业创造更大的效益。

(6)认真进行汽车维修设备的规划、配置与选购。

汽车维修企业应按照《汽车维修企业开业条件》，根据企业的级别规模和发展前景，合理规划企业设备的配置，要在充分进行技术、经济论证的基础上，认真制定维修设备配置计划，并按照计划组织设备选购，做到：技术上能够满足使用要求，并保持一定的先进性；经济上合理核算，保证良好的投资效益。

设备选购基本原则

▲应与维修的主要车型及企业的规模、发展、使用维修能力及动力、原材料供应等相适应，并具有较高生产率和利用率。
▲应满足提高工效和保证质量的基本要求。
▲应考虑设备的环保性、配套性、经济适用性。
▲应具有较高的安全性、可靠性，维修和售后服务要方便。
▲应尽可能就近购置，优先选购本地设备。

案例分析

一家修理厂在对一辆佳美轿车进行维护时，由于工作中的疏漏及技术员责任心不强，带班组长把换自动变速器油的工作交给一个学徒工来做。由于学徒工的专业知识不足，再加上材料员的失误，把制动液当成了自动变速器油加了进去。车主把车开走后，造成了变速器摩擦片严重烧蚀、多盘轴承损坏的故障。

第二节　安全生产管理

汽车维修企业是汽车产业链上的重要环节和组成部分，它担负着为社会在用车辆提供维护、修理服务，为国家运输业的稳定发展提供后勤保障的职能，为社会经济发展所必需的成品、半成品、原材料以及人员的周转畅通扮演着重要角色。没有技术状况良好的车辆随时待命，各类运输任务就难以及时高效的完成，因此，抓好汽车维修企业的安全生产工作，关系到整个公司生产、经营和科研任务的顺利实施，因为它是一切后续工作的前提和基础。

一　安全生产管理的概念

“安全生产、预防为主”是我国安全生产的方针，安全生产是涉及职工生命安全的大事，也关系到企业的生存发展和稳定。作为以创造经济效益为目的的企业，安全生产不仅关系到企业在社会中良好的形象，更是关系到企业的生死存亡的重大问题。安全效益与经济效益息息相关，贯穿在任何一项经济活动、生产活动的全过程。

汽车维修企业安全管理就是通过对企业的维修、技术、经营等活动进行计划、组织、指挥、协调和控制的安全管理，以确保维修企业生产经营活动的正常进行，保证维修人员人身安全和维修设备安全的管理活动。

安全管理“五阶段”

▲计划——针对各阶段的安全教育、检查措施、安全评价及整改等安全活动作出部署方案，以确保企业生产经营活动的顺利进行。

▲组织——对照计划方案，按级落实，以保证安全计划任务、控制目标的完成。

▲指挥——在组织落实各项安全活动后，各职能部门出主意、想办法，以求得安全生产计划的顺利完成。

▲协调——为实现整体安全计划和目标，争取领导对安全工作的支持，使各职能部门加强协调。

▲控制——以安全计划、目标为依据，建立各种安全考核标准，以有效控制各种事故的活动。

二 安全生产管理的意义

对国家而言，安全生产是社会安定的重要保证。安全生产搞不好，伤亡事故频发，不仅使本人受到伤害，而且使其家庭蒙受不幸，给人民群众造成心理上难以承受的负担，会引发社会安定问题并影响国家一系列其他重要政策的实施。

对员工而言，安全生产管理是维修企业管理工作中最重要、最基本的内容，可以防止和减少生产安全事故，保障人民群众生命和财产安全，为维修企业的正常生产经营活动提供基本保障，并促进维修企业的健康发展。

对企业而言，安全生产是对任何一个维修企业最基本的要求，可以帮助企业树立形象，赢得市场，承揽更多的经济任务。如果没有安全保障，企业的维修质量、客户满意度、企业的经济效益也就无从谈起。小到可以影响维修企业的正常生产经营活动，大到可以使维修企业的所有的辛勤努力、所有的经营成果付之东流。

三 汽车维修企业安全生产存在的问题

汽车维修行业风险不大、危险大，利润不多、隐患多，安全管理涉及的面广，任务艰巨。目前，从大部分汽车维修企业和维修摊点的现状来看，安全状况令人担忧。

1 安全管理队伍薄弱

汽车维修企业普遍规模偏小，生产、管理人员偏少，从业人员文化素质偏低。大多数企业没有专业安全人员，一般都由生产负责人兼管安全工作。经验不足，精力不够，管理层级简单，管理网络不健全，管理责任制不到位，干部、职工的法治意识、安全意识不强，短期行为和蛮干现象比较严重。

2 安全生产投入较少

落实安全技术措施，适当投入人力、物力、财力是必要的。对此，多数企业领导基本能形成共识。但是，目前多数汽车维修企业规模小、底子薄，安全方面的欠账较多，因此企业安全的基本资源配置参差不齐，“不愿投、投不起、勉强应付投一点”等情况较为普遍，企业生产的安全缺乏必要的基础条件，一些事故隐患长期得不到解决。

3 安全教育重视不够

历史沿袭下来的安全生产管理弊端的惯性，以及经济利益的驱使或多或少在企业领导和职工存在着重生产、轻安全的倾向，对员工的日常教育和培训常常侧重于厂规、操作技能等方面，而生产安全方面往往是一带而过，员工不能掌握全面的安全法规和知识，安全意识比较淡薄。

4 安全管理不到位

由于基层政府的职能部门中普遍没有将汽车维修行业安全列入专项安全管理，管理人员也缺少相应的管理知识和经验，对汽车维修企业的安全管理自然也就不到位，少数地方甚至呈现“真空”状态。

5 思想麻痹，认识有误区

不少汽车维修企业安全制度不健全，管理不规范，其根本原因是认识不到位。有些企业认为，业务生产是饭碗，是否安全靠运气。即使发生事故，企业怕给自身带来经济处罚和不良影响，隐瞒不报，“私了”现象较多，从而掩盖了安全生产的实际情况，使本来可以避免的事故重复上演。

四 汽车维修安全生产管理

汽车维修企业生产作业环境复杂，是多工种联合交叉作业的综合服务单位，影响安全生产的因素很多，自然就成为安全生产的重点关注对象、重点防范单位。汽车维修企业在从事日常的经营工作时，其内容包含了从车辆进厂到修竣这一过程中的所有与安全生产有关的各项事宜，应从以下几个环节重点落实。

1 安全教育与安全责任制

(1)开展安全教育。为了保证安全生产，必须开展安全教育，教育职工遵章守纪、组织安全文明生产。

(2)建立安全生产责任制度 。为了抓好生产安全，应在各生产班组内设业务安全员，以负责本班组的安全生产；明确各生产岗位的安全例检和安全责任应由该岗位的负责人负责，分层负责、逐级管理，在企业内部组建安全生产教育网及安全例行检查网。

(3)严格遵守安全技术操作规程。汽车维修企业要制定和实施各工种、各工序、各机具设备的安全技术操作规程。

(4)加装安全防护装置 。机器设备一律应加装安全防护装备。

案例分析

某汽车维修厂是当地一家很有名的汽修厂,经营业绩比较好。一天,一个员工在使用汽油试验汽油泵时,由于油泵接线柱产生火花,引起油泵里的汽油燃烧,而现场没有放置灭火器,员工到远程拿来灭火器时,火势已不可控制,当场将凯迪拉克轿车烧毁,厂房也化为灰烬。从上面案例中可以看出,一个企业因为没有根据电控燃油喷射车辆的特点制定安全生产规程,维修时没有按安全生产规程操作,造成火灾的发生,这样的教训是沉重的。安全生产是汽车维修中最基本的、最重要的知识,不懂得安全生产、粗心大意往往会导致安全生产事故,因此,每个汽修人员都应该认真对待安全生产问题,不能存在侥幸心理。

2 全生产现场管理

1)防止汽车在维修移动过程中的问题

车辆在修理厂修理期间由于车辆的移动所引发的安全问题尤为重要,图 4-2 所示为某车辆在修理厂维修期间又发生了事故。

图 4-2　某汽车在汽修厂内出现的事故

(1)车辆在路试过程中的安全问题。车辆在修理厂进行维护和修理的过程中,不可避免的要经常移动车辆的位置,因此试车人员必须具有驾驶相应承修车辆的资格。但是,当试车过程发生在修理厂范围内时,因修理厂内的道路不属于《中华人民共和国道路交通管理条理》所规定的道路范畴,因此,该规定对此就缺少约束作用。正因为如此,一些维修人员或因为好奇或由于贪图工作方便,有时就会的违反安全管理规定,随意发动和驾驶车辆。更有甚者,错误的认为"修理工每天同各类车辆打交道,车都修了,何况驾驶?"殊不知,送修车辆或修竣未检的车辆,技术状况均不是最佳,经常会是转向不灵或制动失效等"带病车",驾驶这样的车辆不仅要有丰富的经验和高超的驾驶技术,而且还要承担相当大的风险。由此发生的撞伤、撞死事件时有发生。针对此类问题,要制定相应的管理规定,建立健全动车、用车和试车制度。

(2)车辆在厂修理移动时的安全问题。对拆卸了传动系统、转向系统或制动系统的车辆和停放在坡道或不平地面上的车辆,停放时,必须先将前后轮用三角木塞实,才能展开相应的维修作业。当移动上述拆卸了部分零件或总成的车辆时,必须指定不少于两名工作人员,手持三角木随时准备塞实至少左右一个车轮。

(3)牵引车辆时应注意的问题。修理厂在派救援车辆把故障车辆拖回修理厂维修时,应严格遵守《中华人民共和国道路交通管理条例》关于机动车拖带行驶的规定，对于操纵机构故障、制动系统失灵及其他严重事故车辆拖带行驶时，要采用硬牵引装置；对于采用自动变速器传动的车辆必须区分车辆变速箱器挡位，弄清车辆的驱动桥、转向桥或转向驱动桥的布置形式，不可在不知情的情况下强拖硬拽。

2)防止维修场地中各项设施、物品出现各种事故

修理厂要使用和添加润滑油及多种燃料，汽车本身也有许多部件采用了橡胶、塑料和人造革等易燃材料，在从事车辆维修作业时，经常会进行用汽油清洗零件、热磨合及喷漆等作业，这些都会形成密度较大的可燃气体，上述情况给燃烧提供了充分的物质基础。修理时，难以避免因敲打发出火星；使用各种电动工具时频繁进行电器件的插接转换会发出电火花；车辆自身的电路在某些情况下会发生短路起火或电火花；在进行钣金修理时更离不开气焊设备，上述几方面都能形成火种，如管理不善，极易点燃周围的可燃物质引发火灾。因此，要严格制定执行修理厂范围内禁烟制度，建立易燃、易爆品库存和使用的管理办法。严禁在清洗、喷漆、发动机修理、试验间或存在可燃气体的场所从事可能发生敲击或进行焊接等产生火种的作业。

3)防止维修作业过程中的各种事故

现代汽车本身就是一个机电一体化的组合体，汽车本身所能达到的最高电压可达20 000V，修理厂使用小型电动工具多，各种电源插座、电源转换器和拖曳地线多，移动用电频繁，加上作业场所有时会比较潮湿，稍不注意，就会发生修理工触电事故。修理厂必须制定安全用电规定，要使用36V的安全电压作为工作灯的照明电源，定期检查各种电源插座、电缆线等，尤其对动力电要进行认真的检查测试，使用手持式电动工具作业的人员要作好绝缘保护，还应在总电路上串联漏电保护器。

同时在维修作业时，容易发生滑跌、坠落和挤压等引起的工伤事故，应加强对操作人员的技能训练，不断提高作业者的安全防范意识和熟练的操作程度，从主观上避免上述事件的发生。

4)防止危险品的伤害

修理工在对车辆进行维修作业时，不可避免的要接触汽车各部位及各种油脂、化工物品等，其中不乏有毒或严重腐蚀性的化学材料。例如：汽车燃料中含有一定量的铅，会造成人体的慢性铅中毒；蓄电池内的酸、汽车的冷却液、制动液、空调的冷媒等都会对人体造成伤害；喷漆时的稀释剂、固化剂以及油漆都是对人体有毒的物质。汽车尾气可以直接通过呼吸道危害人体。因此修配厂要加强环境的保护和对维修人员的劳动防护措施。

(1)对所有有毒、有害及易燃、易爆物品要设立仓库专人保管，建立严格的审批和领用制度。妥善处理好作业后的剩余物品。

(2)蓄电池充电间必须与其他场所隔离，并要设立有效的通风装置。

(3)喷漆车间也应与其他作业场所分隔，设置良好的通风系统。在喷漆时要先开通风机，以确定通风设施有效，无关人员不得逗留。

(4)接触化工材料(如蓄电池电解液、防冻液、无铅汽油等)时，必须使用相应的抽吸工具、量具和容器，严禁采用口吸、手摸或嘴尝等与人体直接接触的方式作业。

不同汽车维修企业应根据其工作特性，制定各维修车间、配件部、接待处等部门的工作规范，采用不同的安全管理方式，才能有效地减少事故的发生，促进安全生产。

❸ 安全生产监督检查

安全监督检查的内容

▲查组织：检查企业有否建立专门的安全组织、设置专门的安全管理人员，是否有明确的安全目标和安全规划，安全责任是否建立健全，措施是否可行，是否定期召开安全会议。

▲查制度：主要检查各项安全规章制度的执行情况，重点检查安全教育、安全生产责任制以及安全事故报告情况。

▲查管理：主要检查企业安全生产保证体系的运行情况，安全管理是否做到责任化、制度化、经常化。

▲查隐患：查企业场地、作业场所、机具设备、环境保护是否符合安全规定；查消防器材、设施是否符合规定，是否齐全有效；对过去已查出的"隐患"是否已按要求整改。

▲查安全设施：主要检查各种安全设施，如接地、避雷、防火、防爆等设施是否符合标准要求。

五 安全操作守则及岗位职责

❶ 汽车维修人员通用安全操作规程

(1)严格遵守安全技术操作规程，严禁违章操作。

(2)工作时应佩戴、使用安全防护用品，不得穿凉鞋、留长发、穿高跟鞋等。

(3)工作场地不得吸烟，若发现客户吸烟应及时制止。

(4)不得喝酒后上班。

(5)不得随意动用承修车辆或擅自将顾客车辆开出厂外，不准在场内试车和无证驾车。

(6)作业对应注意保护汽车漆面及驾驶室内卫生。

(7)维修用的工作灯应不超过36V安全电压。

(8)工作后应及时清除油污、杂物，并按指定位置整齐堆放，保持现场整洁。

(9)维修人员发现事故隐患或不安全因素，应及时向现场管理人员汇报，接到报告的人员应及时处理。

❷ 汽车维修工安全操作规程

(1)应熟悉汽车维修应注意的事项和操作方法。

(2)应正确使用工具和设备。

(3)熟悉安全用电要求和消防器材的使用。

(4)使用举升机和千斤顶时，应确保车辆牢固和支撑牢固的安全。

(5)拆卸作业时应使用合适的工具和专用工具，严禁野蛮拆卸。

(6)废油、废水应倒入指定容器，禁止倒入排水沟内。

3 汽车电工安全操作规程

(1)熟悉安全用电要求和消防器材的使用。

(2)严格遵守汽车电气维修的操作规程和应注意的事项。

(3)维修时所有用电线路、熔断丝必须符合安全容量。

(4)电气线路或设备发生火灾时应立即切断电源,采取消防措施。

(5)进行蓄电池充电作业时,要将蓄电池盖打开,并保持室内通风良好。

(6)进行空调作业时,制冷剂应远离明火及灼热金属,制冷剂瓶要轻拿轻放。

4 汽车钣金工安全操作规程

(1)电工、气焊工必须经特种作业培训,持证上岗。

(2)焊接场地应通风良好,并备有消防器材,10 m 内不得有燃油和其他易燃物品。

(3)氧气瓶和乙炔瓶应符合安全要求,两者分开放置,不得倒置,避免暴晒,周围不得有烟火。

(4)使用钻床、电焊机时必须检查各部件及焊机接地情况,确保无异常时,方可工作。

(5)电焊条要干燥防潮,工作时应根据具体情况选择适当的电流及焊条。

5 汽车烤漆工安全操作规程

(1)烤漆工必须经特种作业培训,持证上岗。

(2)油漆和溶剂及其他化工原料应储存于阴凉通风室内,严禁接近烟火。

(3)喷漆作业必须严格遵守操作规程,戴好防毒口罩、护目镜及其他防护用品。

(4)烤漆车辆进入烤房前应清洁干净。

(5)作业前应检查供油泵烤炉不漏油。

(6)进行保温烘干时,不得将温度调节器设定在80℃以上。

6 汽车举升机安全操作规程

(1)操作者要熟悉所用举升机操作要领。

(2)举升车辆的质量要小于举升机的额定举升质量。

(3)举升前要检查确认设备各部位技术状况正常。

(4)按车辆使用说明书的要求选择正确的车辆支撑位置。

(5)车辆举升离地约10cm时,应停止举升,并从车辆侧面晃动车辆,确认举升无误后,方可继续举升。

(6)液压举升机举升到工作高度后,要确认锁止有效后,方可进行维修作业。

(7)举升机落地前,必须将托架下方台面清理干净,防止因有异物垫起托架而影响下端限位开关的正常工作而导致产生托架“落空”现象。

(8)对螺旋副传动举升机,每周要检查螺母磨损指示线的位置,防止因螺母磨损超限而产生意外。

(9)及时加注润滑油和润滑脂,以保证丝杠、丝母得到正常润滑。

(10)发现异常情况要立即停机检修。

六 汽车维修消防安全管理

火灾具有很大的破坏作用,一旦起火,它会在很短的时间内烧毁大量的物质和建筑物并会造成人员伤亡。为了防患于未然,汽车维修人员应该掌握必要的防火安全知识。

1 着火燃烧条件

着火燃烧的三个条件是要有可燃物、要有氧气、有一定的温度。防火就是排除着火的条件,加强对易燃、易爆物品和各种火源的管理,防火的规章制度和操作规程就能有效防止火灾的发生。

2 灭火工作

要根据不同的可燃物和客观条件采用不同的灭火方法和器材(表4-1),严格遵守有关规定应迅速进行扑灭。

各种灭火方法 表4-1

火灾类别	涉及的可燃物	灭火器类型
一般易燃品引起的: 用降低易燃品温度的方法扑灭	木材、纸张、布匹、橡胶、垃圾、装潢拆料等	水 泡沫 多用途的化学制品
易燃液体引起的: 用闷熄的方法扑灭,使用一种产生覆盖层、有隔绝火焰效果的灭火器,覆盖全部在燃的液体表面	汽油 油漆 打火机液体	泡沫 二氧化碳 卤化剂 标准的干化学物品 紫色钾干化学用品 多用途干化学用品
电气设备引起的: 扑灭C级火灾要尽快的切断电源并使用防止触电的、非导电性的灭火器	电动机 电器 导线 开关板	二氧化碳 卤化剂 标准的干化学物品 紫色钾干化学用品 多用途干化学用品

3 汽车维修常用灭火器类型

灭火器使用方法如下:

(1)使用手提泡沫灭火筒救火时,应用一只手挨着灭火筒上端的提环,把灭火筒倒转过来并摇动几下,灭火泡沫就会从喷嘴喷射出灭火。

(2)鸭嘴式开关灭火器使用时,先将灭火器提到着火处,将喷嘴对准火焰,拔出保险销,握紧喇叭柄,将上面的鸭嘴向下压,二氧化碳气体即从喷嘴喷出灭火。

(3)干粉灭火器使用时,先将干粉灭火器送到火场,需要将其上下颠倒几次,在离着火点3~4m处撕去灭火器上的封记,拔出保险销,一手握紧喷嘴对准火源,另一只手的大拇指将压把按下,干粉即可喷出。迅速摇摆喷嘴使粉雾横扫整个火区,由近而远向前推移可很快灭火。

安全保护基本原则

▲坚持“安全第一、预防为主”——全面建立安全生产责任制度,逐级负责.将安全责任与企业的绩效考评联系在一起。

▲坚持“安全生产教育”先行——进行安全教育,提高员工的自我保护意识及劳动保护的自觉性。

▲坚持安全生产检查——检查现场真实情况、查制度的执行情况、查隐患,还要检查各级管理是否真的重视安全、安全意识是否强。

▲坚决执行伤亡事故逐级上报的制度——坚持对职工的伤亡事故进行报告、登记、调整、处理及统计分析等具有规范操作程序的制度,从而掌握事故发生的规律或新事故的隐患,总结教训,进一步完善企业的生产管理。

▲坚持先培训后上岗——坚持新职工“先培训后上岗”的原则,对于特殊岗位一定要坚持持证上岗。

▲编制劳动保护措施项目计划。

小资料

汽车维修时应确保防火安全

现在不少汽车维修企业尽管制度上墙,硬件措施跟得上,但由于修理工特别是年轻人缺乏经验,不按规范进行操作,修车时还存在着许多火灾隐患,危及生命财产安全。在有关部门组织的一次安全检查时发现,某汽车维修厂一名年轻修理工将一卡车上渗漏汽油的油箱卸下后,倒净汽油就准备动用明火焊接,幸亏被发现,及时阻止,才避免了一场火灾事故的发生。还有些驾驶人或修理工在检修车辆时,漫不经心地一边吸烟一边工作;或者与周围的人闲谈,而搭话者正在吸烟,检修人员却用汽油清洗零件,其实这是很危险的,稍不注意就会酿成火灾甚至爆炸。所以,汽车维修企业领导应加强对员工的安全常识培训,加强制度管理,责任落实到位。

第三节　汽车维修企业节能环保管理

绿色环保渗透到各行业,与每个人有关,与汽车维修服务行业的汽修厂和维修服务人员也密不可分。汽车维修行业作为交通运输行业的重要组成部分,如何打造节能环保的新经济平台,构建和谐、绿色、低碳的汽车服务业成为汽车维修行业急待解决的首要问题。

建设环保型现代汽车维修企业除了建立相关的规范、制度及对员工进行相应的培训外,最重要的是对企业中影响环境的因素进行全面分析,并建立一个完善的控制、监控及应变体系。

一　汽车维修企业影响环境的主要因素

(1)各类更换的润滑油、齿轮油、制动液,以及各种清洗油、清洗液等。

(2)噪声,如较大的金属敲击声、传动带传动噪声、磨削噪声等。

(3)向水中排放的污染物,如用火碱液清洗发动机汽缸体产生的废水等。

(4)有害固体废弃物,如含石棉成分的制动片、离合器片,含铅和酸的蓄电池,含重金属的电池,含惰性气体的灯泡、灯管,以及废油布、清除的油泥、积炭等。

(5)向大气中排放的污染物,如制冷剂、粉尘、喷漆、各种废气等。

(6)对水、电、纸张及各种维修耗材的过度消耗等。

二 建立环保型汽修企业的意义

通过以上各项环保措施的实施,不仅能有效地改善环境的社会效益,对汽车维修企业本身而言,还有以下重大意义:

(1)有利于树立企业形象,提高企业知名度。能成为一个环保型汽车维修企业,等于向公众宣布自己是一个对环境负责、善待大自然的优秀企业,能充分体现企业高远的经营理念及先进的企业文化。

(2)有利于促进企业自觉遵守环境法律、法规,提高环境管理水平,在生产中减少环境负荷,降低环境费用,减少环境风险。

(3)有利于安全生产。通过对各类危险废弃污染物的有序环保处理与回收,降低了因废弃污染物而发生火灾、泄漏等事故对企业及人身造成伤害的概率。

(4)有利于提高企业凝聚力。通过建设环保型的汽车维修企业,使员工有一个更加舒适的、"绿色"的工作环境,充分体现了企业"以人为本"的经营理念。

(5)有利于降低生产成本。能够增强每一个员工的环保意识及节约意识,并培育出一种健康向上的企业文化。

三 企业节能环保组织设置及职责

节能机构及工作职责

▲节能管理机构

●企业要搞好动力能源管理,可成立节能领导小组,以负责动力能源的日常管理工作。

●节能领导小组的工作职责。

■学习贯彻国家能源政策法规,制定本企业能源管理制度及实施细则。

■制定节能技术措施,布置和检查全企业的节能工作。审定企业能耗定额、能耗计划。

■研究和推广节能新技术和能源计量新技术。

▲节能管理人员

●企业要搞好动力能源管理,设备管理部门也可成立由企业专职节能员及各部门、各车间的兼职节能员组成的节能管理网。

●节能员的职责。

■学习贯彻本企业能源管理制度及实施细则,检查监督本企业能源管理制度的实施情况,提出奖惩、考核办法。

■编制企业能耗计划和能耗定额,执行能耗统计,推行能源计量,并通过企业能量平衡分析,提出节能整改措施,负责能源的日常管理及节能工作的总结规划。

■研究、推广节能新技术和能源计量新技术。

四 建设环保型企业应采取的措施

1 汽修行业节能环保新举措

(1)加强组织领导、落实行业监管责任。组织成立机动车维修行业节能减排工作领导小组,部署节能减排工作,加强协调工作;节能减排工作实行责任制和问责制,行业管理部门、维修协会、维修企业、维修市场各部门层层落实。

(2)加强宣传教育、发挥舆论传媒优势。加强教育,重视宣传工作,确保活动落实到人。

(3)加强旧物回收,减少工业三废排放。要求维修经营中产生的“工业三废”必须严格按照环保管理部门对废旧物处理和回收的相关规定执行。

(4)加强技术改造,推进资源综合利用。

(5)加强节能管理,优化能源结构布局。

(6)加强行业监督,良好节能考核目标。

2 汽修企业实现节能环保新举措

汽车维修企业要想达到环保标准,必须针对上面提到的六个方面的环境因素开展工作,可采取的措施总体来说有以下几种:

(1)对各类有害的固体、液体及气体废弃污染物,如制冷剂、废水、制动片、灯管、各类润滑油及清洗油、清洁液等,采用专用的设备与容器分类安全回收存放,并注意减少工作中的噪声,同时应教育员工杜绝野蛮操作。

(2)根据维修工作的实际需要,制作各类可靠实用的专用工具。

(3)加强对各种维修及检测设备、器具的检修与维护,使其处于最佳的工作状况,以减少噪声的产生及能源的消耗。

(4)对水、电及各类耗材,根据生产情况科学制定严格的定额,在企业中营造“节约就是效益”的良好氛围。

(5)对员工进行环保技术培训,使其能正确、熟练地使用各类回收设备与容器,在工作中对各类废弃污染物做到不洒漏,对各类原材料做到节约使用。

(6)对在维修工作中出现的新的环保问题,根据既定的环保方针予以解决,并做出效果评价。

五 汽车维修企业节能环保新技术

1 维修前的技术方案

汽车绿色维修前要全面考察维修对象的有关信息,如故障、里程、能源消耗数据等,还要对国家环保政策、法规及有关技术标准,新能源、新材料、新工艺技术资料有所了解,以便综合考虑绿色维修的要求,制定合理的维修方案。方案中,第一,应该详细说明本次维修过程中可能产生什么污染,会不会有废弃物,主要是什么,使用了哪些材料,哪些是有害、有污染的,报废零部件回收性如何,资源利用率如何等问题;第二,综合汽车性能、维修费用、污染指标等各方面因素,集思广益、选取适合的维修方案;第三,维修人员开始挑选维修材料,维修人员要了解当前维修材料的使用条件、性能、污染程度、回收利用效率等,避免采用多种不同材料,以便有利于将来回炉再利用;第四,加强材料管理,不能把含有有害成分与无害成分的材料混放在一起,尽量杜绝使用一些涂镀的材料。

2 维修过程中的技术方案

1)快速维修技术

以最短的时间和最快的速度完成维修任务,并使维修作业规模最小化,是绿色维修中较为有效的维修方式。这种维修技术与方式对于短时间内完成修理和对高温、重负载或强辐射等恶劣条件下的维修十分有效。这种绿色维修技术主要有两个方面:一是采用耐磨、防腐的快速黏结剂、工业修补剂进行维修作业;二是对突发损伤的设备进行冷焊、扣合、堵漏等进行抢修作业。这样以最少的维修资源(人力、物力)消耗,来获得较大的维修度,有利于环境的保护、人员的安全和对其他设备的干涉。

2)热喷涂技术

在汽车维修时,有些部件需要进行喷漆处理。手工喷漆容易产生漆雾,而且漆中的苯对维修人员有一定的危害。为消除手工喷漆的负面影响,可使用机器作业,采用热喷涂技术。热喷涂技术是通过在汽车机械部件上形成特制的薄层,来提高设备的耐高温性、耐腐蚀性与耐磨性。它要求喷枪与汽车零部件距离 15 ~ 20cm,以约 76 m/s 的速度垂直喷射到部件表面。目前的热喷涂技术主要包括高速电弧喷涂技术和高产能超声速等离子喷涂技术。高速电弧喷涂具有优质、高产、低成本的特点,可应用于车辆表面耐磨涂层、防腐涂层、零件的尺寸恢复、防滑涂层的制备。

3)绿色清洗技术

在以往的各种维修中,大多采用汽油、煤油、柴油等作为清洗液来清洗汽车零部件。这不仅存在着安全隐患,易造成火灾,而且浪费能源、成本高、污染环境。绿色清洗技术是指采用无水清洁洗车法,减少洗车的用水量,避免大量污水的产生,以水代油,由少量添加剂和表面活性剂组成,具有使用安全、劳动条件好、节省能源成本、污染少等优点。水基清洗能够很好地替代汽油、煤油、柴油清洗,而且使用安全、价格便宜,很适用汽车维修的清洗作业。

4)节约资源的工艺技术

节约资源的工艺技术是指在修理生产过程中简化工艺系统组成、节省原材料消耗的工艺技术。如通过优化毛坯,减小加工余量,降低原材料消耗;通过提高刀具寿命,选用新型刀具材料,降低刀具组成材料的消耗;减小或取消切削液的使用;简化工艺系统的组成要素等。

3 维修的回收

目前汽修行业对维修废弃物的处置没有一套行之有效的制度来约束,存在放任自流的态势,维修过程中产生的废油当中数量较多的是被作为废品收集起来,卖给专门的废品收购商,而大量的废油和更大量的清洗废水是不加处理地随地倒掉。这些废油、废水中含有大量的有害物质,严重地污染土壤和地下水,长期下去,将会带来严重的环境危害性。

在绿色维修理念下,对于达到寿命周期的产品,有些零部件材料性能完好如初,有用部分要充分回收利用,对多数金属零部件,如果能够修复的,最好是修复后重新利用;不可用部分要采用一定的工艺方法进行处理,使其对环境的影响降到最低限度。

第四节　汽车维修企业的创办

一　汽车维修类别及作业范围

汽车维修是汽车维护和修理的泛称,按定义和类别可分为汽车维护和汽车修理两类。

1 汽车维护的类别及主要作业范围

汽车维护的类别是指汽车维护按汽车运行间隔期限、维护作业内容或运行条件等划分的不同的类别或级别,其中,运行间隔期限是指汽车运行的里程间隔或时间。汽车维护的主要类别和主要作业内容如下。

1)定期维护

指按技术文件规定的运行间隔期限实施的汽车维护,在整个汽车寿命期内按规定周期循环进行。按《汽车运输业车辆技术管理规定》中的汽车维修制度,汽车维护分为日常维护、一级维护和二级维护。各级维护的周期和主要作业内容如下。

汽车维护内容

▲日常维护:是日常性作业,每日由驾驶人出车前或收车后进行,中心内容是清洁、补给和安全检视等。

▲一级维护:由专业维修工在维修车间或维修厂内进行。间隔里程周期一般为1000~2000km。其作业的中心内容除日常维护作业内容外,以检查、润滑、紧固为主,并检查有关制动、转向等安全系统的部件。

▲二级维护:由专业维修工在维修车间或维修厂内进行。间隔里程周期一般为10 000~15 000km。其作业的中心内容除一级维护作业内容外,以检查、调整为主,并拆检轮胎,进行轮胎换位。

在《汽车运输业车辆技术管理规定》中,取消了原制度规定的以解体检查为中心内容的三级维护,要求在车辆维护前就应进行技术检测和技术评定,根据检测和评定结果确定附加作业项目,结合二级维护一并进行。

上述汽车定期维护的周期和作业内容只是一些基本原则,由于车型和运行条件不同,使用的燃料和配件质量的差异,导致各级维护作业的深度和周期有很大的差别。所以,可根据具体情况,按车辆使用手册上的要求确定其维护周期和作业内容。

2)季节性维护和主要作业内容

为使汽车适应季节变化而实行的维护称为季节性维护。一般季节性维护可结合定期维护一并进行。主要作业内容是更换润滑油,调整油路、电路、对冷却系统的检查维护等。

3)磨合维护和主要作业内容

磨合维护是指新车或大修车磨合期内实施的维护。主要作业内容除特别注意做好例行维护外,要经常检查、紧固外露螺栓、螺母,注意各总成应及时更换润滑油,并注意清洗,连接件要进行紧固,对各运行部件的间隙进行调整。

2 汽车修理的类别及主要作业范围

汽车修理的类别是按修理对象、作业深度来划分的。按修理对象和作业深度划分为汽车大修、总成修理、汽车小修、零件修理和视情修理。

1)汽车大修

用修理或更换汽车零部件的方法,恢复汽车的完好技术状况或安全性能,恢复汽车使用寿命的恢复性修理。汽车大修是对整车进行解体,对所有零部件进行检验、修理或更换。汽车大修的期限随着汽车产品质量、使用条件和平时维护状况的不同而有很大差异。车辆技术管理部门应对接近大修额定里程的车辆加强状态监控,并结合维护进行定期检测,做好技术鉴定工作,同时根据汽车大修的送修条件及时送修。

2)总成修理

总成修理是为了恢复汽车某一总成的完好技术状况、工作能力和寿命而进行的作业,也就是总成在经过一段时间使用后,其基础件和主要零部件破裂、磨损、老化等,需要拆解总成进行彻底修理,以恢复其技术状况。主要总成包括发动机、车架、车身、变速器、后桥、前桥等。送修前要进行技术鉴定,达到送修条件的按规定送修。

3)汽车小修

汽车小修是用修理和更换个别零件的方法,保证或恢复车辆工作的运行性修理。汽车小修包括车辆在运行过程中和维护作业中发生或发现的故障和隐患。

4)零件修理

零件修理是对因磨损、变形、损伤等不能继续使用的零件进行修复,以恢复其性能和寿命,是节约原材料、降低维修费用的一个重要措施。当然,零件修理必须考虑到是否有修复的价值和符合经济原则。

5)视情修理

视情修理是指按技术文件规定对汽车技术状况进行诊断或检测后,决定修理的内容,根据鉴定结果确定修理的级别和项目。

根据交通运输部《机动车维修管理规定》第七条之规定:汽车维修经营业务、其他机动车维修经营业务根据经营项目和服务能力分为一类维修经营业务、二类维修经营业务和三类维修经营业务。其中:获得一类汽车维修经营业务、一类其他机动车维修经营业务许可的,可以从事相应车型的整车维修、总成修理、整车维护、小修、维修救援、专项修理和维修竣工检验工作;获得二类汽车维修经营业务、二类其他机动车维修经营业务许可的,可以从事相应车型的整车修理、总成修理、整车维护、小修、维修救援和专项修理工作;获得三类汽车维修经营业务、三类其他机动车维修经营业务许可的,可以分别从事发动机、车身、电气系统、自动变速器维修及车身清洁维护、涂漆、轮胎动平衡和修补、四轮定位检测调整、供油系统维护和油品更换、喷油泵和喷油器维修、曲轴修磨、气缸镗磨、散热器和空调维修、车辆装潢、车辆玻璃安装等专项工作。

二 汽车维修企业的开业条件

汽车维修企业的开业条件是指为保证汽车维修的正常生产和维修质量,所必须具备的设备、设施、人员素质等条件。它是根据各类汽车维修企业的经营范围所确定的。《汽车维修业开业条件》(GB/T 16739—2004)于2005年1月1日实施。新的开业条件分为两部分：汽车整车维修企业和汽车专项维修业户。

(一)汽车整车维修企业开业条件

1 人员条件

(1)企业管理负责人、技术负责人及检验、业务、价格核算、维修等关键岗位至少应配备1人,并应经过有关培训,取得行业主管部门颁发的从业资格证书,持证上岗。

(2)企业管理负责人应熟悉汽车维修业务,具备企业经营、管理能力,并了解汽车维修及相关行业的法规及标准。

(3)技术负责人应具有汽车维修或相关专业的大专以上文化程度,或者具有汽车维修或相关专业的中级及以上专业技术职称。应熟悉汽车维修业务,并掌握汽车维修及相关行业的法规及标准。

(4)检验人员数量应与其经营规模相适应,其中至少应有1名总检验员和1名进场检验员。

(5)业务人员应熟悉各类汽车维修检测作业,从事汽车维修工作3年以上,具备丰富的汽车技术状况诊断经验,熟悉掌握汽车维修服务收费标准及相关政策法规。

(6)企业工种设置应覆盖维修业务中涉及的各专业。维修人员的专业知识和业务技能应达到行业主管部门规定的要求。

2 组织管理条件

(1)经营管理。

①应具有与汽车维修有关的法规等文件资料。

②应具有规范的业务工作流程,并明示业务受理程序、服务承诺、用户抱怨受理制度等。

③应具有健全的经营管理体系,设置技术负责、业务受理、质量检验、文件资料管理、材料管理、仪器设备管理、价格结算等岗位并落实责任人。

④应实行计算机管理。

(2)质量管理。

①应具有汽车维修的国家标准和行业标准以及相关技术标准。

②应具有所维修车型的维修技术资料及工艺文件,确保完整有效并及时更新。

③应具有汽车维修质量承诺、进出场登记、检验、竣工出厂合格证管理、技术档案管理、标准和计量管理、设备管理及维护、人员技术培训等制度。

④应建立汽车维修档案和进出厂登记台账。汽车维修档案应包括维修合同,进厂、过程、竣工检验记录,出厂合格证副页,结算凭证和工时、材料清单等。

3 安全生产条件

(1)企业应具有与其维修作业内容相适应的安全管理制度和安全保护措施,建立并实施安全生产责任制。安全保护设施、消防设施等应符合有关规定。

(2)企业应有各工种、各类机电设备的安全操作规程,并将安全操作规程明示在相应的工位或设备厂。

(3)使用和存储有毒、易燃、易爆物品以及压力容器等，均应由相应的安全防护措施和设施。

(4)生产厂房和停车场应符合安全、环保和消防等各项要求。

4 环境保护条件

(1)企业应具有废油、废液、废气、废蓄电池、废轮胎及垃圾等有害物质集中收集、有效处理和保持环境整洁的环境保护管理制度。有害物质存储区域应界定清楚，必要时应有隔离、控制措施。

(2)作业环境以及按生产工艺配置的处理"三废"(废油、废液、废气)，通风、吸尘、净化、消声等设施，均应符合有关规定。

(3)涂漆车间应设有专用的废水排放及处理设施，采用干打磨工艺的，应有粉尘收集装置和除尘设备，应设有通风设备。

(4)调试车间或调试工位应设置汽车尾气收集净化装置。

5 设施条件

(1)接待室(含客户休息室)。

①企业应设有接待室，一类企业的面积不少于40m^2，二类企业的面积不少于20m^2。

②接待室应整洁明亮，明示各类证件、执照、主修车型、作业项目、工时定额及单价等，并应有客户休息的设施。

(2)停车场。

①企业应有与承修车型、经营规模相适应的合法停车场地，一类企业的面积不少于200m^2，二类企业的面积不少于150m^2。

②企业租赁的停车场地，应具有合法的书面合同书。

③停车场地面平整坚实，区域界定标志明显。

(3)生产厂房。

①厂房地面应平整坚实，面积应能满足表4-2～表4-4所列设备的工位布置、生产工艺和正常作业，一类企业的面积不少于800m^2，二类企业的面积不少于200m^2。

②租赁的生产厂房应具有合法的书面合同书。

通用设备 表4-2

序号	设备名称	序号	设备名称
1	钻床	4	压力机
2	电焊及气体保护焊设备	5	空气压缩机
3	气焊设备		

6 设备条件

(1)企业应配备与其所承修车型相适应的量具、机工具及手工具。量具应定期进行鉴定。

(2)企业应配备表4-2～表4-4所列的通用设备、专用设备及检测设备，其规格和数量应与其生产纲领和生产工艺相适应。

(3)各种设备应符合相应的产品技术条件等国家标准和行业标准的要求。

专用设备　　表4-3

序号	设备名称	大中型客车	重型货车	轻型货车	其他要求
1	换油设备	√			
2	轮胎轮辋拆装设备	√			
3	轮胎螺母拆装机	√	√	—	
4	车轮动平衡机	√			
5	四轮定位仪	—	—	√	
6	转向轮定位仪	√	√	—	
7	制动鼓和制动盘维修设备	√	√	—	
8	汽车空调冷媒加注回收设备	√	—	√	
9	总成吊装设备	√			
10	汽车举升机	—	—	√	一类应不少于5台
11	地沟设施	√	√	—	一类应不少于2台
12	发动机检测诊断设备	√			应具备示波器、转速表、发动机检查、专用真空表的功能
13	数字式万用表	√			
14	故障诊断设备	—	—	√	
15	汽缸压力表	√			
16	汽油喷油器清洗及流量测量仪	—	—	√	
17	正时仪	√			
18	燃油压力表	—	—	√	
19	液压油压力表	√			
20	连杆校正器	√			
21	无损探伤设备	√			允许外协
22	车身清洗设备	—	—	√	修理大中型客车必备，其他允许外协
23	打磨抛光设备	√	—	√	
24	除尘除垢设备	√	—	√	
25	型材切割机	√			
26	车型整形设备	√			
27	车身校正设备	—	—	√	
28	车架校正设备	√	√		二类允许外协
29	悬架试验台	—	—	√	
30	喷烤漆房及设备	√	—	√	

续上表

序号	设备名称	大中型客车	重型货车	轻型货车	其他要求
31	喷油泵试验设备		√		允许外协
32	喷油器试验设备		√		
33	调漆设备	√	—	√	
34	自动变速器维修设备	—	—	√	
35	立式精镗床		√		
36	立式珩磨机		√		
37	曲轴磨床		√		
38	曲轴校正设备		√		
39	凸轮轴磨床		√		
40	激光淬火设备		√		
41	曲轴、飞轮及离合器总成动平衡机		√		

主要检测设备 表4-4

序 号	设 备 名 称	其 他 要 求
1	声级计	
2	排气分析仪或烟度计	
3	汽车前照灯检查设备	二类允许外协
4	侧滑试验台	
5	制动检验台	修理重型货车及二类允许外协
6	车速表检验台	二类允许外协
7	底盘测功机	允许外协

(4)各种设备应能满足加工、检测精度的要求和使用要求。表4-4所列检测设备应通过型式认定,并按规定经有资质的计量鉴定机构鉴定合格。

(5)允许外协的设备,应具有合法的合同书,并能证明其技术状况符合表4-2和表4-4的要求。

(二)汽车专项维修业户开业条件

1 通用条件

(1)从事专项维修关键岗位的人员数量应能满足生产的需要,并取得行业主管部门颁发的从业资格证书,持证上岗。

(2)应具有相关的法规、标准、规章等文件以及相关的维修技术资料和工艺文件等,并确保完整有效、及时更新。

(3)应具有规范的业务工作流程,并明示业务受理程序、服务承诺、用户抱怨受理制度。

(4)生产厂房的面积、结构及设施应满足专项维修作业设备的工位布置、生产工艺和正常作业要求。停车场地界定标志明显,不得占用道路和公共场所进行作业和停车,地面应平整坚实。租赁的生产厂房、停车场地应具有合法的书面合同书。应符合安全生产、环保和消防等各项要求。

(5)配备的设备应与其生产作业规模及生产工艺相适应，其技术状况应完好，符合相应的产品技术条件等国家标准或行业标准的要求，并能满足加工、检测精度的要求和使用要求。检测设备及量具应按规定经有资质的计量鉴定机构鉴定合格。

(6)使用和存储有毒、易燃、易爆物品，粉尘，腐蚀剂，污染物，压力容器等均应有安全防护措施和设施。作业环境以及按生产工艺安装、配置的处理“三废”(废油、废液、废气)、通风、吸尘、净化、消声等设施，均应符合国家有关法规、标准的规定。

2 专项维修经营范围、人员、设施、设备条件

1)发动机修理

(1)人员条件。

①企业管理负责人、技术负责人及检验人员等均应经过有关培训，并取得行业主管部门颁发的从业资格证书，持证上岗。

②企业管理负责人需熟悉汽车维修业务，具备企业经营、管理能力，并了解发动机维修及相关行业的法规及标准。

③技术负责人应具有汽车维修或相关专业的大专以上文化程度，或具有汽车维修或相关专业的中级以上专业技术职称。应熟悉汽车维修业务，并掌握汽车维修相关行业的法规及标准。

④检验人员应不少于两名。

⑤发动机主修人员应不少于两名。

(2)组织管理。

①应具有健全的经营管理体系，设置技术负责、业务受理、质量检验、文件资料管理、材料管理、仪器设备管理、价格结算等岗位并落实责任人。

②应具有汽车维修质量承诺、进出厂登记、检验记录及技术档案管理、标准和计量管理、设备管理及维护、人员技术培训等制度并严格实施。

(3)设施条件。

①应设有接待室，其面积应不少于20m^2。接待室应整洁明亮，明示各类证件、执照、作业项目及计费工时定额等，并应有客户休息的设施。

②停车场面积应不少于30m^2。

③生产厂房应不少于200m^2。

(4)主要设备。压力机，空气压缩机，发动机解体清洗设备，发动机等总成吊装设备，发动机试验设备，废油收集机，数字式万用电表，汽缸压力表，量缸表，正时仪，汽油喷油器清洗及流量测量仪，燃油压力表，喷油泵试验设备，喷油器试验设备，连杆校正器，排气分析仪，烟度计，无损探伤设备，立式精镗床，立式珩磨机，曲轴磨床，曲轴校正设备，凸轮轴磨床，激光淬火设备，曲轴、飞轮与离合器总成动平衡机。

2)车身维修

(1)人员条件。

①企业管理负责人、技术负责人及检验人员应符合的要求同发动机修理人员条件。

②检验人员应不少于一名。

③车身主修及维修涂漆人员均不少于两名。

(2)组织管理条件。企业的组织管理条件应符合的要求同发动机修理组织管理。

(3)设施条件。

①应设有接待室,其面积应不少于 20m^2。接待室应整洁明亮,明示各类证件、执照、作业项目及计费工时定额等,并应有客户休息的设施。

②停车场面积应不少于 30m^2。

③生产厂房应不少于 120m^2。

(4)主要设备。电焊及气体保护焊设备,气焊设备,压力机,空气压缩机,汽车外部清洗设备,打磨抛光设备,除尘除垢设备,型材切割机,车身整形设备,车身校正设备,车身尺寸测量设备,喷烤漆房及设备,调漆设备(允许外协)。

3)电气系统维修

(1)人员条件。

①企业管理负责人、技术负责人及检验人员应符合的要求同发动机修理人员条件前三项的要求。

②检验人员应不少于一名。

③电子电器主修人员应不少于两名。

(2)组织管理条件。企业的组织管理条件应符合的要求同发动机修理人员条件。

(3)设施条件。

①应设有接待室,其面积应不少于 20m^2。接待室应整洁明亮,明示各类证件、执照、作业项目及计费工时定额等,并应有客户休息的设施。

②停车场面积应不少于 30m^2。

③生产厂房应不少于 120m^2。

(4)主要设备。空气压缩机,故障诊断设备,数字式万用电表,充电机,电解液比重计,高频放电叉,汽车前照灯检测设备(允许外协),电路检测设备。

4)自动变速器修理

(1)人员条件。

①企业管理负责人、技术负责人及检验人员应符合发动机维修人员条件的要求。

②检验人员应不少于一名。

③自动变速器专业主修人员应不少于两名。

(2)组织管理条件。企业的组织管理条件应符合的要求同发动机修理组织管理。

(3)设施条件。

①应设有接待室,其面积应不少于 20m^2。接待室应整洁明亮,明示各类证件、执照、作业项目及计费工时定额等,并应有客户休息的设施。

②停车场面积应不少于 30m^2。

③生产厂房应不少于 200m^2。

(4)主要设备。自动变速器翻转设备,自动变速器拆解设备,变速器维修设备,变速器切割设备,变速器焊接设备测试仪,油路总成测试机,液压油压力表,自动变速器总成测试机,自动变速器专用测量器具。

5)车身清洁维护

(1)人员条件。至少有两名经过专业培训的车身清洁人员。

(2)设施条件。生产厂房面积不少于 40m^2。停车场面积不少于 30m^2。

(3)主要设备。举升设备或地沟,汽车外部清洗设备及污水处理设备,吸尘设备,除尘、除垢设备,打蜡设备,抛光设备。

(4)节水条件。取得节水管理部门的批准,符合当地节水及环保要求。

6)涂漆

(1)人员条件。至少有一名经过专业培训的汽车维修涂漆人员。

(2)设施条件。生产厂房面积不少于120m^2。停车场面积不少于40m^2。

(3)主要设备。举升设备,除锈设备,砂轮机,空气压缩机,喷烤漆房(从事轿车喷漆必备)或喷漆设备,调漆设备(允许外协),吸尘、通风设备。

7)轮胎动平衡及修补

(1)人员条件。至少有一名经过专业培训的轮胎维修人员。

(2)设施条件。生产厂房面积不少于30m^2。停车场面积不少于30m^2。

(3)主要设备。空气压缩机,漏气试验设备,轮胎气压表,千斤顶,轮胎螺母拆装机或专用拆装工具,轮胎轮辋拆装、除锈设备或专用工具,轮胎修补设备,车轮动平衡机。

8)四轮定位检测调整

(1)人员条件。至少有一名经过专业培训的汽车维修人员。

(2)设施条件。生产厂房面积不少于40m^2。停车场面积不少于30m^2。

(3)主要设备:举升设备,四轮定位仪,空气压缩机,轮胎气压表。

9)供油系统维护及油品更换

(1)人员条件。至少有一名经过专业培训的汽车维修人员。

(2)设施条件。生产厂房面积不少于40m^2。停车场面积不少于30m^2。

(3)主要设备。不解体油路清洗设备,换油设备,废油收集设备,举升设备或地沟,空气压缩机。

10)喷油泵、喷油器维修

(1)人员条件。至少有一名经过专业培训的汽车高压油泵维修人员。

(2)设施条件。生产厂房面积不少于30m^2。停车场面积不少于30m^2。

(3)主要设备。喷油泵、喷油器清洗和试验设备,喷油泵、喷油器密封性试验设备(从事喷油泵、喷油器维修的业户),弹簧试验仪,千分尺,塞尺。

11)曲轴修磨

(1)人员条件。至少有一名经过专业培训的曲轴修磨人员。

(2)设施条件。生产厂房面积不少于60m^2。停车场面积不少于30m^2。

(3)主要设备。曲轴磨床,曲轴校正设备,曲轴动平衡设备,平板,V形块,百分表及磁力表座,外径千分尺,无损探伤设备,吊装设备。

12)汽缸镗磨

(1)人员条件。至少有一名经过专业培训的汽缸镗磨人员。

(2)设施条件。生产厂房面积不少于60m^2。停车场面积不少于30m^2。

(3)主要设备。立式精镗床,立式珩磨机,压力机,吊装起重设备,汽缸体水压试验设备,量缸表,外径千分尺,塞尺,激光淬火设备(从事激光淬火必备),平板。

13)散热器维修

(1)人员条件。至少有一名经过专业培训的专业维修人员。

(2)设施条件。生产厂房面积不少于30m^2。停车场面积不少于30m^2。

(3)主要设备。清洗及管路疏通设备,气焊设备,钎焊设备,空气压缩机,喷漆设备,散热器密封试验设备。

14)空调维修

(1)人员条件。至少有一名经过专业培训的汽车空调维修人员。

(2)设施条件。生产厂房面积不少于40m^2。停车场面积不少于30m^2。

(3)主要设备。汽车空调冷媒加注回收设备,气焊设备,空调电气检测设备,空调专用检测设备,数字式万用电表。

15)汽车装潢(篷布、座垫及内装饰)

(1)人员条件。至少有一名经过专业培训的维修人员。

(2)设施条件。生产厂房面积不少于30m^2。停车场面积不少于30m^2。

(3)主要设备。缝纫机,锁边机,工作台或工作案,台钻或手电钻,电熨斗,裁剪工具,烘干设备。

16)汽车玻璃安装

(1)人员条件。至少有一名经过专业培训的维修人员。

(2)设施条件。生产厂房面积不少于30m^2。停车场面积不少于30m^2。

(3)主要设备。工作台,玻璃切割工具,注胶工具,玻璃固定工具,直尺,弯尺,玻璃拆装工具,吸尘器。

三 汽车维修企业的筹备工作

筹建汽车维修企业必须进行项目可行性分析,明确企业规模,进行投资与回收估算;熟悉汽车维修企业的开业条件。

(1)确定经营方向。企业应根据自身优势和维修市场定位初步确定经营方向,合理定位。

(2)确定可维修车辆的保有量。从公安车管部门进行档案或市场调查,获取所要维修车辆的社会保有量。

(3)预测维修量。根据现有维修厂、维修市场状况及发展趋势,预测未来开办的维修厂的年维修量。

(4)确定车辆数和建厂面积。根据现有维修市场状况及发展趋势,预测未来开办的维修厂的汽车维修量。

(5)确定企业所需人员数。按照维修人员维修效率计算出所需人数。

(6)确定维修厂规模。根据建厂面积、员工数、市场发展确定。

案例分析

设备投资估算

(1)轮胎维修店

建一个轮胎维修店除了千斤顶、轮胎扳手和轮胎气压表等必备工具外,还需要一台性能优良的空气压缩机,价格为2000元左右;维修大型车辆的轮胎维修店,应配备一支气动扳手,大约1000元左右;轮胎拆装机和动平衡机的价格在4000~7000元之间,这是成立一个轮胎维修店所需的基本设备,总费用在2万元左右。

(2)维护换油中心

维护养换油中心主要为客户提供日常的车辆养护服务,包括更换润滑油、加注添加剂及汽车各大液压系统的清洗和维护等简单工作。所需的设备中举升机是最常用且必不可少的设备。根据店面的规模大小,最少要用一台。设备大约需要2万元。现在很多品牌的商家都会以赠送设备作为一种营销策略,这样公司可以要求供应商赠送一定的设备以降低投资 。

开业筹建准备工作如下:

(1)基础管理工作。各种规章制度的制定;建立健全组织机构,明确各部门的职责范围;技术资料、业务管理资料等准备齐全。

(2)仪器及配件。仪器设备、配件订购完毕,并建立台账;仪器设备安装到位并调试完毕,订购配件库的货架;明确配件订购渠道,并储备常用配件。

(3)员工。确定招聘员工名单,并明确每名员工的工作职责;对员工进行岗前、安全、业务等培训。

(4)基础设施。维修车间、接待室、配件仓库、停车场等基础设施齐全,各种办公设施配备齐全。

(5)形象标识。按统一标准制作维修企业的厂牌、路标、车位指示等标识,定做员工工作服,各种规则制定上墙。

四 汽车维修企业的开业注意事项

1 汽车维修企业和经营业户筹建、立项程序

筹建、立项程序

▲主要依据的法规及国家标准为:《中华人民共和国道路运输条例》、《汽车维修开业条件》。

▲申办汽车维修企业,应提交以下资料:

■国家行业标准及有关维修资料目录。

■企业章程及企业管理制度。

■法人代表任职证明,个体及联营业户的身份证明。

■汽车维修行业经营许可证申请书。

■质量检验员名单及有效证件。

■从业人员名册及主要工种工人登记表。

■技术负责人员资格证书及企业聘书。

■经营场所的产权证明及地理位置图、厂区布置图、生产厂房结构图及布置图。

■维修设备、工具清单。

■外协加工合同或协议,以及外协设备名称规格型号。

■环保证明、消防证明、特约车型维修服务站及授权委托书。

▲申请受理:申请材料齐全、符合法定形式的,予以受理。

▲审查时限:15个工作日内审查完毕,做出许可或不予许可的决定并书面通知申请人。

❷ 中外合资、合作汽车维修企业开业程序

道路运政管理机构接受交通行政主管部门委托，审批中外合资、合作汽车维修企业，并按以下程序办理申请立项手续。

(1) 立项申请的手续，由中方代表办理，道路运政管理机构不直接接受外方人员的申请。

(2) 受理中外合资、合作汽车维修企业立项时，申请人应提交的文件如下；

①项目建议书；

②可行性研究报告：

③合资、合作双方法人代表签订的意向书；

④外商的固定国籍和合法身份证明；

⑤外商所在国或地区的资信证明（包括合法手段取得的银行贷款），其证明资产必须大于该项目的投资总额；同时与多家企业合营的，其证明资产必须大于各项目的投资总额。

(3) 道路运政管理机构在受理中外合资、合作汽车维修申请后，应在30日内做出审核决定。经审核后，符合规定的签注审核意见逐级上报省级道路运政管理机构；不符合规定条件的答复申请人，并退回所有申请材料。

(4) 省级道路运政管理机构在收到下级道路运政管理机构上报的中外合资、合作汽车维修企业的申报材料后，应代表省交通主管部门进行审核，在30日内做出审核决定。经审核同意的，提出审核意见并以省级交通主管部门的名义拟文上报交通运输部审批；不同意的退回下级申报机构以返回申请人。

(5) 中外合资、合作汽车维修企业的《汽车维修技术合格证》（或经营许可证）由省级道路运政管理机构核发，接受企业所在地道路运政管理机构的行政管理。核发《汽车维修技术合格证》时，应依法审核企业提供的交通部门批准立项的文件、商务部或授权机关批准设立的文件、工商行政管理部门颁发的工商法人执照和税务机关的税务登记证。

(6) 道路运政管理机构按照国内的法律、法规、规章对中外合资、合作汽车维修企业实施行政管理。

❸ 汽车维修企业变更审批程序

1) 名称变更

①因合并、分立、联营造成隶属关系等改变时，由经营者提交上级主管部门批文或有关的联营协议等。

②出租场所或营业场所变动。

③因扩大或缩小经营范围。

2) 经营权的变更

由经营者说明变动原因，提交有关文件应要求经营者提交原经营情况和申请计划。

①转让或出售企业的汽车维修经营者，出让方按歇业程序办理，受让方持转让证明，根据具体情况分别按“名称变更”、“经营范围变更”等程序办理。

②向非经营者转让或出售企业的汽车维修经营者，出卖方按歇业、停业程序办理手续，受让方按开业程序办理手续。

3)租赁或承包经营权的变更

个人租赁或承包经营者因财产纠纷抵押等,引发产权和经营权的变更,由租赁或承包者持租赁或承包抵押协议书到企业所在地道路运政管理机构备案。道路运政管理机构对于经营者的变更,应认真审查,更新核定其经营范围、经济性质,确定税费缴纳方式和管理办法。

4)经营范围的变更

汽车维修企业或经营业户因故变更其经营范围的,由原批准开业的机构受理。汽车维修经营范围的变更主要是同类变更,属于扩大经营范围的企业按开业程序办理,属于缩小经营范围的企业应由经营者填报变更表。经审核同意的,换发经营证件,必须及时向社会通告。

5)年度审验

汽车维修企业的年度审验是做好汽车维修行业管理的一项有效举措。

①县级以上道路运政管理机构,应对辖区内的汽车维修企业和经营业户进行年度审验。

②道路运输管理机构应该提前向汽车维修企业和经营业户公布年度审验的具体安排,以分发年度审验表。

③年底审验时,应向汽车维修企业和维修业户收回审验表及有关证件。

④年度审验结果应记录在年度审验表上,并存入分户档案。

⑤年度审验的内容:经营资质的评审;经营行为的评审。

4 开业庆典

企业开业时一般要举行开业庆典,这是因为:第一,开业这一天对企业来说是一个值得纪念的日子;第二,利用开业庆典进行大力宣传企业形象、展示企业文化、展示企业实力,以扩大企业的影响力。

(1)邀请贵宾。贵宾包括汽车维修企业的上级领导、当地有影响的企事业单位领导、当地有影响力的名人、新闻媒体等。邀请的贵宾要提前送发请帖,重点贵宾的请帖要由企业负责人亲自送发。

(2)广告宣传。

①利用广播、电视、报纸等新闻媒体进行开业预告和现场宣传报道。

②开业庆典现场可悬挂横幅、气球、彩条等渲染气氛。

③发放自制的宣传或促销材料。

④庆典时安排摄像、拍照,记录庆典现场热烈的场面,并作为资料保存。

(3)庆典会场布置。按照参加庆典的人数及会场面积布置适当大小的会场,不宜过大,也不宜太小。

(4)开业庆典仪式程序。

①公布庆典仪式开始。

②宣读贺电、贺信及前来祝贺的贵宾名单。

③企业领导讲话,来宾代表讲话。

④剪彩、挂(揭)牌仪式,鸣礼炮。

⑤组织参观企业,向来宾介绍企业的经营特点等。

(5)安排开业车辆免费检测维修。

五 厂区规划与厂区设施

1 位置的选择

厂区地理位置的选择应遵循的原则：

(1)在道路周围容易看见该厂，车辆进出方便；交通方便，靠近公共汽车站和出租车站。

(2)交叉点或环形交叉；四方形且平坦。

(3)正面宽度40m以上。

(4)不存在发生洪水、地陷等自然灾害隐患。

(5)无高层建筑、天桥、高架线等外观障碍物，市政建设在该地区今后也无此类计划。

(6)供电、供水、排污都比较方便；地点费用经济。

2 厂区规划的原则

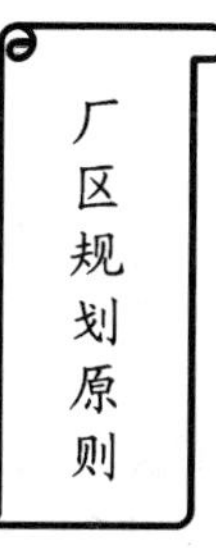

▲设施布置要方便客户、方便工作，减少搬运；
▲人和车的路线要分开；
▲客户活动区和工作人员的活动区要分开；
▲充分有效的利用厂区空间；
▲维修车间要考虑通风、照明、安全性；
▲配件库的进出口应设在不妨碍车辆移动的地方；
▲统一工作流程，各区间标识清楚。

很多品牌汽车的4S店设有豪华的视听室、阅览区、网吧，人性化的观赏廊、吧台等配套设施，为客户提供优雅、温馨、舒适的服务。

3 厂区设施

厂区设施应包括：业务接待厅、客户休息区、办公区、维修车间、配件仓库、辅助设施区、停车区、待修区、竣工区等。

1)业务接待厅

业务接待厅是客户进入的第一站，如图4-3所示，其布局是否合理、整体是否协调会对客户产生很多的影响，因此对业务接待厅有如下要求：

(1)业务接待厅大门应张贴营业时间和24小时救援电话号码。

(2)悬挂常用维修配件和工时价格。

(3)张贴车辆维修流程图和组织机构图。

(4)地面及墙面、玻璃干净、整洁。

(5)光线明亮，所有灯光设施完好。

(6)空气保持清新，空调及门窗设施必须完好有效。

图4-3　业务接待区

(7)业务接待大厅需要进行绿化布置,这样可使客户感觉亲切、友好、舒适,没有压力。

(8)设置一定数量的消防器材,并标出位置。

2)客户休息区

(1)电视等音像设备要保持完好有效。

(2)配件展示架应放在显著位置,展示的零件必须充足、整齐、干净。

(3)客户休息区应保持明亮、干净、空气清新,无噪声,如有条件还应装有空调,这样能够让客户很好的放松,如图4-4所示。

(4)休息区域应宽敞舒适,与接车区相连接,或有一个畅通的视角能看到接车区。

(5)应在休息区和车间之间设玻璃墙,使客户能从休息区看到车间的情况。

(6)客户的洗手间应该靠近休息区域和展厅,且容易找到。

(7)客户休息区域的所有物品应放在指定位置,与整体统一协调,不随意挪用。

3)配件库

(1)配件仓库进口处应留有可以让送配件车辆进出的通道,且与其他配件相隔离。

(2)配件仓库应有足够的仓储面积和高度,以保障进货、发货通道畅通,如图4-5所示。

(3)配件仓库的地面应能承受一定的重压。

(4)库房内应单独设立危险品放置区,并要有明显表示,且与其他配件相隔离。

(5)配件仓库应有足够的通风、防盗设施,并保障光线明亮。

图4-4 客户休息区

图4-5 某汽车配件仓库

4)车间

(1)工作灯应使用36V安全电压。

(2)钣金车间、喷漆车间与维修车间应分开,以防噪声和其他污染。

(3)安全操作规程应上墙。

(4)灯光设施齐全。

5)停车区

停放场地要合理布局以减少交通混乱,提高场地利用率,以便给客户带来方便、有效的感觉。

(1)车辆停放区域的标准应清晰规范,应清楚划分客户停车区、接待停车区域(接车区域、待修区域、竣工交车区域)。

(2)停车区应保持干净、整洁,车辆摆放有序。

(3)各停车位都应在地面上用油漆画出。

6)厂区道路

(1)道路旁要有标识,方便车辆出入。

(2)转弯处应设置反光镜。

(3)道路宽敞处应设置限速标识。

7)其他设施

(1)空气泵房。

(2)库料存放区。

(3)洗车区。

【复习思考题】

1. 加强汽车维修设备管理有何重要意义?
2. 汽车维修设备管理主要包括哪些内容?
3. 现阶段汽车维修企业可以采用哪些方面的新技术向环保型转型?
4. 如何管理和维修好维修设备?
5. 汽车维修设备的采购过程中,应遵循哪些原则?
6. 结合本职工作,谈谈如何加强安全生产?
7. 汽车维修厂的规模应该如何确定?
8. 如何筹建一个汽车维修企业?
9. 汽车维修企业(户)变更包括哪些内容?
10. 在选购汽车维修设备时应遵循的原则是什么?
11. 厂区规划应注意哪些事项?

第五章 配件管理

学习目标

通过对本章内容的学习,你需要:

1. 了解汽车零配件管理的分类、编号规则,管理流程;

2. 掌握采购管理的基本流程、选择供应商的标准、采购的基本原则以及采购部门在采购过程中应遵循的原则等;

3. 了解仓库管理的基本要求及方法,掌握仓储管理的基本流程,熟悉汽车配件出入库管理的基本内容及库存管理的方法和内容。

第一节 零配件基础知识

汽车配件是指能直接用于汽车装配或维修的零部件物品,是进行维修服务的重要物质条件。汽车配件管理是汽车维修业务管理的内容之一,汽车维修所使用的配件,直接影响汽车维修后的质量、安全、企业信誉和经济效益。因此,汽车维修企业须加强对配件的管理,建立和健全包括采购、保管、使用等过程的质量管理体系,有效压缩库存量,降低成本,不断改进管理方法,提高企业信誉和经济效益。

一 汽车零配件分类

1 分类

汽车零部件可分为发动机零部件、底盘零部件、车身及饰品零部件、电气电子产品和通用件五大类。根据汽车的术语和定义,零部件包括总成、分总成、子总成、单元体和零件。

汽车零配件分类

▲总成:由数个零件、数个分总成或它们之间的任意组合而构成的一定装配级别或某一功能形式的组合体,具有装配分解特性的部分就是总成。

汽车零配件分类

▲分总成:由两个或多个零件与子总成一起采用装配工序组合而成,对总成有隶属装配级别管辖的部分就是分总成。
▲子总成:由两个或多个零件经装配工序或组合加工而成,对分总成有隶属装配级别管辖的部分就是子总成。
▲单元体:由零部件之间的任意组合而构成具有某一功能特征的功能组合体,通常能在不同环境独立工作的部分就是单元体。
▲零件:不采用装配程序制成的单一成品、单一制件,或由两个以上连接一起具有规定功能,通常不能再分解的制件就是零件。

2 外包装标识

汽车配件的外包装包括分类标志、供货号、品名、规格、生产日期、有效期限、收货地点和单位、发货地点和单位等,是为在物流过程中辨认货物而采用的必要标识,它对收发货、入库起着特别重要的作用。

3 编号

不管哪个汽车品牌,每个零件都有它各自的编号,为便于对汽车零部件的检索、流通和供应,我国汽车行业标准《汽车零部件编号规则》(QC/T 265—2004),把汽车零件分为 64 个大组,规定了完整的汽车零部件编号表达式。

二 汽车零配件管理流程

汽车配件管理主要包括:配件的采购管理、配件的出入库管理、配件的库存管理、配件的盘点管理、配件的呆料和废料管理、配件的退货管理、配件的账务登记管理、安全维护管理、资料保存管理等内容。

不同规模的汽车维修企业其配件管理的特点不完全相同,但大致可以归纳出基本管理流程,如图 5-1 所示。

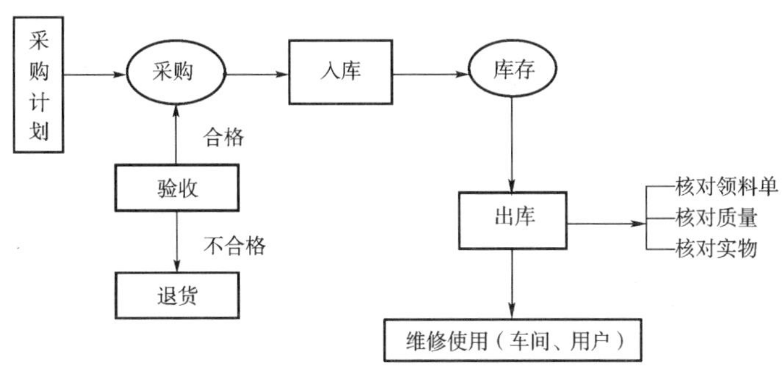

图 5-1　配件管理流程

第二节　采购管理

配件的采购是配件管理的首要环节，它不仅关系到维修生产能否正常进行，还直接影响着维修服务质量的好坏，成本的高低和企业的盈亏状况。企业配件采购必须以企业配件采购计划为依据，以保障质量、合理价格、准确时间、高效率完成任务。

配件采购主要任务

▲分析配件的供应状况，寻找配件的来源。
▲分析市场趋势，搜集市场质量、价格、运输费用等有关资料，进行购价和成本分析。
▲选择供应商，与供应商洽谈，签订供货合同，购进配件。
▲组织运输，验收及货款的结算，办理验收和退货手续。

一　采购前的准备工作

1 了解市场需求

企业要制订较为准确的订单计划，首先必须熟知市场需求，从市场需求的进一步分解中制订需求计划，再根据年度计划制订季度、月度计划。

2 准备订单基本资料

订单基本资料包括如下：

(1)供应商信息。对同时有多家供应商的配件来说，每个供应商分摊的下单比例由采购人员进行协调。

(2)订单周期。订单制定人员根据配件品种，从信息系统中查询、了解采购基本参数。

3 制定订单计划所需资料

订单计划所需要资料的内容包括如下：

(1)配件名称、需求数量、到货日期。

(2)市场需求计划、生产计划、订单基本资料等。

二　采购管理的基本流程

1 接受采购计划

采购计划的内容包括采购配件的品种、质量、数量要求及到货期限。对于汽车维修企业，采购的品质及数量要与生产维修的需要一致，对生产有准确的计划和把握。

2 选择供应商

选择供应商是采购工作的重要内容。配件供应是否顺畅，直接影响着生产的进度，进料品质的稳定可以保证配件质量的稳定，交货日期的准确可以保证公司出库期的准确，所以选择好供应商,将直接影响企业的生产与销售,对企业影响很大。

如何选择供应商

▲配件供应状况:主要包括配件的供应来源、供应渠道是否顺畅、配件品质是否稳定、供应商配件来源发生困难时其应变能力的高低。
▲质量控制能力:主要包括组织是否健全、质量控制制度是否完善、配件的选择及进料检验的严格程度、品质异常的追溯是否程序化。
▲财务及信用状况:主要包括企业定期的销售额、来往的客户、经营业绩及发展前景。
▲管理人员水平和管理制度:主要包括管理人员素质的高低、管理人员工作经营是否丰富,管理制度是否系统化、规范化、科学化等。

如何评价供应商

▲采购部门每年对合格供应商复评一次,对连续三次有不合格品或不能及时供货的供应商,应进行重新考核。
▲对同批次不合格品达到5%的供应商提出纠正意见,并要求其及时采取措施加以纠正,如问题严重且无能力纠正的应取消其供应商资格。
▲对供应商的考核,包括所需配件的及时要求,并明确规格、品牌、厂家、标识等作为采购依据,按质量担保期、价格合理、交付及时、服务周到、就近地区等原则对供应商进行评价。

3 订货

订货手续有时很复杂,例如,初次订货或订购价值高的物品;有时也简单,如常年使用的有固定供应商的配件或物品。

4 订货跟踪

订货跟踪主要是指订单发出后的进度检查、监督、联络等日常工作,目的是为了防止到货的延误或出现数量、质量上的差错。

5 接货验收

提取货物是采购部门的职责,提货或承接货物,采购部门要根据提货单或收货单对所提、所收货物在数量及外包装等方面进行认真检查,避免出现责任不清的现象。

三 采购工作应遵循的原则

(1)配件采购应有计划地进行,以防止无计划地采购。尤其是对综合性维修企业,需用的配件品种一般都很多,若无计划地采购,势必造成资金积压。配件采购应由仓库保管员按储备定额,提出月度采购数量,并由计划员进行平衡,列出采购计划。

(2)采购配件时,用途不明的不采购,规格不清的不采购。

(3)配件采购要保障质量,质量不符合规定的不采购。

(4)采购计划是进行采购的依据,对有疑问的地方,应查明原因,不能擅自变更。

(5)副厂件的采购需经计算和使用单位的同意,以免造成配件的积压。

(6)对价值高的配件,如发动机、变速器总成等,必须落实好客户方可购入。

(7)采购配件时不可图便宜而采购假冒伪劣产品。

(8)采购配件应坚决反对吃回扣等不正之风。

四 采购部门的职责

(1)寻找配件供应来源,对每项配件的供货渠道应加以调查和掌握。

(2)要求报价,进行议价,如有能力可进行估价,并做出评估。

(3)查证进厂配件的数量与质量。

(4)对供应厂商的价格、品质、交货期、交货量等做出评估。

(5)掌握公司主要配件的市场价格起伏状况,了解市场走势,对市场加以分析并控制成本。

(6)依据采购合约或协议控制协调交货期。

(7)呆料与废料的预防与处理。

五 降低采购成本的途径

(1)寻找可能代替的物料。

(2)寻求更合适的供应商。

(3)改进原有设计。

(4)改善采购技术。

(5)改善储存方法,降低库存。

(6)实行标准化采购。

第三节 仓储管理

一 仓库管理的基本要求与方法

1 配件仓库布局的原则

▲有效利用空间

用纸盒保存中、小型零部件;

用适当尺寸的货架及纸盒;

将不常用的放在一起保管;

留出用于新车型零部件的空间。

▲防止出库时发生差错

将零件号完全相同的零部件放在同一纸盒里;

配件号接近或外观接近的备件不宜紧挨存放。

▲保证配件的保管质量

保持清洁,避免潮湿、高温或阳光直射;

仓库内禁止吸烟,须放置灭火器。

2 配件仓库基本要求

▲仓库各工种区域应有明显的标牌。

▲货架的摆放要整齐划一，仓库的每一条过道都要有明显的标志，货架应标有位置码，货位要有零件号、零件名称。

▲为避免备件锈蚀及磕碰，严禁将备件堆放在地上。

▲易燃易爆物品应与气体备件严格分开管理，存放时要考虑防火、通风等问题，库房应有明显的防火标志。

▲非仓库人员不得随便进入库房内，仓库内不得摆放私人物品。

3 配件存放方法

仓库货物编号可采用“四段编号”方法，即物资存放四段编号进行合理定位，对库房按照分类区统一编号存放。库房的四段编号是库、架、层、位，第一段1～2位数表示库或场，第二段3～4位数表示架或货区，第三段5～6位数表示货架的层区，第四段7～8位数表示货区。

案例分析

某维修企业，修理了一辆离合器打滑的车辆，经检查离合器压盘和摩擦片都需更换。维修人员到仓库领了配件并进行了更换。装车后发现离合器不能分离，经检查离合器的其他部件正常，怀疑是新更换的离合器压盘质量不好。经去仓库查询得知，该离合器压盘也曾装到其他车上使用过，也因同样的故障被拆下。此件本应被放于索赔货区，但由于保管员的疏忽，将该件放到配件货区，而仓库出库时又没有认真检查，导致此次事故的发生。因此，仓库的新件和旧件、合格和不合格配件，一定要严格区分。

4 仓库管理规范

(1)仓库人员必须熟悉配件的品种信息，能够快速准确地进行发货及各种出库操作。

(2)库存物资应根据其性质和类别分别存放。

(3)仓库管理要达到四洁、四齐的管理标准：

①四洁：库容清洁、物资清洁、货架清洁、料区清洁。

②四齐：库容整齐、堆放整齐、货架整齐、标签整齐。

(4)对库存物资要根据季节气候勤检查、勤盘点、定期维护。塑料、橡胶制品的配件要做到定期核查和调位。

(5)库存物资要做到账物相符。

(6)库内不允许有账外物品。

(7)配件摆放要有利于生产管理。

(8)仓库管理人员要努力学习业务技能，提高管理水平，做到“四会、三懂、二掌握、二做到”。

①四会：会收发、会摆放、会计算机操作、会保养配件。

②三懂：懂用途、懂性能、懂互换代用。

③二掌握：掌握库存物资质量、掌握物资存放位置。

④二做到：一做到见单能准确、快速发货，二做到日核对月盘点。

(9)危险品库管理要达到“四洁、四无”标准。

①四洁：库区、库房、容器、加油设备整洁。

②四无：无渗漏、无锈蚀、无油污、无事故隐患。

(10)严禁发出有质量问题的备件。

(11)因日常管理、维护不到位及工作失误造成物资报废或亏损的，应视其损失程度追究赔偿责任。

二 配件入库管理

配件入库是物资存储活动的开始，也是仓库业务管理的重要阶段，这一阶段主要包括：到货接运、验收入库和办理入库。

1 到货接运

到货接运时要对运到的货物进行检查，做到交接手续清楚，证件资料齐全，为验收工作创造条件，避免将已发生损失或差错的配件带入仓库。

2 验收入库

配件验收入库是按照一定的程序和手续对配件的数量和质量进行检查，以验证它是否符合订货合同的一项工作。配件到库后首先要在待检区进行开箱验收工作，并检查配件清单是否与货物的品名、型号、数量相符，做到“一及时”、“五不入”。图5-1所示为某汽修企业配件验收入库单。

(1)一及时：货到后及时开箱验收。

(2)五不入：发现品名不符不入；规格不符不入；质量不符不入；数量不符不入；超储备不入。

配件验收入库单 表5-1

供货单位 入库时间： 年 月 日 在途卡员

<table>
<tr><td colspan="3">供货方发票</td><td rowspan="3">货号
规格
品名</td><td rowspan="3">单位</td><td rowspan="3">产地牌价</td><td rowspan="3">供应价</td><td rowspan="3">每件数量</td><td colspan="10">应收</td><td colspan="10">实收</td></tr>
<tr><td colspan="2">年</td><td rowspan="2">号码</td><td rowspan="2">件数</td><td rowspan="2">数量</td><td colspan="8">金额</td><td rowspan="2">件数</td><td rowspan="2">数量</td><td colspan="8">金额</td></tr>
<tr><td>月</td><td>日</td><td>十</td><td>万</td><td>千</td><td>百</td><td>十</td><td>元</td><td>角</td><td>分</td><td>十</td><td>万</td><td>千</td><td>百</td><td>十</td><td>元</td><td>角</td><td>分</td></tr>
<tr><td></td><td></td><td></td><td></td><td></td><td></td><td></td><td></td><td></td><td></td><td></td><td></td><td></td><td></td><td></td><td></td><td></td><td></td><td></td><td></td><td></td><td></td><td></td><td></td><td></td><td></td><td></td><td></td></tr>
<tr><td></td><td></td><td></td><td></td><td></td><td></td><td></td><td></td><td></td><td></td><td></td><td></td><td></td><td></td><td></td><td></td><td></td><td></td><td></td><td></td><td></td><td></td><td></td><td></td><td></td><td></td><td></td><td></td></tr>
<tr><td></td><td></td><td></td><td></td><td></td><td></td><td></td><td></td><td></td><td></td><td></td><td></td><td></td><td></td><td></td><td></td><td></td><td></td><td></td><td></td><td></td><td></td><td></td><td></td><td></td><td></td><td></td><td></td></tr>
<tr><td rowspan="3">入库纪要</td><td colspan="7">编制记录日期： 年 月 日</td><td colspan="3">短损情况</td><td colspan="6">被盗</td><td colspan="3">破损</td><td colspan="8" rowspan="3">仓库主任审批</td></tr>
<tr><td colspan="4">货运记录号码</td><td colspan="3"></td><td colspan="3">数量</td><td colspan="6"></td><td colspan="3"></td></tr>
<tr><td colspan="4">普通记录号码</td><td colspan="3"></td><td colspan="3">金额</td><td colspan="6"></td><td colspan="3"></td></tr>
<tr><td colspan="11">备注：</td><td colspan="17">配货存放：</td></tr>
</table>

储运主管 保管员

❸ 办理入库

仓库管理员在检查验收后，填写入库单，送财务批准并分单；将物品放到规定的货架并填写物品标识卡加以标识。

三 配件出库管理

零件出库实施“六步曲”，包括：核单、备料、复核、包装、点交、记账。

▲核单：出库前必须要有出库凭证，严禁无单或白条发放。保管员接到出库凭证后，必须详细核对，确认无误后备料。

▲备料：按照出库凭证进行备料，同时变动料卡的余额数，填写实发数量和日期。

▲复核：为防止出错，备料后要进行复核。复核的内容主要是：出库凭证与配件的名称、规格、数量是否相符。

▲包装：对数量较多、重量或体积较多的备件出库，为搬运方便，要根据不同的情况进行合理的包装。

▲点交：配件经复核后，要将配件当面交给提货人，办清交接手续。

▲记账：点交后，保管员要在出库单上填写实发数、发货日期等内容并签名，然后，将出库单交给领料人，以便办理维修结算。

四 备件的盘点

❶ 盘点的目的

盘点就是如实地反映存货的增减变动和结存情况，使账物相符，保障备件库存存货的位置和数量。

❷ 盘点的内容

(1)核对存货的账面结存数与实际结存数，查明盘亏、盘盈存货的品种、规格和数量。

(2)查明变质、毁损的存货已经超储积压和长期闲置的存货的品种、规格和数量。

❸ 盘点方法

盘点方法有永续盘点、循环盘点、定期盘点和重点盘点等。

(1)永续盘点：指保管员每天对有收发动态的配件盘点一次，以便及时发现问题，防止收发差错。

(2)循环盘点：指保管员对自己所管物资分轻重缓急，作出月盘点计划，按计划逐日盘点。

(3)定期盘点：指在月、季、年度组织清仓盘点小组，全面进行盘点清查，并形成库存清册。

(4)重点盘点:指根据季节变化或工作需要,为特殊仓库物资进行的盘点和检查。

4 盘点流程

盘点流程

▲准备工作

确定清点日期。

确定盘点人员:成立盘点领导小组,必要时可请其他部门工作人员协助,但是清点人员必须工作认真,责任心强。盘点范围:清查盘点所有归属本部门的存货,如:常用件、损耗件、索赔件、不适用件等。

仓库大扫除:目的是收集、汇总、清除残损件并登记在册。

盘点的表格、工具。

▲正式盘点

在规定的时间内,盘点人员对所有备件要逐一清点,不能重复也不能遗漏。一般由两人分别清点,如果结果不同,要重新清点。不便清点的小件要用称重法求总数,即先称出一定数量的备件作为"标准件",仔细称出这些"标准件"重量,再称出所有件的库存重量,即可算出这些件的总数。

称重法计算公式为:

总数 = 总重 × 标准件的数量/标准件的种类

▲验收及总结

盘点后,其结果应由上级有关部门检查、验收,财务部门核算出盈亏值,并由主管领导签字认可。

盘点后应作出总结,对于盘点遗留的问题,如变质、毁损或超储积压的配件,要查明原因;对入库、出库、仓储、财务管理系统的各因素要进一步办理。

五 配件库存管理

1 库存管理的目标

制定一个适宜的库存策略(或称订货策略)是至关重要的,主要解决三个问题:

(1)确定什么时候订货,或多少时间补充一次库存,即确定订货点。

(2)确定每一次订货多少或补充多少库存,即确定订货量。

(3)确定怎样订货或采取什么方式订货,即确定订货方。

2 库存管理的原则

(1)不待料、不废料,保证生产所需的物料。

(2)不呆料、不滞料。

(3)不囤料、不积料。需要多少采购多少,储存数量要适量。

3 ABC 库存管理方法

1)概念

将库存的每种物资按其单位价值、消耗数量及其重要程度进行分类的方法称为 ABC 管理法。简单说,就是重要的少数,不重要的多数,图 5-2、表 5-2 所示为 ABC 管理方法和分类表。

ABC 管理方法分类表　　表 5-2

类　别	品　种	品种所占百分比(%)	金额所占百分比(%)
A	各种重要总成与贵重基础件	8～15	70～80
B	一般汽车配件	20～30	15～25
C	低价值易耗材料	50～60	5～10

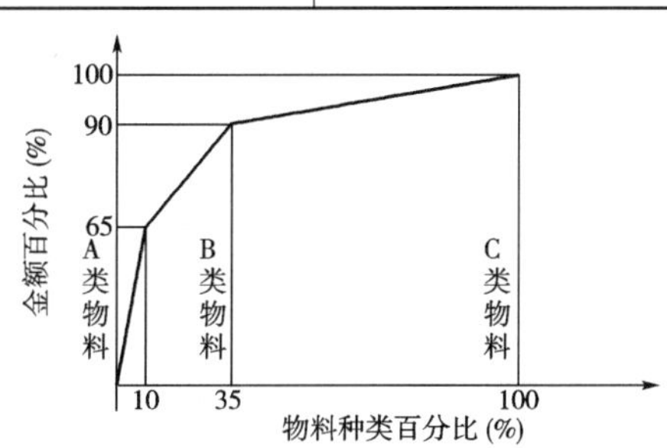

图 5-2　ABC 管理方法

2)ABC 分析法的主要作用

(1)客户分类的管理:对客户根据年订货额的大小进行分类,然后进行重点分类管理。

(2)供应商分类的管理:对供应商年供货量的大小进行分类,然后进行重点分类管理和辅导。

(3)配件分类的管理:对所使用的配件,根据使用量按 ABC 分析法进行分类,对重点配件加强管理。

六 旧件管理

汽车维修企业更换下来的废旧零配件原则上应退还送修单位,若送修单位不收时,则均为维修企业所有。为此汽车维修企业配件库房应附设旧件库,以便将旧件分类集中管理,搞好废旧物资的回收利用工作。

搞好废旧物资的回收利用是降低成本的一项重要措施。首先应明确回收范围和标准,分门别类集中管理。对废旧物资可采取以下三项措施:

(1)修复并经检测合格后直接用于汽车维修;

(2)把废旧的原材料及边角料进行改制或加工成小件;

(3)本单位无法利用的废旧物资可按国家规定出售给其他单位再利用。

修复的旧件经技术检验合格后由旧件库统一保管,在汽车维修核料和领料时应优先发放修复件。修复件的质量由修复人负责。

【复习思考题】

1. 采购配件前应做好哪些方面的具体工作?
2. 降低采购成本有哪些方法?
3. 配件入库管理的实施纲要包括哪些方面的内容?
4. 如何做好配件出库的管理工作?
5. 备件盘点有哪些方面的内容?
6. 如何做好仓库的管理工作,让工作更规范?
7. 什么是 ABC 管理法? ABC 管理法的主要作用是什么?
8. 库存管理的基本原则是什么?

第六章 质量管理

学习目标

通过对本章内容的学习，你需要：

1. 了解全面质量管理的内涵及特点，熟悉质量保证体系的含义及相关管理内容，理解汽车维修质量管理的任务；
2. 掌握建立质量管理体系认证的基本步骤；
3. 重点掌握汽车维修企业全面质量管理的基础工作、PDCA 管理方法及内容；
4. 熟悉汽车维修质量检验的各种分类方法及内容、实施步骤及基本要求、考核与评价的相关指标及计算方法；
5. 熟悉汽车维修行业质量监督的相关内容。

第一节 概 述

一 质量管理概述

1 质量概述

质量是产品、过程或服务满足规定或潜在需求的特征和特性的总和。

▲产品质量：产品能最大程度满足客户需求的特征和特性，主要包括适用性、可靠性、安全性、经济性及寿命等。

▲服务质量：企业与客户接触有关的活动和企业内部活动所产生的结果，主要包括服务质量是客户感知的对象，更多地要按客户主观的认识以衡量和检验。

▲工作质量：企业为了保证产品质量或服务质量而所做的全过程服务的特征和特性，主要包括功能性、时间性、安全性、节省性和舒适性等。

2 质量管理

质量管理是企业经营、生存、发展必需的一种综合性质量管理职能活动。它是围绕着企业质量方针，建立质量管理机构，制定质量管理制度，开展质量策划、质量控制、质量保证和质量改进等活动，对影响产品质量及服务质量形成的各个环节进行全面预防和全过程控制，用经济、有效的方法实现质量方针、质量目标的要求，以获得用户期望的质量水平的工作总称。质量管理的发展历程如图 6-1 所示，质量管理三阶段的对比见表 6-1。

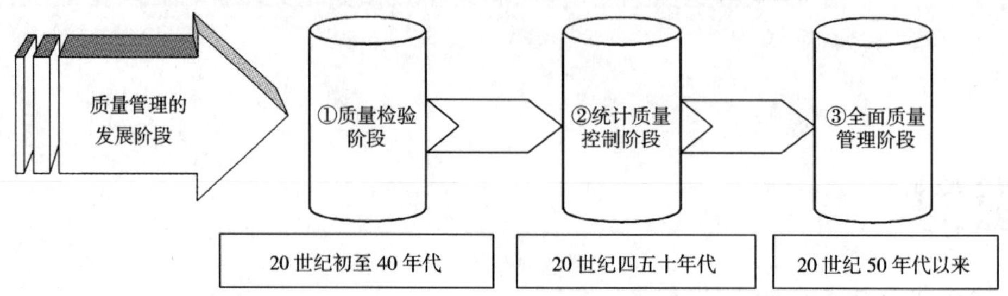

图 6-1　质量管理的发展历程

质量管理三阶段的对比表　　表 6-1

质量检验阶段	统计质量控制阶段	全面质量管理阶段
按产品标准验收	按产品标准控制质量	以技术标准为基础，满足用户要求
事后把关为主	监控生产全过程、重在预防	防检结合、预防为主，管因素、管条件
仅限于生产现场	从生产扩展到设计	实行从产品开发、设计制造、使用维修的全过程管理
依靠质量检验人员把关	依靠技术、检验部门控制	实行全面、全员、全过程的质量管理
主要用检验方法	主要用数理统计方法	实行生产经营管理、专业技术与政治思想相结合的系统性管理
限于产品质量	以产品质量及工序质量为对象	以产品质量与工作质量为对象
缺乏标准化和系统化	仅有成套的产品标准	有成套的技术标准，还有成套的工作标准和管理标准

3 汽车维修企业质量管理

汽车维修作为汽车产业链上的一个重要环节，其质量状况不仅直接关系汽车消费者的切身利益，而且也会影响到交通安全、环境保护、节能等问题。汽车维修质量是指用户对维修服务的态度、水平、及时性、周到性以及收费等方面的满意程度。

▲以次充好：包括各种油类和零部件，如油封、发电机、空调压缩机、汽油泵、汽油滤清器等以次充好。

▲夸大故障：检查出故障很小或只是零件有问题的情况下夸大故障，以收取额外的工时费用。

▲用量不足：许多液体（包括机油、防冻液等）采用多报或者少加的方法使自己的利润最大化。

▲以假充真：在维修过程中使用了假产品，以假乱真。

二 全面质量管理

1 全面质量管理

全面质量管理，就是从系统控制论的概念出发，把企业作为控制维修质量的整体，组织和依靠企业全体员工参与质量管理的全过程中。通过各种的质量保证，从而以最优的生产、最低的消耗、最佳的服务，为用户提供最满意的产品。

质量管理与全面质量管理的基本特征对比见表6-2。

三全一多

▲全面的质量管理：就是对涉及企业内部的产品质量、服务质量和企业生产经营管理的所有方面进行管理。

▲全过程的质量管理：就是对汽车维修到售后服务的全过程都进行质量控制。

▲全员系统的质量管理：就是企业全体员工都参与的质量管理。

▲管理方法的多样性：对影响企业产品质量和服务质量的多方面因素采用多样性的管理方法。

质量管理与全面质量管理的基本特征对比表　　表6-2

要　　素	质 量 管 理	全面质量管理
对象	提供产品或服务	提供产品（服务）及所有与产品（服务）有关的事物
相关者	外部客户	外部客户和内部员工
包含的过程	与产品生产、供应直接相关的过程	所有过程
参与人员	与生产产品和实施服务的有关人员	所有人员
相关工作部门和人员	企业内的有关职能部门和职能人员	企业内所有的职能部门和人员
培训	质量部门	全员培训

案例分析

本田公司在美国的成功

美国的汽车制造业十分发达，但是，日本本田公司不仅将自己的产品打进了美国汽车市场，而且在美国建立了一家汽车装配厂（简称HAM）。

日本、美国两国的文化背景截然不同，而本田公司能在美国市场取得如此骄人的成功，即得益于本田的质量战略。

HAM生产汽车从一开始就把重点放在工艺质量上而不是产量上。与大多数汽车制造厂只采用抽样试验不同，HAM每辆新车在出厂前都经过严格测试。采用这种做法，虽使本田公司承受了一些损失，但由于质量过硬，赢得了消费者的信赖。1985年9月，本田公司设在美国的 HAM 公司开始在美国本土制造日本汽车，并源源不断地推出新型号轿车，但公司始终把保证质量和尽量满足客户需要放在第一位。

2 汽车维修企业质量管理内容

汽车维修企业质量管理内容

●市场调查的质量管理。
●设计过程、维修方案的质量管理。
●原材料、汽车配件、协作件、标准件采购的质量管理。
●维修过程的质量管理。
●辅助服务过程的质量管理。
●售后使用、服务过程的质量管理。
●信息反馈的质量管理。
●其他各项工作（设备、工装、计量、人力资源、培训、财务、企业文化等）的质量管理。

3 全面质量管理实施步骤

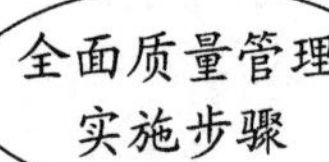

▲对全体员工进行全面质量管理思想的教育：将满足客户的需求放在首位，让每位员工深刻理解“客户满意”理念；清楚提高质量与降低成本的关系；树立提高质量合格率的责任感。
▲了解市场：充分地进行市场调研，了解同行业如何进行质量管理，如何使客户满意，找到差距，提出改进措施。
▲建立明确的质量基准和质量测评制度。
▲建立相对完善的激励机制。
▲培育员工主人翁意识和敬业精神。
▲建立平等对话机制。
▲组成质量管理小组。

三 质量保证体系

1 质量保证体系的基本概念

质量保证体系，是指企业以提高和保证产品质量为目标，运用系统方法，依靠必要的组织结构，把组织内各部门、各环节的质量管理活动严密组织起来，实施质量管理的全部活动，其目的是保证用户对某一产品、过程或服务的质量要求。

它涉及的基本概念包括：质量方针、质量目标、质量体系、质量计划、质量保证、质量控制、质量监督、质量审核与质量体系审核等。

2 汽车维修企业质量保证体系结构

■维修过程的质量保证体系(工作标准化)。
■零件修复、装配的质量保证体系(操作标准化、工作典型化、维修业务工作及管理工作的质量保证体系)。
■维修工艺、工装开发与设计工作质量保证体系。
■工艺管理的质量保证体系。
■维修、作业监督检验工作的质量保证体系。
■设备管理的质量保证体系。
■销售服务、业务接待的质量保证体系。
■企业间合作的质量保证体系。

3 汽车维修企业质量保证体系的要求

●必须明确质量方针、质量目标和目标值,并将质量方针展开,将维修目标层层分解,落实到部门、车间、班组,直至个人。
●必须建立一个高效严密的汽车维修组织机构,用以监督、控制、协调各部门的质量管理工作。
●必须有完整的、全面的维修企业的先进技术标准、操作标准、管理标准和各项工作程序。
●必须有准确、及时、完整的信息,做到在全企业能迅速传递和反馈,并认真处理有关质量问题。
●必须建立群众广泛参加的质量管理网络,普及质量管理小组(QC)活动。

案例分析

某维修企业的一个业务接待员辞职不干了,老板将车间唯一的检验员调到业务接待员的岗位。虽然,有很多人提出反对意见,老板却总是摇摇头,说让修理工加强一下责任心就行了。此后陆续有返工情况发生,老板也没在意。某天,一个维修工在更换广州本田机油滤芯时,由于用力过猛,造成滤芯表面变形,但当时没有人发现。后来,车辆在高速路行驶时,滤芯表面变形处破裂,机油漏出,造成发动机烧瓦,损失了一万多元。

从以上案例可以看出质量检查的重要性。为了保证汽车维修质量的不断提高,汽车维修企业应当树立科学、全面的质量管理观念,建立健全企业内部质量保证体系,对维修的全过程进行全面的质量管理,使维修的产品质量得到保证。

4 质量保证体系的类别

■维修车辆质量的保证体系

●维修过程的质量保证体系(工作标准化)。

●零件修复、装配的质量保证体系(操作标准化、工作典型化)。

■维修业务工作及管理工作的质量保证体系

●维修、工艺、工装开发与设计工作质量保证体系。

●工艺管理的质量保证体系。

●均衡作业的质量保证体系。

●维修、作业监督检验工作的质量保证体系。

●设备、工装、计量器具和物资管理的质量保证体系。

●销售服务、业务接待的质量保证体系。

●厂际协作的质量保证体系。

5 汽车维修企业建立质量保证体系的基本条件

■汽车维修企业富有创新意识,不断创新工作内容。

■汽车维修企业各项工作完善扎实,生产和工作有条不紊进行。

■汽车维修企业建立健全各项规章制度,有章可循。

■汽车维修企业已开展全面质量管理工作,并取得一定的经验和成效,各项工作已走上正轨,生产经营稳定发展。

6 ISO 质量认证体系

现在已经有很多汽车维修企业通过了 ISO 9000 认证,它能够使企业生产和管理规范化,从而提高汽车维修企业的管理水平。

1)汽修企业推行 ISO 9000 标准的意义

(1)强化质量管理,提高企业效益。

(2)增强客户信心,扩大市场份额得到了市场"通行证"。进行车辆维修的客户,得知企业按照国际标准实行管理,获得了 ISO 9000 质量管理体系认证证书,并且有认证机构的严格审核和定期监督,就可以确信该企业是信得过企业,可以放心地将车辆交给该企业进行维修,因而扩大了企业的市场占有率。

(3)在车辆维修质量竞争中立于不败之地。实行 ISO 9000 质量管理体系认证管理,可以提高汽车维修质量,促使企业员工树立并养成有效做事、高效做事的观念与习惯。

(4)有利于国际间的经济合作和技术交流。

2)汽修企业通过 ISO 9000 认证的作用

通过 ISO 9000 标准的认证,企业会在以下方面有所收获:

■增强客户的满意度：

●提高企业的经济效益；

●增加企业的竞争力；

●提高工作效率；

●减少各种浪费；

●减少无效的重复劳动。

■增强企业竞争力：

●减少出错机会；

●激发员工的工作热情；

●更有效的利用时间和资源；

●加强内部沟通。

■有助于扩大市场占有率。

■保持企业内部的持续改进。

对汽修行业来讲，所有相关方包括：客户（在八项管理原则中明确）、备件供应者、联系密切部门（如车管所、工商局、银行、消防部门等）、供应商、自己的上级单位等。企业应把这些相关方需求作为质量管理的基础，实施管理体系并使其得以保持，而企业发展的关键在于使企业的质量管理体系得到持续的改进。

3）八大原则

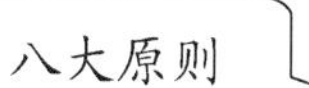

■以客户为关注焦点：理解客户当前和未来的需求，把让客户满意作为出发点和归宿。

■领导作用：企业的发展及成功运作的关键是领导，领导的每一个重大决策直接关系到企业的生存。

■全员参与：员工是企业之本，只有员工的充分参与，才能充分发挥他们的才干，为企业带来最大的收益。

■过程方法：管理好每一个过程是管理好体系的基础。

■管理的系统方法：针对设定的目标，要进行识别、理解并管理，一个由相互关联的过程组成的系统，有助于提高企业的效率。

■持续改进：持续改进总体业绩应该是企业一个永恒的目标，管理的重点应关注变化或更新产品所产生的结果的有效性和效率，这就是一种持续改进的活动。

■基于事实的决策方法：有效的决策是建立在数据和信息分析基础之上的，而正确适宜的决策依赖于良好的决策方法。

■与供方良好的关系：汽车维修企业在车辆的维修过程中，先确定车辆故障的所在部位，然后制定维修方案，车辆的维修在通常情况下是更换零部件，而零部件由相关生产厂家提供，因此选择供方及与供方的良好关系显得非常重要。

案例分析

某汽车维修企业质量认证工作的基本过程

汽车维修企业质量认证工作的基本过程可分为以下几个阶段。

(1)组织策划,需完成以下六项任务。

①调研与决策。企业领导通过调研,做出本企业贯彻 ISO 9000 标准、进行企业质量认证的有关决策。

②培训。组织企业领导、中层干部、业务骨干及全员,分层次进行关于 ISO 9000 标准有关内容的培训;选派内部审核员送本地区质量认证机构组织的专业培训学习,取得内审员资格。

③确定质量手册的内容。

④建立企业质量认证工作领导班子,确定、任命质量管理代表。

⑤建立质量认证工作班子。质量认证工作班子通常称之为“贯标办公室”或“ISO 9000 办公室”,由主要业务部门选调精兵强将组成。其职责是协助管理者代表进行贯标、认证的管理工作,主要任务有编制贯标、认证工作计划,对各部门实施情况进行监督检查与考核。

⑥编制贯标与认证工作计划。

(2)质量体系总体设计,质量体系总体设计阶段需完成以下五项任务。

①拟订企业质量方针、目标。

②选择合适的质量保证模式。

③调整组织机构设置。有些企业如原先未单独设置质量管理部门,则应在认证过程中进行调整,增设质量管理部门。

④确定各部门的职能及相互关系,编制职能分配表。

⑤识别资源需求,提出配置计划。应对照实施 ISO 9000 标准的要求,保证汽车维修质量,对企业资源配置的现状进行调查摸底,在此基础上,按轻重缓急制定配置计划。

(3)编制质量体系文件,此阶段需完成的主要任务有以下六项。

①质量体系文件编制策划。首先应对企业现有管理文件进行彻底清理,提出有哪些文件与 ISO 标准要求不符合,应予废除或修订,还缺少哪些文件;还要确定质量记录表有哪些可以继续使用,哪些需修改,哪些需按标准要求增补。在此基础上,确定对质量体系文件结构、层次的安排,提出所需文件及编制要求和编制规划等方案。

②编写质量手册。

③编写质量体系的程序文件,即控制质量体系各要素活动的文件。

④编写作业文件,即支撑质量体系程序的具体控制质量活动过程或作业过程的详细文件。

⑤拟订相应的质量记录表。

⑥质量体系文件的审批及发布实施。

(4)质量体系运行及改进,质量体系运行阶段需完成的主要任务有以下五项。

①运行准备。进行质量体系文件宣传贯彻培训,使企业各级人员明确质量体系文件要求,知道自己该做什么,该怎么做;同时,检查资源配置到位情况,进一步落实资源配置。

②各部门按质量体系文件的要求实施管理,并记载实施过程(填写质量记录表)。

③进行内部质量审核。认证前,一般需进行 2~3 次内部质量审核。通过内部质量审核,发现体系运行现状与所选质量保证模式标准和本企业的质量体系文件不符合的项目,提

出纠正和预防措施。内部质量审核会议由质量管理代表负责主持。

④实施纠正和预防措施。针对维修质量和过程控制中的问题及内部质量审核中发现的不符合项，提出纠正和预防措施。

⑤进行管理评审。按标准要求、企业质量方针目标符合性及运行的有效性对质量体系进行全面评价，找出薄弱环节并加以改进。管理评审会议由最高管理者主持。

(5)实施质量体系认证，实施质量体系认证阶段需进行以下几项工作。

①安排预访问。请认证机构审核组对本企业质量认证工作进行预访问，通过预访问对企业来说可以收到以下效果：进一步明确认证机构对标准要求掌握的尺度；发现体系运行状态与认证要求之间现存的主要差距。

②预访问后的整改。对在预访问中暴露出的问题，企业应抓紧时间认真进行整改，确保问题的解决。此后，便可适时安排正式认证审核。

③现场审核的迎检准备。应该特别指出，现场所能提供的证据非常重要，因为按照审核的一般规则，当场不能提供证据可视为没有证据而判为不符合项。

上述是企业进行质量认证的基本过程，至于具体阶段的划分和过程的跨越，完全可以从本企业的实际情况出发决定。目的只有一个，即在尽可能短的时间内建立起一个符合本企业实际的优化而有效的质量体系。总之，认证的周期到底需要多长，完全取决于企业的决心、人力和物力等资源的投入以及管理者的推动力度。

四 汽车维修质量管理任务和内容

1 汽车维修质量管理的任务

(1)加强质量管理教育，提高全体员工的质量意识，牢固树立“质量第一”的观念，做到人人重视质量。

(2)制定企业的质量方针和目标，对企业的质量管理活动进行策划，使企业的质量管理工作有方向、有目标、有计划地进行。

(3)严格执行汽车维修质量检验制度，对维修车辆从进厂到出厂的全过程中的每一道工序，实施严格的质量监督和质量控制。

(4)积极推行全面质量管理等先进的质量管理方法，建立健全汽车维修质量保证体系，从组织上、制度上和日常工作管理等方面，对汽车维修质量实施系统的管理和保证。

2 汽车维修企业质量管理的内容

汽车维修质量管理内容

汽车维修过程中质量管理

■组织文明维修。

●贯彻执行维修工艺一定要做好严肃的工艺纪律、严格的操作规范、严密的工艺规程。

●营造良好的维修作业环境。做到：工艺流程顺畅，维修布局布局合理，作业场所整洁美观，工艺装备完好有效，工具摆放条理有序，物品摆放整齐恰当。

■强化质量管理制度。

●维修汽车进厂、解体、维修过程及竣工出厂检验制度。

●原材料、外协外购零部件进厂入库检验制度。

●修竣车辆合格证制度和质量承诺制度。

●机具设备管理制度。

■严把汽车维修过程质量检验关。

●不合格的工件不加工。

●不合格的零部件不装配。

●不合格的车辆不出厂。

●掌握作业质量动态,降低返修率和减少零配件损坏。

汽车维修辅助过程的质量管理内容

■汽车维修物料供应的质量管理。

●仓储质量管理;出入库检验;材料配件领用、审批、签字手续。

●在保证供应前提下,减少库存,加速资金周转:

●热情服务,简化领料手续,送料上门。

■汽车维修的工装夹具质量管理。

●汽车拆装机具的管理内容原则上与物料供应的质量管理相同。

●计量器具由计量部门统一管理,分级使用。

●专用工具、非标工具、贵重工具应由维修部门或供应部门直接管理,统一由工具间保管、借用。

■汽车维修设备的质量管理。

●选型购买、安装验收、维修改造和直至报废的全程管理。

●日常管理和检修管理。

汽车使用过程的质量管理内容

■编制、发放车辆使用说明书,提供备品备件,定期完成维护。

■设立技术服务站。

■开展技术培训,传授汽车使用及维修技术。

■实行维修质量三包(包修、包换、包赔)制度。

■进行客户访问、联系,了解维修质量情况,征求客户意见。

3 汽车维修企业质量管理机构的设置

汽车维修企业质量管理机构的设置,应当与企业的生产规模、生产类型、工艺性质、生产技术特点等相适应。管理机构既要体现出精简和效能的统一,还要重视形式和内容的统一,使机构名副其实、人员责任明确。某汽车维修企业质量管理机构设置如图 6-2 所示。

4 汽车维修企业质量机构的主要职责

(1)贯彻落实汽车维修质量管理相关的法规和制度,以及相关部门制定的维修质量管理方针与目标。

(2)贯彻执行国家和交通运输部颁布的有关汽车维修技术标准及地方和企业的相关标准。

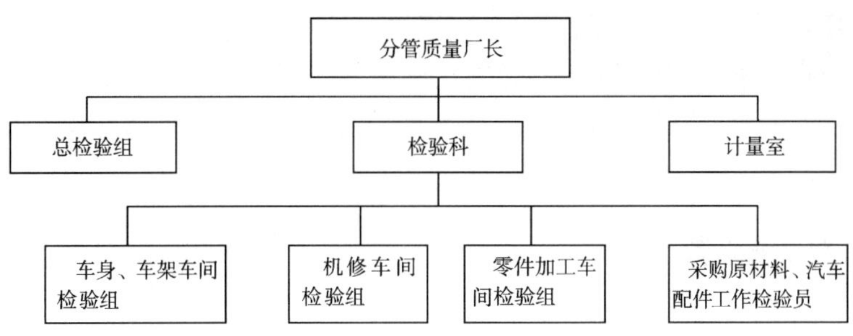

图 6-2　某汽车维修企业质量管理机构设置

(3)根据国家标准、行业标准、地方标准的要求,制定相应的企业维修技术标准。

(4)根据维修作业内容制定合理的汽车维修工艺和安全操作规程。

(5)建立健全维修企业内部质量保证体系,加强维修各环节的质量检验,推行全面质量管理。

(6)做好维修后的服务跟踪工作。

案例分析

一场不应发生的维修质量事故

小王和小张是某修理厂的两名员工,小张负责车辆四轮定位工作,小王负责底盘维修。两人平时有矛盾,工作上不配合。某天,小王更换了一辆尼桑的横拉杆球头,但拉杆球头螺栓没紧固就交给小张。小张用定位仪进行测量,发现数据正常,就将车交给客户。客户开车行驶不到两天,拉杆球头脱落,险些造成事故。最后,厂里查明原因后对小张、小王进行了严肃处理。

从以上案例中可以看出:由于缺少对员工进行维修质量教育,员工也缺少维修质量好坏会影响自己和企业的意识。为了保证汽车维修质量,必须对汽车维修质量实施系统管理。

第二节　汽车维修企业的全面质量管理

一　汽车维修企业全面质量管理的内涵

1 一切为用户服务

汽车维修企业,为了满足用户需要,就要维修好车辆,为用户提供技术状况良好的车辆。因此,企业内部应将为用户服务的观点引入生产全过程,树立“下道工序就是用户”的观点。

正确处理上下道工序关系，增强维修企业各环节相互协作的责任心。

2 一切以预防为主

全面质量管理要求将质量问题消灭在萌芽状态，消灭在生产过程中，做到预防为主。为了保证和提高维修质量，汽车维修企业必须在汽车维修过程中控制影响质量的各种因素，将重点放在维修过程中对人、设备、材料、工艺和环境等五大因素的控制上。把质量管理从事后把关转到事先控制上来，及早消除影响维修质量的各种因素。

3 一切按 PDCA 循环进行

PDCA 循环，即按计划执行，按检查处理的顺序办事。PDCA 循环可以连续循环，每循环一次，就达到一个新的高度，不断循环，不断提高。

4 一切用数据说话

所谓“用数据说话”就是以客观事物和准确可靠的数据为依据，去认真发现、科学分析汽车维修的质量问题，寻求和判断质量的变化规律，从而对汽车维修过程加以控制。为了更好地推行全面质量管理，必须做好各项原始记录，抓好各项基础工作，收集一切必要的数据，从而发现和解决质量问题。

二 基础工作

汽车维修企业开展质量管理，必须做好一系列的基础性工作。它是企业建立和运行质量体系的基础，是全面质量管理顺利进行的保证。这些工作以汽车维修质量为中心，密切相关，共同形成汽车维修质量管理的基础体系。

1 明确的质量目标与质量计划

汽车维修企业的质量目标与计划的制定，是汽车维修质量的重要保证之一。根据汽车维修企业的服务宗旨，确定汽车维修企业质量目标，指导企业的质量管理活动。

(1)汽车维修企业不仅要制定生产计划，而且还应制定明确的质量计划及相应的技术措施，以落实企业的质量计划与质量目标。

(2)加强全员质量教育，提高质量意识，以做到人人关心质量、个个保证质量。

(3)建立健全企业技术管理和质量管理的规章制度，落实岗位责任制和质量责任制，以做到检验有标准，操作有规范，优劣有奖惩，不断提高质量管理水平。

(4)积极推广和应用新技术、新工艺、新材料、新设备，不断提高维修质量和维修效率。

(5)积极推广全面质量管理经验。

(6)加强职工技术业务培训，不断提高职工技术业务水平和操作技能。

2 完善的汽车质量管理机构

为了保证汽车维修质量，各类维修企业应该根据精简与效能结合的原则，在厂内设置与企业生产规模及生产工艺相适应的质量管理部门。

3 做好汽车维修企业的质量管理基本工作

汽车维修企业全面质量管理的基本工作包括：质量教育、企业标准化、计量检查、质量信息。

建立健全各类维修企业档案。县级以上运管机构按照交通运输部《机动车维修管理规定》的精神，要求本辖区汽车维修经营者对机动车进行二级维护、总成修理、整车修理的，建立健全维修合同、维修项目、具体维修人员及质量检验人员、检验单、竣工出厂合格证（副本），以及结算清单等汽车维修档案。

4 严格汽车维修制度管理

做好质量管理就要有好的质量管理制度。汽车维修企业必须建立健全有关质量管理制度，以保证维修质量的不断提高。

制度管理的内容：

1）建立汽车维修配件检验制度

《汽车维修质量纠纷调解办法》明确指出，使用有质量问题的配件"如出现汽车维修质量事故，汽车维修企业要承担责任。

对新购原材料、外协加工件及采购零部件在进厂入库前必须由专人逐件进行检查验收，建立配件采购登记和检验制度。

在维修用料时，要认真填写"领料单"，注明规格、型号、材质、产地、数量，并由领料人、发料人分别签字盖章。

2）建立汽车维修质量检验制度

汽车维修质量检验是一项广泛的、经常性的工作。维修质量检验应以汽车维修企业自检为主，实行专职人员检验与维修人员自检、互检相结合的检验制度，认真落实车辆维修进厂检验、维修过程检验和竣工检验制度。

3）实行汽车维修竣工出厂合格证制度

对进行二级维护以上的维修作业的汽车，实行竣工出厂合格证制度，是保证汽车维修质量的一项重要措施。汽车修竣后要经专职检验员按出厂技术条件进行严格的检验，经检验合格后签发出厂合格证。未签发汽车维修竣工出厂合格证的汽车，不得交付使用。汽车维修竣工出厂合格证，由省级道路运输管理机构统一印制和发放。

交通运输部《机动车维修管理规定》要求对二级维护、总成修理、整车修理的维修车辆建立维修档案，将汽车维修过程的原始记录及时、完整地归档，并妥善保存，为质量管理提供可靠的质量评定依据和反馈信息。

4）建立汽车维修技术人员考试及管理制度

汽车维修技术人员队伍整体素质是影响机动车维修质量最根本的因素，企业应大力开展维修技术培训，坚持持证上岗，并要根据车辆维修技术的发展，对从业人员进行轮训，加强对维修技术人员的管理。

5）实行汽车维修竣工出厂质量保证期制度

汽车维修竣工质量保证期的长短根据维修车辆类别、作业的级别、作业的深度确定。各类维修车辆的质量保证期按《机动车维修管理规定》执行，若维修企业承诺比国家规定更长的质量保证期应公示。修理车辆竣工出厂移交环节如图6-3所示。

在质量保证期内，因维修质量造成汽车无法正常使用的，维修企业应无偿返修，如因同一故障或维修项目经两次修理仍不能正常使用的、汽车维修企业应当负责联系其他维修经营者，并承担相应修理费用。

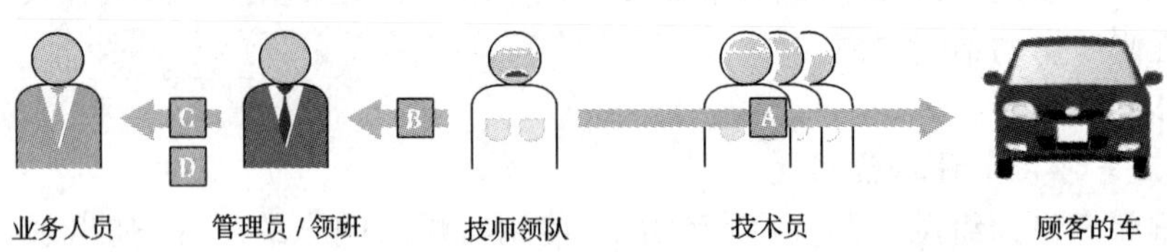

图 6-3　修竣车辆移交环节

6）计量管理制度

计量管理工作是保证维修质量的重要手段，必须加强计量器具和检测设备的管理，要按有关规定，明确专人保管、使用和鉴定，确保计量器具和设备的精度。

7）岗位责任制度

维修质量是靠每个岗位的操作者实现的，必须由全员来保证。因此，必须建立严格的岗位责任制，增强每位职工的质量意识，明确职责，以提高每位职工的岗位技能和责任心。

如何建立汽车维修企业保证体系

■厂长应主持全面质量管理工作，直接领导质检组，组织制定质量发展计划，确定质量总目标。

■技术副厂长对企业技术负全部责任，针对配件质量、计划，保证不断提高维修质量。

■质量检验员具体负责质量管理工作，严格执行国家标准、维修质量指标，并汇总执行情况。

■技师对本车间维修质量负直接责任，对不合格车辆配件出厂负完全责任，指导工人认真执行各种技术标准和技术操作规程。

■班长、质量检验员必须严格执行各种技术操作规范和技术标准，把好质量关，做到不合格零部件及未修好的车辆不进入下一道工序，出厂认真做好质量检验原始记录，收集整理有关数据，为改进修车及配件质量提供可靠依据。

■生产工人必须严格执行技术标准和操作规程，加强自检、互检工作，遵守岗位制度，认真执行检验人员对修车质量意见，共同提高维修质量。

8)质量考核制度

企业应按照岗位职责的不同,分别制定考核制度,并认真遵照执行。

5 开展质量管理小组活动

质量管理小组简称QC小组,是以保证和提高产品质量、工作质量、服务质量为目的,围绕生产和工作现场存在的问题,由生产班组或科室人员自愿组织、主动开展质量管理活动的小组。建立QC小组、开展QC小组活动是企业开展全面质量管理,提高质量水平的有效质量保证形式。

QC小组

▲内涵——在生产或其他工作岗位上的职工,围绕企业的方针、目标,运用质量管理的理论和方法,以改进质量、降低消耗、提高管理水平和经济效益为目的而组织起来的,并开展活动的小组。

▲特点——从活动内容看,QC小组是围绕企业方针、目标和所在岗位中存在的问题,以改善管理为主,以预防和改进为目标,开展"进攻型"活动,它不受质量指标约束;从活动方法看,QC小组以TQC的科学方法为主要手段,有一套比较固定的程序。

6 建立汽车维修质量信息反馈系统

质量信息反馈是企业搞好市场研究、改进产品质量的基础,因此信息要尽可能准确、及时反应用户的需求和意见。现在企业都非常重视把被动的售后服务变为主动的预先服务,这样可以尽早地发现解决产品的问题隐患,倾听用户意见,培养与用户的感情以赢得更大的市场份额。

汽车维修质量信息反馈包括汽车维修企业内部质量信息反馈和企业外部质量信息反馈。汽车维修企业内部质量信息反馈的主要形式是各种维修检验记录单和技术档案,主要内容包括进厂检验、维修过程检验、维修竣工出厂检验的质量信息反馈等,并由专职汽车维修质量检验人员组成信息反馈网络。

汽车维修企业外部质量信息反馈主要形式是客户质量信息调查、客户质量投诉、汽车维修质量监督检验报告、行业管理统计与考核报表等,主要内容包括汽车维修质量监督检验站质量信息反馈、客户质量信息反馈、道路运政管理机构质量信息反馈等组成。

目前,在汽车维修企业中,信息管理系统越来越广泛地应用于汽车维修信息反馈管理。

案例分析

某维修厂维修了一辆严重损坏的奥迪A6事故车,由于作业班组责任心不强,技术水平不高,车辆勉强出厂后,三天两头地回厂返工,不是今天这儿爆漆,就是明天那儿异响,更让车主恼火的是:车架校正不好,车辆跑偏。车主找到厂长讨要说法,厂长组织有关人员讨论,大家提出了很多意见,厂长给大家讲了海尔质量管理三部曲:第一步提出质量观念,"有缺陷的产品就是废品";第二步推出"砸冰箱"事件,引起员工心灵上的震撼,将质量理念渗透到每一位员工的心里;第三步构造"零缺陷"管理机制。

厂长要求按海尔质量管理理念来处理客户投诉,他们首先组织了现场分析返工的原因,对责任者进行了处罚,然后对车辆进行全面返工,将发动机吊下,重新校正车架,全车重新烤漆,达到客户满意。最后,该厂领导以此为契机,制定了预防返工措施、制定了回厂返工处理流程。

通过这次返工的处理,该维修厂的质量管理水平上了一个新台阶。

三 质量管理方法

全面质量管理不仅要将过去的单纯阶段性检验变成现在的全过程检验,而且还要把过去管结果转变为现在管因素,强调科学的管理工作程序。目前常用方法有 PDCA 管理循环,即通过计划(Plan)、执行(Do)、检查(Check)、处理(Action)循环式的工作方式,分阶段、按步骤开展质量管理活动,以促进质量管理水平循环不断地提高。

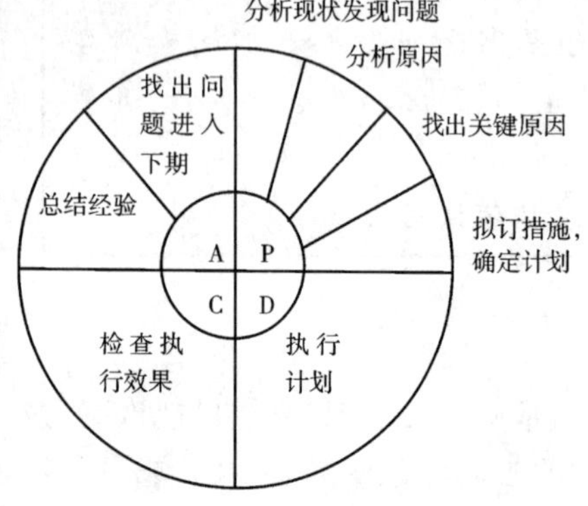

图 6-4 PDCA 管理方法的实施步骤

PDCA 管理循环分为四个阶段,共八个步骤去实施,如图 6-4 所示。

(1)计划阶段(P),分为四个步骤:

①分析现状,找出存在的质量问题;

②分析产生质量问题的原因;

③从各种原因中找出影响质量的关键原因;

④对主要原因制定质量改进计划和措施。

(2)执行阶段(D),包括一个步骤,即:执行质量改进措施计划。

(3)检查阶段(C),也包括一个步骤,即:检查计划执行的情况和措施实施的效果。

(4)处理阶段(A),分为两个步骤,即:总结经验并加以总结,并将工作结果标准化;找出尚未解决的问题,并将其转入下一个循环中。

PDCA 工作循环不仅是全面质量管理的基本方法,也是企业管理的基本方法,它适用于企业生产经营管理的各个环节和各个方面。其特点是:

(1)每一个阶段都是按 PDCA 方式运转并循环的,即大循环套小循环,小循环保大循环,一环扣一环。

(2)工作循环的四个阶段之间是相互交叉、相互联系的,是不间断的。

(3)每循环一次,企业的生产经营管理水平、产品质量和服务质量就会提高一步,如此不断"波浪式地前进、螺旋式地上升"。

(4)统计的工具。PDCA 循环应用了科学的统计观念和处理方法,作为推动工作、发现问题和解决问题的有效工具。

第三节 汽车维修企业的质量检验

汽车维修质量检验是指借助检查、诊断、测试手段,对维修的整车、总成、零部件、工序等进行质量特性的测定,并将测定结果与相应的质量标准做比较,判断其是否合格的活动及其过程。汽车维修质量检验是具体保证和检验监督汽车维修质量的关键工作,是贯穿于整个汽车维修过程的一项重要工作。

一 分类及内容

1 按工艺流程分类

汽车维修质量检验按照其工艺程序可分为进厂检验、汽车维修过程检验和汽车维修竣工出厂检验三类。

1)汽车进厂检验

它是指对送修车辆的装备和技术状况的检查鉴定,以便确定维修方案。进厂检验的内容有:

(1)审视和查核驾驶员的保修项目,查阅该车技术档案和上次维修技术资料。

(2)检测和诊断送修车辆在进厂维修前的实际状况,填写汽车进厂检验记录,以确定汽车维修项目、附加维修作业及其维修方法。

(3)清点汽车进厂送修前的装备残缺情况,清点随车物件及存油等,做好送修车辆的进厂交接。

2)汽车维修过程检验

它是指在维修过程中,对每一道工序的加工质量、零部件质量、装配质量等进行的检验。汽车维修过程检验可分为:零件分类检验、维修工艺简单检验、关键工艺的质量检验与总成验收等。

(1)零件分类检验。零件分类检验对汽车维修质量和维修成本有着直接的影响,是汽车维修过程中的重要工序。它是指汽车全部解体并清洗后,根据零件的损伤程度和零件分类检验规范,依据汽车维修技术规范,将所有零件分为可用、可修和可换三类,其中:凡零件损伤尚在使用允许范围内的视为可用件;凡零件损伤超过使用允许值,但仍可修复使用的视为可修件;凡零件损伤严重已经无法修复或者修复成本太高的则视为可换件。

(2)维修工艺监督检验。汽车维修工艺监督检验是指汽车解体、维修、装配,直到汽车修竣竣工出厂全过程中的质量监督与质量检验。

3)汽车维修竣工出厂检验

它是指送修的车辆经过解体、清洗、修理、装配实验及总装以后,对整车进行静态和动态的检查验收,是对汽车维修竣工后鉴定汽车维修质量的综合性考核。通过检查验收,发现缺陷及时消除,使车辆达到整齐美观,机件齐全可靠,操纵灵活,轻便舒适,经济性好,动力性强,技术性能达标,使用户满意。

汽车维修出厂检验可分为初检、复检和路试三个阶段。初检通常由车间检验人员负责,复检及路试由出厂质量检验人员会同用户共同进行,并代表厂方向用户交车;若在此过程中所发现问题应作为汽车维修过程中的质量问题,责令主修人或主修班组予以返修。

在竣工检验和验收后,应由总检验员填好出厂检验记录,签发《竣工检验出厂合格证》、并收集汽车在维修过程中发生的所有原始记录及技术资料,签发《汽车出厂合格证》,代表厂方办理车辆出厂交接手续。

《中华人民共和国道路运输条例》明确规定:“机动车维修经营者对机动车进行二级维护、总成维修或者整车修理的,应当进行维修质量检验。检验合格的,维修质量检验人员应当签发机动车维修合格证。”因此,汽车维修质量检验是汽车进行二级维护、总成修理及整车修理过程中的法定程序,汽车维修企业必须严格执行。

2 按检验职责分类

按检验职责分为工位自检、工序互检和专职检验,又称“三检制度”。这是我国目前普遍实行的一种检验制度。

(1)自检。自检是维修工人对自己所承担的作业项目进行自我检验,即“自我把关”。

(2)互检。互检是维修工人相互(如上道工序、下道工序间)对所承担的作业项目进行互相检查。互检的形式有:班组质检员对本组工人的抽检、下道工序对上道工序的检验等。

(3)专职检验。专职检验是专职检验员对维修质量、入库材料配件等的专门检查验收。其中包括:对维修过程工序的检验,对材料、配件的入库检验,对竣工车辆的出厂检验等。专职检验点的设置和人员配备一般要参照三个因素:一是质量容易波动,对质量影响较大的关键工序;二是检验手段或检验技术比较复杂,靠自检、互检无法保证质量的工序;三是生产过程的末道工序,竣工出厂或以后难以再检验的项目。

3 按检验对象分类

按检验对象分为维修质量检验,自制件、改装件质量检验,原材料及配件质量检验,机具设备、计量器具质量检验等。

进行汽车维修质量检验应做好检验记录。汽车维修进厂检验记录单、过程检验记录单及竣工检验记录单,是汽车维修质量检验的基础原始记录,必须认真填写,及时整理,妥善保管。

二 方法与步骤

1 质量检验方法

汽车维修质量检验的方法有两种:一是传统的经验检视方法,主要凭感官检查、判断,带有较大的盲目性;二是借助于各种量具、仪器、设备对其进行参数测试的方法,可通过定性或定量的测试和分析,准确地评价和掌握汽车技术状况,随着现代科学技术的进步,特别是汽车不解体检测技术发展,使得汽车各种性能的检验更安全、迅速、准确。

经验检视诊断法主要用于检验车辆的外观清洁、车身的密封和面漆状况、灯光仪表状况、各润滑部位的润滑情况,以及各螺栓连接部位的紧固情况等项目。

仪器设备检测诊断法是现代汽车维修质量最主要、最基本的检验方法,汽车大修、总成大修和二级维护等作业中的主要检测项目都必须采用仪器设备检测诊断法进行检验。

2 质量检验的步骤

1)明确汽车维修质量标准

根据汽车维修技术标准和考核汽车技术状态的指标,明确检验的项目和各项质量标准。

2）测试

用一定的方法和手段测试维修汽车或总成有关技术性能参数，得到质量特性值。

3）比较

将测试得到的反应质量特性的数据同标准质量做对比，确定是否符合标准。

4）判定

根据比较的结果判定汽车或总成维修质量是否合格。

5）处理

对维修质量合格的汽车发放汽车维修竣工出厂合格证，对不合格的维修汽车，记录所得到的数值和判定的结果，查找原因并进行反馈，以便促使维修工序改进质量。

三 基本要求

1 工作的基本要求

（1）明确检验员的岗位职责，既具有职责和权限，又要有相应的考核办法。

（2）质量检验应该制度化和规范化，以《汽车维修技术标准》为依据，制定严格而明确的检验规范及验收标准。

（3）收集和积累维修质量信息，从而为加强质量管理、控制产品质量做好参谋。

2 检验人员的职责

（1）质量检验员的职责：

①保证职能。即在汽车维修企业，保证不合格的总成或零部件不装车使用，不合格的竣工车辆不放出厂。

②预防职能。质量检验除了检验车辆质量外，还要及时发现质量隐患，并及时找出原因，采取相应预防措施，改进汽车维修质量。

③信息职能。通过及时反馈质量信息，以加强企业的质量管理和质量监督。

（2）总检验员的职责：

①做好质量检验工作，包括负责汽车维修竣工车辆的最后检验，认真填写汽车维修竣工检验单，签发《汽车维修竣工出厂合格证》。

②抓好关键工序的质量检验及重要总成的装配验收，并深入、指导和监督汽车维修全过程，做好汽车维修全过程中的技术参谋。

③鉴定和处理车辆返修及技术责任事故，分清事故责任、采取补救措施，认真填写《汽车返修记录》。

四 检验标准

汽车维修标准和技术规范是进行汽车维修质量检验的依据。汽车维修企业和汽车维修质量检验人员必须认真贯彻执行国家和交通运输部颁布的汽车维修有关技术标准和技术规范以及相关的地方标准，严格按照标准和技术规范指导汽车维修作业和汽车维修质量检验，保证汽车维修质量。有条件的企业还应当依据国家标准、行业标准、地方标准的要求制定企业技术标准，不断提高汽车维修质量。

其他相关标准还有国家、交通运输部发布的各项汽车修理技术条件、机动车运行安全技术条件、机动车排放标准及测量方法、机动车允许噪声及测量方法等。

案例分析

某运输企业的一辆空调大客车在二级维护时，维修人员忽视了转向横拉杆球形节的检修工作，检验人员也没有检查横支拉杆及球形节状况，结果导致汽车在运输途中因球形节紧固螺栓锈蚀、螺纹拉损，从而切断安全销，球形节脱落，致使汽车方向失控而翻车，造成严重的机械伤亡事故。这说明，维修质量检验工作一定要严谨。

五 考核与评价

1 汽车维修企业质量考核

汽车维修质量的考核指标通常包括产品合格率、项次合格率、返工率、返修率、一次检验合格率。汽车产品合格率与项次合格率属于产品质量指标，用以考核汽车维修企业整体产品质量；返工率、返修率、一次检验合格率、用户满意度等属于汽车维修企业内部员工的工作质量标准，用以考核汽车维修企业汽车维修人员及质量检验人员的工作质量。

1）项次合格率

项次合格率是指在维修质量检查中检查合格的项次数之和与检查的项次数和的比率。

$$项次合格率 = \frac{外购件或外协件质量合格率}{外购件或外协件总数} \times 100\%$$

2）返工率

返工率是指汽车维修过程中，因工序互检不合格而造成的返工次数，占工序总移交次数的百分率。

3）返修率

返修率是指汽车维修竣工出厂后，在质量保证期内，由于汽车维修质量或汽车配件质量不合格所造成的返修次数，占汽车维修企业同期维修车辆总数的百分率，它通常用于月、季、年度质量考核。

$$车辆返修率 = \frac{返修辆次}{当期维修总辆次} \times 100\%$$

4）一次检验合格率

一次检验合格率是指在汽车维修过程中或汽车维修竣工时，交付专职检验“一次合格”所占的百分率。一次检验合格率是考核汽车维修企业工作质量的综合性指标。

$$一次检验合格率 = \frac{一次检验合格辆次}{当期维修总辆次} \times 100\%$$

5）用户满意率

用户满意率是指用户对汽车维修服务的技术、时间、费用的要求，以及维修服务的方便性和服务态度等方面的满意程度。即用户比较满意的车辆次数在总修车辆次数中的比例。

$$用户满意率=\frac{用户满意车辆次}{总修车辆次}\times 100\%$$

2 汽车维修企业质量评价

汽车维修质量通常以零件修复质量、总成装配质量与汽车装配质量来评价。

■零件修复质量

●形位公差，它决定着装配后相关总成的工作状况和工作性能。

●结合强度，倘若修复层结合强度不够，便会在使用中出现修复层脱离和滑圈等，从而引起新的故障。

●耐磨性。

●疲劳强度，是考核零件修复质量的重要指标。

●平衡程度，是旋转零件修复质量中的重要指标，决定着汽车或发动机的工作平稳性和使用可靠性。

■总成装配质量

●总成装配清洁度，主要以被检总成的被检部位在装配后清洗下来的杂质总量计算。

●总成装配精度，是指按规定技术要求装配后，所能达到的尺寸精度，包括配合精度、形状位置精度和动平衡精度等。

●储容件密封性，是指用以盛装液体或气体的零部件及其管路在装配后的接合面密封程度。

●总成承载能力，是指总成内零件承受荷载的工作能力。

●振动和噪声，是指总成因装配间隙调整不当或者因零件不平衡而运转时出现的振动和噪声。

●功率损耗，是指总成在运转时因机械摩擦而引起的功率损耗。

●排放浓度，是指发动机有害排放物浓度。

第四节　汽车维修行业的质量监督

一　质量监督的作用

通过对汽车维修企业和个体业户的监督检查，可以保证国家有关方针、政策、法律、规章制度的正确贯彻执行，规范行业经营活动，保证公平竞争，促进汽车维修行业的健康发展。

(1)保护经营者的合法性。通过有关部门的监督，处罚和取缔无证无照经营业户，限制超范围经营，使合法经营者的权益得到保护。

(2)保障客户的合法权益。通过监督检查，保证修车质量，使客户的合法权利得到保证。

(3)开展企业间的公平竞争。通过监督检查，促进同行间的公平竞争，促进服务质量的提高。

(4)获取信息资料。通过监督检查,可以掌握企业的共同点,为制定相应的法规、政策,改善企业的经营服务,打下良好的基础。

二 质量监督的方法及内容

1 质量监督的内容

1)经营资格监督

按照新的《汽车维修业开业条件》监督维修企业和业户是否具备经营条件;经营者是否具有经营许可证,是否按维修业划分等级,按规定的经营范围合法经营。

2)市场行为的监督

(1)维修企业是否公平竞争,有无采取不正当手段争揽维修业务的行为。

(2)有无违反国家财务规定,如乱收费、偷税、漏税等行为。

(3)维修质量是否合格,是否存在以旧代新、以次充好的问题。

(4)是否文明经营、优质服务、认真对待和解决用户投诉。

(5)厂方与客户是否履行合同,并承担相应的责任与义务;维修处理是否有质量保证期。

3)市场秩序的监督

市场秩序的监督,主要是指维修管理部门对国家公布的相关法规、规范贯彻和执行情况的监督和检查。

2 质量监督方法

目前,各级道路运政管理部门对汽车维修行业进行质量监督主要采取以下办法:

(1)实施汽车维修质量抽检制度。各级道路运政管理部门定期对管辖区域内各汽车维修企业进行抽检,并规定到指定的质量监督检查站进行维修竣工质量检测。同时,加强对各企业维修汽车送检合格率进行统计分析和考核。

定期检查:根据管辖区域内的具体情况,政府监督部门形成的制度化检查。如对汽车维修行业进行的季检、年检。

非定期检查:政府监督部门对汽车维修行业进行的临时性抽查。如发现维修行业的某一问题时,组织有关专家进行的审查。

个别审查:政府监督部门在发生厂方与客户纠纷时,或接到群众举报或投诉,对个别厂家、个别事件进行的调查。

(2)加强质量检验员考核。通过加强对汽车维修企业质量检验员年度审查,对检验员进行有关维修汽车送检记录及维修合格证发放台账记录等考核,以提高监督效果。

(3)开展维修质量创优活动。在行业内开展企业维修质量创优活动,对优质修车企业及个人,要及时表彰。

三 质量投诉处理与执法检查

1 汽车维修的投诉处理

(1)汽车维修的监督部门,应设置公开投诉电话、电子邮箱、通信地址,以确保投诉渠道通畅。

(2)有下列情况之一应移交相关部门处理,并说明理由:

①仲裁机关或人民法院已经处理或受理该投诉事项的。

②其他行政管理部门或者消费者权益保护组织已经依法受理该投诉事项的。

③超越受理机构职权范围的。

④被诉方因注销、歇业等无法查找的。

⑤不提供与投诉内容相关材料的。

⑥法律、法规、规章规定不能受理的。

(3)受理投诉时,应当登记投诉人姓名、单位、联系方式、被投诉人姓名或单位、地址、投诉内容、理由和有关材料。

(4)受理投诉后,应对相关证件进行保存,封存维修档案,应查清事实,分清责任,依法处理。

(5)投诉处理应在45 日内完成;情况复杂的,经批准在60 日内完成。

(6)投诉人对处理结果不服的,投诉调解未达成协议或某方不履行协议的,当事人可依法申请仲裁或提起诉讼。

2 汽车维修的执法检查

(1)对执法人员开展法制知识、维修管理业务的培训、考核。

(2)监督执法机构应建立健全内部执法监督制度,实行执法责任制和执法过错责任追究制。

(3)监督执法机构尽可能采用现代信息技术手段。

(4)监督执法人员。可行使以下职权:

①询问当事人或有关人员,并要求其提供与违法违规有关的证据材料。

②查询、复制与违法违规行为有关的维修台账、票据、凭证等资料,并核对与违法违规有关的技术资料。

③在违法行为查获地进行摄像取证。

(5)维修企业或业户,应当自觉接受执法人员检查,积极配合提供相关资料。

(6)汽车维修监督,不得妨碍厂家正常工作,不得索取或收受经营者财物,不得谋取部门和个人利益。

【复习思考题】

1. 什么是全面质量管理,它包括哪几方面内容?有何特点?

2. 全面质量管理的特点是什么?

3. 简述PDCA 管理的八个步骤及特点。你怎样理解PDCA 循环大环套小环的特性?简述PDCA 管理的八个步骤及特点。

4. 如果你是一个企业的负责人,如何做好企业的质量管理工作?

5. 汽车维修有几类检验方法?

6. 汽车维修企业质量管理的内容包括哪些方面?

7. 汽车维修质量检验分哪几步进行?

8. 汽车维修企业推行ISO 质量认证体系有何重要意义?

9. 汽车维修行业的质量监督的内容有哪些?

10. 质量检验的评价指标有哪些?

第七章　人力资源管理

学习目标

通过对本章内容的学习，你需要：

1. 了解人力资源管理的概念及内容，掌握各类汽车维修企业组织结构；

2. 掌握汽车维修企业人力资源规划的主要内容，需求与供给的相关管理办法，规划的相关程序；

3. 熟悉汽车维修企业招聘的方法，实施步骤及基本要求，考核与评价的相关指标及计算方法；

4. 熟悉汽车维修行业绩效考核的含义及程序；全面掌握绩效考核的几种方法；

5. 了解薪酬管理的含义及内容。

第一节　人力资源管理概述

一　人力资源管理的概念

人力资源是指能够推动生产力发展、创造社会财富的具有智力劳动和体力劳动能力的人们的总称。人力资源管理是对人力资源的取得、开发、保持和利用等方面所进行的计划、组织、领导和控制的活动。

二　人力资源管理的意义

“人是企业中的最大活资产”。做好人力资源管理，可以使员工的个人价值发挥到最优，给企业创造更大的价值。因此只有调动企业全体员工的主观能动性，企业才能有人气，才能真正地得到发展。

人力资源管理的意义：

(1)在人力资源方面确保实现汽车维修企业的目标。

(2)具体规定了在人力资源方面需要做的工作。

(3)对汽车维修企业需要的人力资源作适当的储备。

(4)使管理资源开发与管理的目标更加清晰。

三 人力资源管理的目标

(1)最大限度的满足企业人力资源的需求,保证企业的正常运作。

(2)最大限度的开发与管理企业内外的人力资源,促进企业的持续发展。

(3)最大限度的维护与激励企业内部人力资源,充分发挥员工潜能,使人力资源得到应有的补充和提升。

(4)最大限度的利用人力资源规律和方法,正确处理人际关系,实现最优组合。

(5)最大限度的保证人力资源环境,确保生产安全,避免事故的发生。

(6)最大限度的提高劳动生产效率,尽量以最小、最合理的投入获得最佳的经济效益。

(7)最大限度的遵循价值杠杆原理,发掘人、使用人、培养人、留住人。

(8)最大限度的研究、分析企业生产和规模效益的配比关系、精心进行岗位设计,达到职数和职位的合理、科学配置。

(9)最大限度的从战略高度前瞻企业发展前景,准确预测企业人力资源、目标,制定资源规划。

(10)最大限度地创造和培养企业家的氛围,塑造良好的企业文化,以利于员工工作、学习和生活。

四 人力资源管理的内容

人力资源管理是企业中专门研究人力资源、调整人际关系、做好人事配合的管理,合理配置企业的人力资源计划,搞活企业的人力资源开发,并激励企业员工的生产积极性,做到人尽其才、人尽其用,提高企业的经济效益和社会效益,进而推动整个企业各项工作的顺利开展,实现企业的总体目标。其主要内容:

1 规划

人力资源部门要认真分析与研究企业的发展战略与发展规划,主动提出相应的人力资源发展规划的建议,并积极制定落实。人力资源部门要积极配合有关部门做好分析、组织、设计工作。

2 分析

人力资源部门应该全面掌握企业工作要求与员工素质状况,及时对那些不适应岗位要求的员工进行调整,使人适其岗,尽其用,显其效。

3 招聘

招聘包括吸引与录用两部分工作。对于那些一时缺乏合适人选的空缺岗位,人力资源部门要认真分析岗位工作说明书,选择合适的广告媒体积极宣传,吸引那些符合岗位要求的人前来应聘,给每个应聘的人提供均等的就业机会。

4 维护

在全部岗位人员到位后，形成优化配置，如何维护与维持配置初始的优化状态，是人力资源管理的核心。

5 开发

人力资源的潜能巨大。有关研究表明，当员工经过一定的努力并适合当前的岗位工作要求后，只要发挥40%左右的能力，就可以保证完成日常任务。

人力资源管理要点

▲选人：招聘、选拔、定岗。

▲育人：岗前培训；业务培训；指导和帮助员工进行职业规划。

▲用人：量才适用、扬长避短、人尽其才；疑人不用、用人不疑、充分发挥其优势；监督检查，奖惩分明。

▲励人：德、能、勤、绩的考核；合理的工资和奖酬；奖励和升迁素质较高、绩效显著的员工；对存在问题的员工提出改进措施。

人力资源开发与管理的措施

▲培养人力资源管理专业人才。

招聘经过人力资源管理专业培养的，精通人力资源管理理论、有丰富人力资源管理经验，同时又懂得人力资源管理操作经验的人力资源管理人才。

▲建立一个现代化的人力资源管理机构。

人力资源管理机构应该是能确定企业在什么样的发展阶段需要什么样的人才、能及时为企业寻找合适的人才、留住人才、发展人才，能对企业的人力资源进行有效配置。

▲汽车维修企业对技术人才的人力资源规划。

▲汽车维修企业对所需的技术人才的招聘。

▲加强员工素质培训，提高员工素质。

▲建立先进科学的绩效评估体系的方法。

▲制定和完善有效的激励机制。

▲重视企业文化的建设。

五 汽车维修企业组织机构

1 组织设置的基本原则及方法

1）基本原则

（1）目标明确。

（2）功能模块清晰。

（3）分工明确。

2)设置方法

(1)工作划分。根据分工协作和效率优先的原则,将汽车维修企业划分为业务接待、维修、质量检验、配件采购管理、会计结算、生活接待等方面的工作。

(2)建立部门。把相近的工作归在一起,在此基础上建立相应部门。根据生产规模的大小,进行部门合并或分开。

(3)确定管理幅度。确定一个上级直接指挥的下级的数目。

(4)确定职权关系。确定各级管理者的职务、责任和权力。

2 常见汽车维修企业组织结构

一个汽车维修企业的管理组织机构,必须根据企业经营方式、规模大小,进行组织机构设计才能达到优化高效。

1)整车维修一类企业

整车维修一类企业规模较大、人员多、专业化程度高。因此,整车维修一类企业的组织机构如图7-1所示。

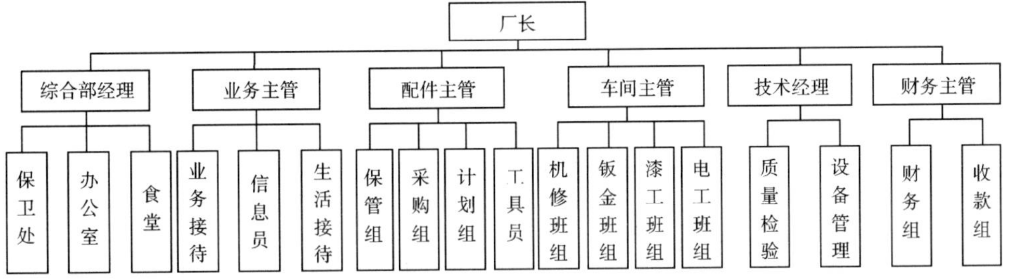

图7-1　整车维修一类企业组织结构图

2)整车维修二类企业组织结构图

整车维修二类企业的组织机构如图7-2所示。

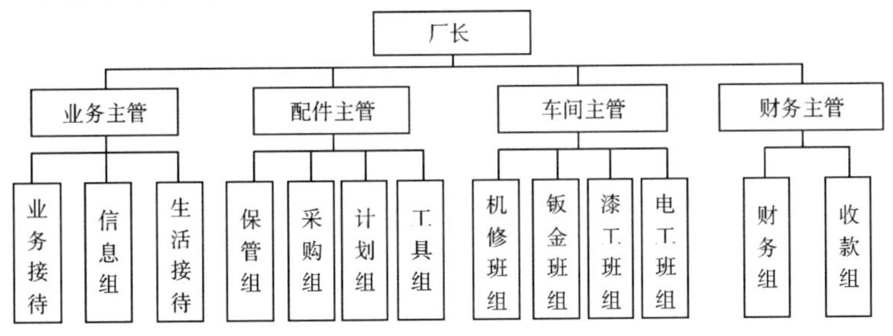

图7-2　整车维修二类企业组织结构图

3)汽车专项维修业户

汽车专项维修业户组织机构如图7-3所示。

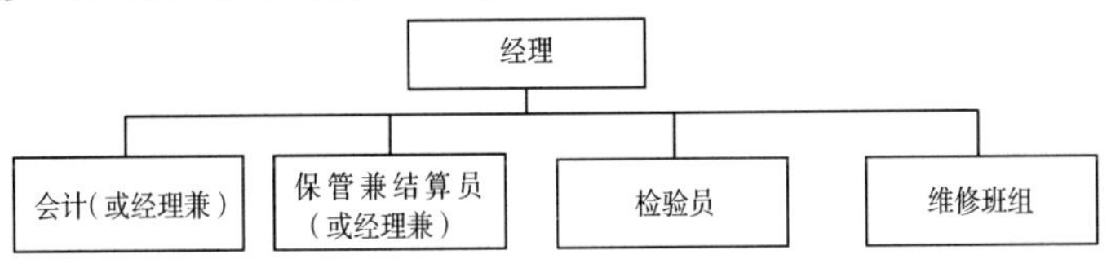

图7-3　汽车专项维修业户组织结构图

4)3S或4S特约服务站常见组织机构形式

3S或4S特约服务站常见组织结构如图7-4所示。

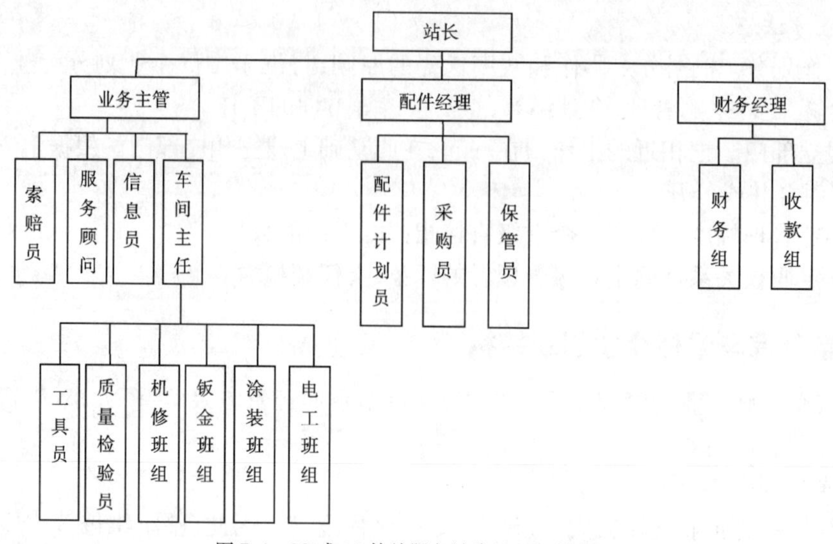

图 7-4　3S 或 4S 特约服务站常见组织结构图

案例分析

某汽车特约维修服务站的员工岗位任职要求见表 7-1。

某特约维修服务站部分岗位的任职要求　　表 7-1

人员	任职条件	工作职责
站长	45 周岁以下，具有 5 年以上从事汽车销售或汽车维修的经验和 3 年以上的企业管理经验。 具有汽车、市场营销或相关专业大学本科及以上文化程度。 有与外部客户高水平接触的经验；与内部客户接触的经验。 有成功的零售商运作的经验；财务及分析工作经验。 在巨大压力情况下仍能保持积极的态度	促成各部门经理的紧密工作和协调部门间的团队合作，以领导团队成员走向成功。 监控公司全部的工作流程，开发团队的能力，使工作因员工生病、假日等而受到的影响减至最低。 分析现行的业务流程和活动是否能满足不断变化的客户需求。 通过会面和客户建立良好的关系，并超越期望值，安抚不满意的客户并解决其抱怨。 指导并发展团队成员与工作相关的技巧，以改善他们的工作表现。 指导团队处理日常工作的问题，使他们有效率的运作达到客户需求。 沟通工作的优先及急缓，以确保最紧急的事情被优先处理。 参加或进行例行的安全会议，以检查工作安全守则。 确认并执行××车的标准，以创造和维持客户关系
配件经理	具有大专以上的学历。 有 3 年以上的汽配供销管理经验，熟悉日前汽配市场行情。 有较强的组织能力和协调能力。 会熟练使用计算机对配件进行管理	负责组织配件人员做好××车服务网会员单位的配件管理工作。 根据××轿车的要求及市场需求合理调整库存，加快资金周转。 负责对店内相关人员进行配件业务培训。 负责协调配件供应商与其他部门的关系。 负责向××车配件部管理部门传递配件市场信息及本店业务信息。 审核、签发配件订单。 参加××车配件管理部门组织的业务培训

续上表

人员	任职条件	工作职责
服务经理	具有大专以上的学历。 有3年以上的汽车修理方面的经验。 具有很强的组织协调能力和指挥能力。 会熟练使用计算机进行管理	开展提高客户满意度的活动： ▲进行客户满意度调查。 ▲客户满意度的总结分析。 ▲针对不足点进行分析。 ▲针对自身优点进行总结。 ▲针对不足之处确定对策。 市场分析： ××车服务网会员单位服务工作计划的修订
索赔员	具有高中以上的学历。 具有三年以上的车辆实际修理经验，有很强的对车辆故障及维修配件进行检查和判断的能力。 坚持原则，能严格按索赔条例及程序处理索赔业务	熟悉制造厂的质量担保工作业务知识。 认真检查索赔车辆，作出质量鉴定。 按照索赔条例办理索赔申请及相应索赔事务。 主动收集、反馈有关车辆使用质量、技术方面的信息。 积极向客户宣传索赔条例
业务接待员	具有高中以上的学历。 具有三年以上的车辆实际修理经验，有很强的对车辆故障及维修配件进行检查和判断的能力。 熟悉计算机操作，能熟练使用办公自动化软件。 很强的与人沟通交谈能力	及时热情的接待客户。 负责建立客户档案和客户车辆档案。 正确检查、判断客户汽车故障并作出估价。 在与客户达成一致后负责填写和签订维修委托书。 做好车辆维修结束后的后续工作
配件采购员	具有中专以上学历，有3年以上汽配工作经验。 熟悉汽车配件，能使用计算机进行操作。 对汽配市场信息较敏感，工作踏实，责任心强	熟悉本中心车辆维修业务需求，合理安排库存，确保售后服务中心业务的正常开展。 根据有关配件计划、订购的规定，开展配件的计划、订购工作，正确、及时填写和传递配件订货单。 对配件供应的及时性、正确性负责，并保证订购正规厂家的配件。 跟踪保证金余额，遇到保证金不足状况及时向配件经理汇报
配件销售员	具有中专以上学历，有3年以上汽配工作经验。 熟悉汽车配件，能使用计算机进行操作。 对汽配市场信息较敏感，工作踏实，责任心强	熟悉汽配市场的需求，合理开展配件的销售工作。 保证向客户提供纯正的配件。 发现非纯正配件，按规定及时向汽车制造厂售后服务部门汇报。 及时向汽车制造厂售后服务部门汇报有关配件销售方面的市场竞争
配件收发员	具有中专以上学历，有3年以上汽配工作经验。 熟悉汽车配件，能使用计算机进行操作。 工作踏实，责任心强	负责配件的仓储收发管理及库存盘点。 及时向配件计划员通报配件库存情况。 及时向配件计划员通报新到配件损坏情况，并按要求组织破损件的回运

续上表

人员	任职条件	工作职责
会计结算员	经专业培训并取得会计证。 有3年以上的会计、结算工作经验。 为人诚实,作风正派	售后服务中心业务结算。 会计报表制定和年度会计总结等
安全管理员	具有三年以上的车辆实际修理经验,有很强的对车辆故障及维修配件进行检查和判断的能力。 有安全生产、环境保护方面的工作经验。 有一定的管理能力和较强的组织协调能力	车间维修人员的工作安排。 维修车间的现场技术指导。 维修车间的安全生产和环境保护。 负责同汽车制造厂售后服务科联系,以得到技术援助
信息系统管理人员	具有大专以上的学历。 熟悉计算机网络的运作及系统	负责售后服务中心计算机系统运作及日常维护。 做好售后服务中心网络操作人员的工作指导
维修人员	具有技术等级证书。 具有三年以上的车辆实际修理经验,有很强的对车辆故障及维修配件进行检查和判断的能力	车辆维修。 做好车辆维修后的后续整理工作。 严格遵守标准维修程序。 熟悉质量担保工作业务知识,认真检查索赔车辆,有问题及时反馈给有关人员
质检员	经交通主管部门专业培训、考核并取得质量检验员证书。 经正规驾驶培训,取得中级以上驾驶人技术等级证书	维修车辆的质量检验及反馈,保证维修质量
服务质量跟踪员	具有中专以上的学历。 具有3年以上汽修方面的工作经验,有较强的与人沟通能力	服务质量跟踪及协调

第二节　人力资源规划

一　人力资源规划的主要内容

人力资源规划是通过科学的预测和分析本企业在外界环境变化中的人力资源供给和需求的状况,制定必要的措施和政策,以确保自身在需要的时间和需要的岗位上获得各种需要的人才,从而实现企业的经营目标。

其规划的主要内容包括以下几方面:

(1)人力资源管理的总体目标和配套政策的总体规划。

(2)中长期不同职务、部门或工作类型人员的配备计划。

(3)需要补充人员的岗位、数量,人员要求确定及招聘计划。

(4)人员晋升政策,轮换人员岗位、实践计划。

(5)培训开发计划、职业规划计划。

二 人力资源需求与供给预测

▲现状预测法

当前企业人力资源以岗位配置为基础,以发展期需求为条件。

预测哪些人晋升、降职、调整、退休、离职。

增加或减少岗位数。

该种方法适用于小型维修企业预测短期人力资源规划。

▲经验预测法(定性分析法)

根据以往经验进行预测。

该种预测方法受人的经验不同影响,可能误差较大。为了避免过大的误差,首先要求历史档案齐全完整,再则采用多人集合预测,可以减少误差。

该种方法适用于较稳定的维修企业的中、短期人力资源预测。

▲外部供应量预测

一般情况下,外部供应量具有很大的不确定性,误差较大,也是难以避免的,所以预测时务求详尽,多考虑一些可能出现的问题,如人口数量、结构状况、年龄段分布、专业设置、毕业生数量、就业理念、外地人口流入趋向、行业竞争、经济景气指数、政策变动、户籍制度改革力度等。

外部供应量预测的重点应侧重于关键人员。如经理、专业管理人员和高级技术人员等。

▲内部人员拥有量预测

依据维修企业现有人力资源及其未来变动情况时间段内的人员拥有量进行预测。

▲外部供应量预测

一般情况下,外部供应量具有很大的不确定性,误差较大,也是难以避免的,所以预测时务求详尽,多考虑一些可能出现的问题,如人口数量、结构状况、年龄段分布、专业设置、毕业生数量、就业理念、外地人口流入趋向、行业竞争、经济景气指数、政策变动、户籍制度改革力度等。

外部供应量预测的重点应侧重于关键人员。如经理、专业管理人员和高级技术人员等。

三 人力资源供求平衡方法

一般来讲,汽车维修企业实现人力资源供求平衡的方法大致如下。

1 人力资源供给不足时的解决办法

(1)增加员工的数量。通常可以通过以下途径解决:寻找新的员工招聘来源;增加对求职者的吸引强度;降低录用标准;增加临时性员工或使用退休员工等。

(2)提高员工的生产率或增加他们的工作时间。其方法主要是培训、新的工作方案设计、采取补偿政策或福利措施。

(3)进行岗位设计修订,提高劳动生产率。

(4)制定全日制临时工计划。

2 人力资源供给过剩时的解决办法

(1)提前退休。制定相应的政策鼓励提前退休或内退。

(2)减少人员补充。出现员工离职、退休时,对空闲的岗位不进行人员补充。

(3)采用轮休制。维修企业出现短期人力过剩的情况时,增加无薪休假的方法比较合适。

(4)提供新的就业计划,让企业的供应商等上游合作伙伴以比较低廉的费用使用闲置劳动力。

(5)裁员。

3 汽车维修企业留人的方法

(1)一名员工离职后,企业从招聘员工到员工完全适应岗位,整个替换过程的成本就高达离职员工薪水的1.5~2.5倍,优秀人才的替换成本则更大。因此,留住人才是企业越来越关注的问题。

(2)职业发展留人。企业指导员工的职业生涯设计并与员工共同努力,促进计划的实现。

(3)企业发展留人。企业制度有明确的发展战略目标,并使员工感受到他们的工作与实现企业的发展目标是息息相关的。

(4)公平竞争机制留人。企业内部建立健全各种制度,努力促进公平竞争。

(5)高薪留人。

(6)“超弹性工作时间”留人。

(7)“沉淀福利”制度留人。员工实行年薪制,当年只能拿走一部分,剩余部分沉淀下来。

四 人力资源规划的程序

汽车维修企业人力资源规划工作,是一个从收集信息和分析问题,到找出问题解决办法并加以实施的过程,人力资源程序如图7-5所示。

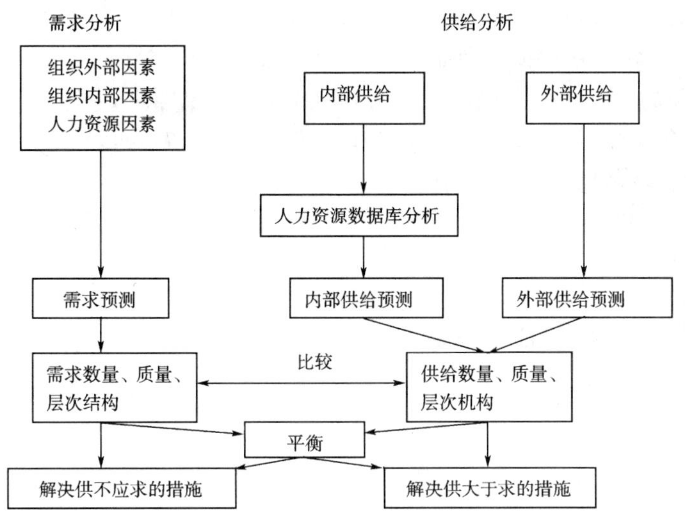

图 7-5　人力资源规划程序示意图

(1)调查搜集和整理相关信息。影响汽车维修企业经营管理的因素很多,如市场占有率、销售方式、技术的先进程度以及企业经营环境等,这些因素都会影响企业制定规划,必须加以考虑。

(2)了解汽车维修企业现有人力资源状况。人力资源状况包括现有人员的数量、结构及人员分布状况。汽车维修企业应当弄清这些情况,为人力资源规划工作做好准备。

(3)分析影响人力资源需求和供给的相关因素。进行人力资源供求关系的预测,即采用定性和定量相结合的预测方法,对维修企业未来人力资源供求进行分析和推断。

(4)制定供应关系的总计划和各项业务计划。结合实际,充分利用各种条件,制定人力资源供求关系的总计划和各项业务计划,并提出调整供求关系的具体政策措施。

(5)对人力资源规划进行审核、评估,以进一步改进工作。制定的人力资源规划在执行过程中必须加以调整和控制,使之与实际情况相适应。人力资源规划的控制包括两方面内容:一是整体性控制,使人力资源规划与汽车维修企业经营计划一致,与汽车维修企业内外部各方面一致;二是操作性控制,即对人力资源规划的实施情况进行跟踪与控制,考察人力资源管理活动是否按规划进行。

五 团队建设

当人员能够满足企业发展需求时,面临着如何建好和管理好一支团队。企业的团队战斗力,不仅取决于每一名员工的战斗力,也取决于领导与领导之间、领导与员工之间、员工与员工之间的相互协作、相互配合的团队战斗力。高绩效团队建设可以建立一种以价值观为基础的劳资关系,培养出有强烈团队意识和高忠诚度的员工。

1 如何建立高效的工作团队

(1)良好的工作环境做支撑。为了创造一种高绩效的团队,管理层应该有良好的工作环境做支撑,包括:肯定员工的工作能力、倡导成员多为集体考虑、有充足的空间供大家交流等。

(2)团队成员的自豪感。从创建公司的形象系统，到鼓励各部门、各项目小组营造一种自豪感的团队文化，都会对团队的创造力产生积极的、深远的影响。

(3)员工匹配的工作角色。团队成员必须具备履行工作职责的能力，并且善于与其他团队成员合作。只有这样，每一位成员才会清楚自己的角色，清楚自己在职能流程中的工作位置，团队成员才能各自发挥自己的作用。

(4)合理的团队目标。

(5)正确的绩效评价。

2 团队领导应具备的基本素质

一个团队能不能越来越高效，关键是团队领导的带动与引导，这就需要团队领导进行自我提升和自我修炼。

(1)心胸开阔，要有良好的人格形象。

(2)永远把企业的地位放在第一位。

(3)善于识别人才和选拔任用人才。

第三节　人力资源的招聘与培训

一 人力资源的招聘

企业的生存与发展是以人为基础的，企业员工的素质在一定程度上决定企业的命运。对汽车维修企业来说，劳动力报酬是企业最大的固定支出，给无事可做的维修工开工资对企业老板来说也不是一件轻松的事情。因此，招聘员工一定要将最优秀的人才选拔到空缺岗位上。

1 招聘形式

现代维修企业招聘员工一般采取公开招聘的形式：

(1)采用报纸、电台、广播、网站刊登广告。这种方式宣传力度大，人员来源广，选择余地大，有利于找到优秀人才。

(2)直接到学校招聘。这样招聘的员工易于管理，有上进心，思想素质高，厂规厂纪、工作职责、工作流程等可以从零开始培训。图7-6所示为某汽车维修企业到学校进行校园宣讲会。

图7-6　某汽车维修企业校园宣讲会现场

(3)委托中介机构。这样做可以节省企业的人力物力。

(4)张贴海报。这种方式比较适合企业内部招聘。

(5)人才市场招聘。

2 招聘原则

许多汽维修企业在招聘人才时,通常会多招聘一些,然后通过试用、实践和考察进行逐步淘汰,形成经营队伍,但这种做法风险很大。如果在处理员工的辞退时不合理,会给企业造成沉重的代价。

▲以岗定员

汽车维修企业在招聘员工时,应根据人才需求按照事先确定的岗位,并结合人力资源规划,确定企业要招聘员工的人数和素质要求。

▲双向选择

招聘与应聘双方处于平等的地位,企业应充分了解应聘者的文化水平、技术技能、社会经历,并向应聘者详细介绍企业的生产现状、发展前景、用人要求及员工福利待遇;同样,应聘者应向企业推销自己,介绍自己的特长并提供相关证件,还要对企业进行考察,充分了解应聘岗位的职业要求和职业发展前景,从而做到企业与应聘者的双向选择。

▲公开公正

公开招聘应坚持德才兼备的用人标准,贯彻公开、平等、公平、择优的原则。

3 招聘程序

招聘员工的基本程序见表 7-2 。

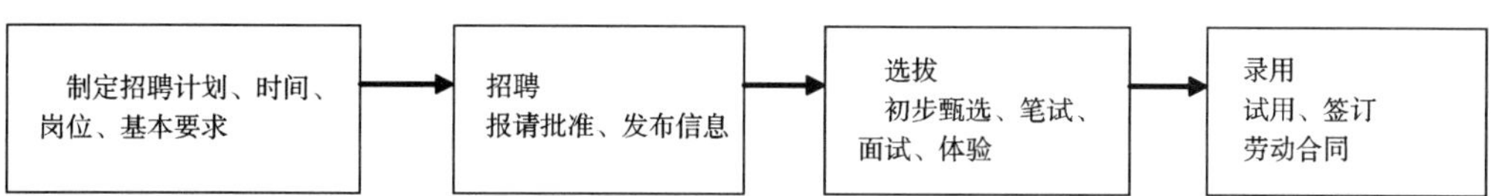

招聘员工的基本程序 表 7-2

基本步骤	内容及具体要求
制定招聘计划	根据业务发展需求情况,提出需招聘岗位名称、基本要求
报请批准	人力资源部门根据各部门的申请,写成招聘计划报企业高层管理者批准
发布招聘信息	注明岗位名称、人员要求
初步甄选	初步筛选求职简历,以获取应聘者信息,对不合格者予以淘汰
笔试	主要测试应聘者的基本技能
面试	与应聘者面对面的交流,客观的了解应聘者的知识水平、工作履历、求职动机、个人素养等情况
录用人员体检	
试用	试用期一般为三个月,并签订使用合同; 试用的目的在于补救甄选中的失误
录用、签订劳动合同	对试用合格者予以录用,正式签订劳动合同

案例分析

某汽车销售服务有限公司的招聘员工具体程序和考核内容如下:

招聘程序:凡应聘人员需填写求职申请表,经面试和考试合格,办妥有关手续后方能使用。

使用:新聘人员需进行3个月的试用,并签订试用合同,享受试用期工资待遇。试用期满,作去留决定。如需继续考察,采用延长试用期。合格者签订正式员工合同,享受正式员工待遇。

试用期解约:试用期内任何一方提出解约,均需提前通知对方,不需任何补偿。1个月内提前1天;2个月内提前2天;3~6个月内提前7天。

试用期培训:试用期内,需要进行培训的,应签订培训合同,并标注培训时间、内容、培训费用等。该企业招聘员工素质考核表见表7-3。

拟招聘员工综合素质考核表 表7-3

分类		评定内容	分数
工作态度	1	不迟到、不早退、不缺席	
	2	工作态度认真	
	3	做事敏捷、效率高	
	4	尊重领导、及时向领导报告工作进度	
	5	责任感强、能完成交付的工	
基础工作能力	6	精通职务内容、具备处理事情的能力	
	7	掌握职务上的要点	
	8	善于安排工作、准备工作有条不紊	
	9	严守报告、联络、协商的原则	
	10	在规定时间内完成工作	
业务数量程度	11	掌握工作进度	
	12	善于与客户沟通	
	13	高效率完成业务	
责任感	14	勇于面对艰难的工作	
	15	用心处理事情,避免过错发生	
协调性	16	重视与其他部门的协调	
	17	做事冷静,不感情用事	
	18	与别人配合,和睦工作	
	19	在工作上乐于帮助同事	
职业规划	20	审查自己的能力,并学习新知识、新技术	
	21	以广阔的眼光来看自己与企业的未来	
	22	有长期的职业目标或计划,并付诸实施	
	23	即使是自己分外的事,也能提出建议	
评价分数合计			
考核组评议			

二 人力资源的培训

在经济全球化、贸易自由化、资本多元化、信息网络化的今天，企业要发展，要在竞争中取得优势，“人”的因素至关重要。员工培训是企业持续发展的重要保证，更是实施管理的重要补充。只有一个真正重视“员工培训”的企业，才能真正做到“以人为本”，才可增强企业的竞争力，图 7-7 所示为某企业在自己的文化中强调了要对员工加强培训。

图 7-7　某企业文化中显示了对员工培训的重视

中国的汽车维修市场正逐步走向国际化的轨道，成为全球市场的一部分，面对市场环境的变化，对中国汽车维修企业的要求越来越高，必须坚持干啥学啥、缺啥补啥、实用够用、学以致用的原则，重视人才建设问题，为企业培育大量的维修技术人才。

1 人员培训的必要性

人员培训的必要性

▲可以使员工适应环境变化的需要

■汽车维修企业的发展和调整呈快节奏趋向，环境变化迅速。

■汽车的发展速度加快，原有的维修知识和技能也随之老化。

▲汽车维修企业适应市场经济的要求

■市场经济使人才的竞争加剧。

■市场迅速变化要求员工要很快适应，最有效的办法就是重新培训员工。

▲可以帮助企业提高效益

■培训虽然需要花钱，通常情况下可使企业总体效果倍增。

■员工培训不但可在短期内见效，而且对企业长期发展更能带来不可估量的价值。

2 人员培训的内容及类型

(1)岗前培训。

岗前培训

▲思想素质教育、职业道德；
▲本企业基本状况；
▲本企业的厂规厂纪；
▲岗位基本知识和基本技能；
▲汽车维修技术要求和技术标准；
▲汽车维修质量自检方法和要求；
▲汽车维修工艺规范和安全操作规程；
▲有关业务和作业的常规情况介绍；
▲生活起居的具体情况；
▲作息时间。

(2)日常培训。

日常培训

▲汽车专用知识

汽车结构原理、汽车维修知识、通用工具使用、安全操作规程、维修质量检验、零件质量鉴定等。

▲企业管理知识

政策法规、企业管理、市场动态。

(3)潜能培训。

潜能培训

▲思维训练——主要是为了改变受训者固有的、陈腐的、僵化的思维方法，培养其从新的角度、立场考虑问题，具有创新意识。

▲观念训练——主要是为了改变受训者原有的、传统的、守旧的观念，接受新知识、新思想、新观点，适应新环境、新潮流。

▲心理训练——主要是为了消除受训者的心理障碍，开发、磨炼、提高其心理承受能力，锻炼感悟敏感性和多方位性，进一步挖掘人的固有潜能。

(4)技术业务培训。在技术培训时要根据不同的年龄、文化层次、岗位技术等级和实际工作需要等采取不同的培训方法。

▲技工培训

●汽车维修必须掌握的基本知识和基本技能。

●汽车维修职业等级鉴定或晋级的理论知识和操作技能。

●汽车新技术、新工艺、新材料、新设备、新工具的原理、作用、结构以及鉴别、运用、维护、修理等知识和实际操作技能。

●汽车维修有关的安全、环保、消防知识和要求。

●汽车维修有关的危险物品(危险货物运输车)处置的知识和要求。

●汽车救援知识和要求。

●相关学科知识。

▲技术人员培训

●汽车维修生产的专业技术知识。

●汽车维修过程中所存在的疑难杂症诊断、修复方案及其维修技术。

●汽车维修技术管理知识和能力。

●汽车维修技术定额的制定和考核知识及管理能力。

●汽车维修设备、仪器、工具的结构、原理、功能及其使用、维护、鉴定等知识和技能。

●汽车技术检测知识及其运用技术。

●汽车配件、材料的检验、储运知识。

●汽车维修辅助材料的功能、选择知识及技能。

●汽车维修技术标准及技术最新动态和情报。

●汽车维修有关的安全、环保、消防知识和要求。

●汽车相关学科知识等。

▲管理人员培训

●汽车及汽车维修的一般性知识。

●企业管理的一般性知识及汽车维修企业的特点。

●经营知识和实施技巧。

●国家政策、法律、法规、条例、标准等知识。

●其他相关知识等。

案例分析

上海大众设有培训部,下设“职前”与“职后”两个培训职能机构。每一天大约有几百人参加职前培训或在职培训。它的职前培训大致是:理论学习与技能培训同步进行。技校学习是其中重要的一种,学习内容不局限于一个工种,较为全面。经过三年的学习,可以实现“一专多能”。优秀毕业生在生产岗位工作几年后,可以继续深造。在职培训是:结合本部门的实际需要培训,在大众车间设有“培训岛”,需要什么,培训什么。培训岛内配有的教室、实际零件、生产仪器等。

3 人员培训的原则

人员培训的原则

▲确定企业人力资源总体目标,以此作为员工培训的方向和定位。

▲从员工工作和企业结合的整体着眼,因材施教。

▲分析维修企业的各机构人力资源需求,制定培训重点及先后顺序计划。

▲"干什么,培训什么","缺什么,培训什么"。

4 人员培训方法

从业人员的技术业务培训,应坚持多渠道、多形式、轮训与重点对象培训的原则,以不断提高汽车维修队伍的整体素质,适应企业发展的需要。

1)企业自办培训班

抓好职工教育,加强对职工培训的管理,提高职工的科学技术水平与劳动技能,以便跟上维修技术与企业的发展要求,是企业领导人的一项重要职责。因此,企业领导要明确专人负责该项工作,要制定职工教育培训计划,要利用业余时间和工作生产的空闲,组织好职工的培训。

2)社会力量办学

随着汽车维修业的发展,企业应当支持或委托有条件的社会力量或学校为企业专门培养人才。

3)定向培训

维修企业根据工作和生产需要,可以选择人品好、文化技术基础较好、身体健康、上进心强、有培养前途的职工,将其送到专业学校或同行业中好的企业进行培训。

4)行业管理部门培训

为了加强行业管理,行业管理部门根据行业管理政策和维修市场的发展,有计划、有选择地抽调维修企业的技工进行培训。

5 人员培训项目考核

人员培训考核方法

▲笔试:维修人员考核基础理论、维修常识、故障排除等;业务接待员考核汽车构造、维修基本理论、服务规范等。

▲实践操作:在车上设计几个故障,考核维修人员的排除故障能力及思路。对业务接待员主要考核突发事件的处理能力。

案例分析

汽车维修企业如何打造职业化素质员工

职业化素质的员工，就是指专业化素质员工，即具有专业化的工作技能，专业化的工作形象，专业化的工作态度，专业化的工作效率，网络化、信息化、数字化的工作能力及具有专业化的工作道德；又有责任感、忠诚度、公平心态和团队精神的员工。

一、确定岗位职业化素质的标准

科学合理地确定企业的岗位数量和岗位职责。某企业制定的8min洗车岗位的动作和时间职业标准见表7-4。

8min洗车岗位的动作与时间职业标准 表7-4

步骤	项目	时间(s)	操作手位置移动线路	使用工具	动作标准姿势	评价费用	备注
1	冲水	60					
2	打泡	30					
3	湿擦车身	60					
4	冲洗	60					
5	移车	30					
6	干擦车身	60					
7	吸尘	60					
8	吹风	90					
9	检验	60					

从上面标准可以看出，岗位职业标准是非常细致的内容，包括做事情的流程标准、动作标准、工具标准、语言标准、费用标准等。时间要精确到分和秒，因此制定工作是一项系统的工程。

二、员工的岗位职业化分析

岗位职业化要素分析见表7-5。

岗位职业化要素分析 表7-5

姓名	岗位	岗位工时	文化程度	专业知识	工具使用熟练程度	仪器使用熟练程度	维护工具熟悉程度	机电一体能力	工艺流程熟悉程度	案例经验积累	评价项目作业工时	一次修复率	车型优势	培训次数	工作态度和责任心	忠诚度和品牌意识	企业排名	综合评分	职业化进程

三、确定岗位职业化进程

岗位职业化进程主要包括工作技能的职业化进程、工作形象的职业化进程、工作态度的职业化进程、工作效率职业化进程、工作道德职业化进程等方面内容。

1. 工作技能的职业化进程

(1)聘请专业化的公司对员工进行技能考核和培训；

(2)坚持早会1min的学习交流训练；
(3)坚持每周1次案例学习交流；
(4)1季度1次的技能考核；
(5)坚持1年1次的技能竞赛；
(6)坚持外出培训人员回厂对非外出人员进行培训的制度；
(7)落实车型品牌代表人攻关制度；
(8)制定并落实薪酬与技能挂钩的制度；
(9)企业建立完善的知识库、技能库、经验库。

2. 工作形象的职业化进程

(1)聘请专业化的公司对员工进行5S管理的培训；
(2)早会重点抓好形象的整理；
(3)工作过程中抓好督导检查；
(4)下班前抓好工作环境整理检查；
(5)制定形象规范的时间进程表,做到日日检查；
(6)将工作形象考核与绩效薪酬挂钩。

3. 工作态度的职业化进程

(1)聘请专业化的公司对员工进行从业观念和职业生涯规划的培训；
(2)辅导员工如何认真、用心做事；
(3)辅导员工正确对待客户抱怨,特别是要教育员工树立“任何时候,有理都要让给客户”；
(4)辅导员工纠正“给多少钱做多少事”的错误心态。

4. 工作流程的职业化进程

(1)技术手段的专业化；
(2)工序职业化；
(3)维修技术数据的标准化。

5. 工作品德的职业化进程

6. 培训职业化进程

(1)请进来:聘请知名培训机构,培训辅导师驻厂培训；
(2)走出去:选送优秀员工参加培训班和培训讲座；
(3)内部互动:企业内训,内部训练师培训或参加过培训的人员内部讲解；
(4)员工自学:员工利用网络或者自己看书和看碟学习；
(5)师傅带徒弟:师傅手把手传授操作工艺。

第四节　人力资源的绩效考评

一　绩效考评的含义

绩效考评是组织绩效管理的有效手段。通过绩效考评,可以及时为员工提供反馈,帮助员工明确工作目标，促进员工绩效水平的提高。考评的结果可以作为职位晋升、薪酬调整、制定培训计划等的依据。

▲增强人员甄选标准的有效性。
▲做好人力资源规划，合理配置人员。
▲发现企业中存在的问题。
▲发现员工不足，改进工作。
▲作为薪酬考核制度的基础，有效地进行薪酬和人员变动管理。

绩效考评的内容主要包括德、能、勤、绩四方面。

▲德——指政治素质、思想品德、工作作风、职业道德等。
▲能——指工作能力等。
▲勤——指勤奋精神、工作态度等。
▲技——指工作成绩、工作效果、效率、效能等。

案例分析

××公司以开发和销售ERP软件为主要业务。在1998年年底以前，该公司没有系统的绩效评估制度。到了年底，人力资源部门让员工回顾年度的工作，每人写一个书面总结，然后由部门主管就绩效总评签个意见。至于红包的多少，全凭主管所定的考评等级，也就是吃大锅饭。这种方法实行了两年，员工完全不把它当回事了！于是公司老板要求人事经理："产品要创新，管理也要创新。你必须尽快拿出一套先进的绩效评估体系来见我！"

经过艰苦的工作，人事经理终于将新的绩效评估系统交到了老板的手中。

这个系统主要包括三个方面：业绩评估表、能力和态度评价表、未来发展建议表。

(1)业绩评估表列出了员工的年度工作项目、每项工作所占的权重、完成该项工作所需要的资源和前提条件、完成时间、关键保证措施。在年初，根据SMART原则(即明确的、可衡量的、可达到的、与总目标相关的以及有时间限制的)设计个人目标，在考核期内，主管对下属的目标完成情况进行打分。年底通过加权平均，计算出总的得分，然后归入相应的总评档次(分为五档：优秀、良好、可接受、需改进、不可接受)。业绩评估结果与调薪比例相挂钩。

(2)能力和态度评价表不仅列出了公司所要求的核心价值观(所有职位均需具备的核心能力)，还列出了具体职位所要求的能力和态度。而且，公司对这些能力和态度给出了明确的定义，并列举出了具体的能力行为指标作为评估标准和例子。员工对照自己和职位要求，先进行自我评价。同时，还需要上级、同事、服务客户、被评估人的下属提供相应的评价。公司将这些评价结果汇总分析，最后给员工一个关于优点和缺点的评价报告。此评价结果只与晋升、换岗、培训挂钩，不与薪酬和奖励挂钩。

(3)未来发展建议表(表7-6)列出了为改善工作绩效员工所应采取的措施建议，以及未来的一些行动计划，包括员工的近期发展目标、工作兴趣和职业发展设想。

员工未来发展建议表 表 7-6

部门： 填表日期： 年 月 日

<table>
<tr><td>姓名</td><td></td><td>性别</td><td></td><td>血型</td><td></td><td>性格</td><td></td></tr>
<tr><td>出生年月</td><td></td><td>学历</td><td></td><td>专业</td><td></td><td>现任职务</td><td></td></tr>
<tr><td>个人优点</td><td colspan="7"></td></tr>
<tr><td>个人缺点</td><td colspan="7"></td></tr>
<tr><td>健康状况</td><td></td><td colspan="6">社保及福利要求</td></tr>
<tr><td>家庭状况</td><td>第 1 年</td><td colspan="2">第 2 年</td><td>第 3 年</td><td colspan="2">第 4 年</td><td>第 5 年</td></tr>
<tr><td>婚姻状况</td><td>第 1 年</td><td colspan="2">第 2 年</td><td>第 3 年</td><td colspan="2">第 4 年</td><td>第 5 年</td></tr>
<tr><td>购房目标</td><td>第 1 年</td><td colspan="2">第 2 年</td><td>第 3 年</td><td colspan="2">第 4 年</td><td>第 5 年</td></tr>
<tr><td>技术目标</td><td>第 1 年</td><td colspan="2">第 2 年</td><td>第 3 年</td><td colspan="2">第 4 年</td><td>第 5 年</td></tr>
<tr><td>收入目标</td><td>第 1 年</td><td colspan="2">第 2 年</td><td>第 3 年</td><td colspan="2">第 4 年</td><td>第 5 年</td></tr>
<tr><td rowspan="5">学习目标</td><td colspan="7">第 1 年</td></tr>
<tr><td colspan="7">第 2 年</td></tr>
<tr><td colspan="7">第 3 年</td></tr>
<tr><td colspan="7">第 4 年</td></tr>
<tr><td colspan="7">第 5 年</td></tr>
<tr><td>奋斗目标</td><td colspan="7"></td></tr>
<tr><td>岗位目标</td><td colspan="7">____年后希望在什么岗位上工作：</td></tr>
<tr><td>职务目标</td><td colspan="7">____年后希望获得什么职务：</td></tr>
<tr><td>成就目标</td><td colspan="7">向哪一方向发展：</td></tr>
<tr><td>五年内行动目标</td><td colspan="7"></td></tr>
<tr><td>今年规划</td><td colspan="7"></td></tr>
<tr><td>现阶段需要的培训内容</td><td colspan="7"></td></tr>
<tr><td rowspan="3">行动方案</td><td colspan="7">工作措施</td></tr>
<tr><td colspan="7">目标计划</td></tr>
<tr><td colspan="7">外部协调</td></tr>
<tr><td rowspan="4">企业如何满足职业发展需求</td><td colspan="7">第 1 年</td></tr>
<tr><td colspan="7">第 2 年</td></tr>
<tr><td colspan="7">第 3 年</td></tr>
<tr><td colspan="7">第 4 年</td></tr>
</table>

新的体系把日常绩效管理列为保证年度目标达成的重要管理和控制步骤。在目标执行过程中，主管与下属经常就目标执行情况进行沟通回馈并主动对下属的工作给予支持或辅导。根据目标执行过程中环境的变化，在保证公司总体目标达成的情况下，主管与下属可以对工作目标进行调整。

对业绩评为优秀的员工，公司除予以特别加薪外，还给予海外旅游的特别奖励。对不能胜任工作的员工，纳入“绩效改进程序”，具体方法是：在 30 ~ 60 天的改进计划期内为员工设立绩效改进目标，制定详细的行动计划，并由经理向员工提供经常性的反馈和指导改进。计划期结束如果评估合格，则继续聘用，否则予以解聘。

二 绩效考评的程序

绩效考评是一项综合性很强的工作，需要多个部门共同协作完成。

(1)员工、主管领导、人事管理人员、企业领导共同商议绩效考评内容，并组成相关的办事机构或领导小组。

(2)领导小组通知有关人员评估，并下发相关文件和考核表。

(3)参评人员在规定的时间内完成考评内容，并上报领导小组。

(4)将考评结果通知被考评的人员，如有异议，可与主管或领导小组共同商议解决办法。

(5)根据考评结果，进行奖惩，并将结果纳入员工档案，交于人事部门存档。

三 绩效考评的方法

1 员工考评方法

工作绩效考评的方法多种多样，它们都是人们在实践的过程中不断总结出来的。

绩效考评方法

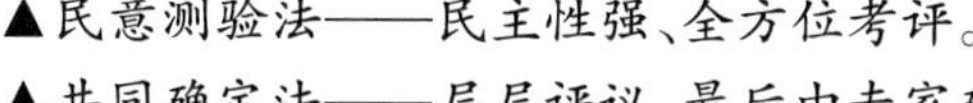

▲民意测验法——民主性强、全方位考评。

▲共同确定法——层层评议、最后由专家确定，保证考评者的水平、能力等方面确实与实际相符。

▲配对比较——对考评者两两逐对比较，得出考评者的优劣次序。

▲等差图表法——对员工全面考评、因岗设定打分档次，进行考评，见表7-7。

▲要素评定法——对考评项目进行加权分析，通过不同分值表示。

▲欧德伟法——针对主管人员在考评时间内的工作行为来考评，见表7-8。

▲情景模拟法——利用仿真评价技术，进行模拟现场考评。

利用等差图表法对配件库存管理人员考评表 表7-7

姓　名	总　分		
考评项目	评定等级		得分
配件销售数量	超过规定额30%	30	
	超过10% ~30%	25	
	等于规定额	20	
	低于规定额10% ~30%	10	
	低于规定额30%以上	5	
服务质量	配件供应充足	15	
	配件供应及时	10	
	配件供应不及时	5	

续上表

姓　　名	总　　分		
考评项目	评定等级		得分
相关配件知识	十分了解配件知识	15	
	比较了解配件知识	10	
	不了解	5	
资金使用	资金使用合理	10	
	资金使用不合理	5	
…	…		
备注			

利用欧德伟法考评汽修企业管理岗位内容　　表7-8

职　　责	目　　标	关键事件	加、减分
安排全年的维修计划、发展计划	编制的计划合理、科学；下发的命令及时	在规定的时间内编制出了新的维修计划 4月的指令延误率降低了10%	+10 +10
合理调配人力	不能出现闲散富余人员	5月出现一次人员不到位的情况	-10
合理使用物力	保证机器、仪器的使用率在95%以上	2月机器的使用率达到98%	+10
合理调遣财力	在满足原材料供应的前提下，使材料、配件的库存成本降低到最低	7月的库存量提高了18%，其中二类部件的订购量超计划15%，一类部件订购短缺10%	-10
掌握生产、经营、运作情况	车间维修秩序良好、正常	1月、6月因等待时间过长，影响服务，分别出现一次客户投诉现象	-5
考评结果	在考评期间，该员工在调遣人员、降低库存成本上存在问题		

2 部门绩效考评的方法

对企业内一个部门的业绩进行考评，通常使用平衡计分卡法。

平衡计分卡法(表7-9)最突出的特点：是将企业的远景、使命和发展战略与企业的绩效评价系统联系起来，它把企业的使命和战略转变为具体的目标和评测指标，以实现战略和绩效的有机结合。平衡计分卡法以企业的战略为基础，将各种衡量方法整合为一个有机整体，它主要从财务方面、客户服务方面、内部业务方面、学习与成长方面来观察和评估公司。

平衡计分法考评内容　　表7-9

考评因素	具体指标	最　低　值
财务方面	资金回报率 现金流 利润预测值 销售额	

续上表

考评因素	具体指标	最低值
客户服务方面	客户调查结果 客户满意度指数 市场占有率	
内部业务方面	维修质量、返工情况 安全事件	
学习与成长方面	员工满意度、新项目开发率	

四 绩效考评实施过程中需要考虑的问题

1 绩效考评过程中可能出现的问题

(1)很难考评个人创造的价值;

(2)很难考评团队工作中的个人价值;

(3)往往忽略了不可抗拒的因素;

(4)考评方法本身需要不断提高;

(5)主管害怕出现负面影响。

2 减少可能出现上述问题的措施

(1)必须清楚上述可能出现的问题;

(2)分析每一种方法的优缺点,选择一两种合适的评价方法;

(3)对参与考评的考评者进行如何避免常见错误的培训。

案例分析

一汽奥迪公司在它的维修站中的具体做法:一般员工的考核结构由三部分组成:个人详情及工作范围、部门特殊考核标准、特殊任务。第一部分是必考内容;第二、三部分作为选择项。考核顺序是由总经理、人事部门考核部门经理、部门经理考核一般员工。一年至少考核一次。个人详情及工作范围包括工作数量、工作质量、合作意识、赢得客户、客户保持五个方面,具体内容见表7-10。

员工考评表　　表7-10

考评项目	考评内容
工作数量	(1)员工完成工作是否落后; (2)员工在一天结束时是否完成手头的工作; (3)员工在短时间内是否能完成一定的工作量; (4)员工是否能够超额完成规定的工作量; (5)员工工作时精力是否集中

考评项目	考评内容
工作质量	(1)员工工作是否认真,是否需要重复工作、纠正错误; (2)是否能够系统的工作,顾全大局; (3)是否利用有价值的辅助工具; (4)员工的工作是否能够达到规定的质量标准; (5)工作质量是否有利于工作流程的顺利进行; (6)是否能够在规定的最后期限内及时完成任务; (7)是否主动提出过合理化建议
合作意识	(1)是否向同事传达重要的工作信息; (2)是否与其他人一起协调奋斗小组的工作量; (3)是否对同事的处境漠不关心; (4)是否避免与他人接触,不能促进同事与领导的合作; (5)能否处理小组中出现的矛盾
赢得客户	(1)是否主动接近客户,并尽量满足他们的合理要求; (2)是否保持本人与客户已建立的工作联系; (3)是否遵守约定的时间
客户保持	(1)是否主动接触客户; (2)是否能够通过个人的咨询服务使客户与经销商紧密联系起来

第五节　薪酬管理

薪酬管理是企业能否健康发展的最重要基础。

一　薪酬的含义与内容

薪酬管理是指对薪酬的计划、实施、评估等一系列活动的过程。科学的薪酬管理可以极大地提高员工的工作效率,为企业创造更大的效率,增加其对企业的信任感。薪酬不应仅仅看作是一种成本支出,更应该看作一种投入,一种能带来更多价值回报的投资。

薪酬管理的主要内容

▲工资

■工资计算的类型有:计时工资和计件工资两种。

■工资制度包括:职务工资制、职能工资制和结构工资制三类。

▲奖金

■汽车维修企业常用的奖金形式:全勤奖、生产奖、质量奖、先进奖、安全奖、节约奖、创造发明奖、效益奖、年终奖等。

▲津贴

■汽车维修企业常见的津贴形式有:地区津贴、野外津贴、高温津贴、漆工津贴、喷砂除锈津贴、油库工津贴等。

▲福利

■汽车维修企业常见的福利有:养老、失业、工伤保险及工作午餐、健康体检、住房补贴、交通费、疗养旅游、带薪休假等。

对于一个企业来说,较高的报酬会带来较高的员工满意度、较低的离职率。但是,高报酬并不能解决所有的问题。对于那些非常优秀的员工来说,必须有一个结构合理、管理良好的绩效付薪制度,让他们认同自己的投入产出比,才能留住他们。

案例分析

某汽车公司为了促进公司的发展,盘活现有的人类资源,吸引、留住人才,制定了新的薪金结构。在保证各种福利不变的情况下,将固定工资与考核工资的比例由6:4调整为3:7。同时,又增加了人才津贴、学位津贴、高级职称津贴。结合公司的绩效考核工资,根据公司制定的岗位业绩考核条例,每月进行一次全面考核,以此为标准对员工的工资进行调整。

二 影响薪酬的因素

影响企业员工薪酬的因素是多方面的,这些因素可以分为内部因素和外部因素两种。

1 内部因素

影响汽车维修工作人员薪酬的企业内部因素有许多,主要涉及如下几个方面:

(1)企业的组织文化。组织文化对薪酬设定有重要的影响,企业通常制定一些正式或非正式的薪酬政策,以表明它在劳动力市场中的竞争地位。

(2)企业的支付能力。经营比较成功的企业会倾向于支付高于劳动力市场水平的薪酬。

(3)员工的综合能力。通常,员工的个人业绩水平、实际操作岗位的技术水平、负责程度是薪酬的重要影响因素。另外员工的职务、工龄、经验、潜力、技能也会影响薪酬。

(4)企业的经营性质与内容。在劳动密集型的企业中,员工主要从事简单的体力劳动,劳动成本在总成本中占很大比例;在高科技企业中,高技术员工占主导,这些员工从事的是科技含量高的脑力劳动,因此劳动力成本在总成本中比重不大。这两种类型企业的薪酬策略差别较大。

2 外部因素

外部因素也涉及多方面内容,它们是:

(1)企业所在地区及行业发展形势。这些特点也包括了伦理道德观和价值观。例如在讲求"平均主义"的社会中,薪酬设定的等级差异就不会很大。

(2)当地生活水平。当地生活水平提高了,员工对个人生活期望就会提高,这给企业造成了较高的薪酬压力。

三 激励性薪酬计划

1 薪酬与激励的关系

推动员工努力工作的动机是由各种报酬的预期引发的。如果员工的努力会带来成就,成就又会带来所期望的报酬,员工就会由此得到并激励再次行动。在绩效和报酬直接的相互作用及对激励的反馈循环意味着激励作用取决于绩效与报酬的关系。显然,个人的激励取决于:达到预期的绩效所需的努力;员工对绩效与报酬的预期;个人感知到报酬的吸引力。

2 激励的定义

员工的需要、动机、期望通过他在工作中的行为表现为完成相应的任务与目标,如果员工感到满意,就会继续努力,进一步实现新的需要、动机、期望,形成一个持续循环,如图 7-8 所示。这种持续循环过程就是激励过程。

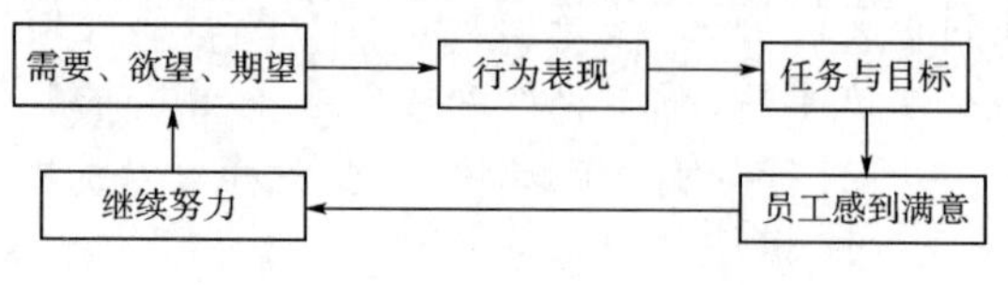

图 7-8　激励的过程图

3 激励方法

(1)奖励的内容。

●物质激励包括 4 方面的内容:员工酬金、股权激励、员工福利、企业奖励。

●精神激励包括 4 方面的内容:员工荣誉激励、员工感情激励、员工参与激励、提级升职。

●奖励要有针对性和目的性,不是所有员工所做的一切成果都需要奖励,奖励要扩大影响范围,要选择好奖励时机,奖励要有层次,奖励的方式方法要不断创新变化。

●金钱虽不是惟一能激励人的力量,但金钱作为一种很重要的激励因素是不可忽视的。

●精神激励与物质激励往往是密不可分的,两者结合得当,将发挥更大的效果。

案例分析

一个刚过试用期的熟练工对他主管说:“我知道另一家企业做同样的工作,可以拿到 1500 元,而我现在只拿到 1300 元。”这个问题相当直接,另一家企业工资多了 200 元。员工问这样的话目的是看主管的态度,有的主管回答很简单:“是的,我们的工资一直是这样,我自己也比别人少几百元。”这个员工听了以后,就请假不来了。因为他的超低薪已经被主管认同了。但是这个主管从另一个角度来思考,对这个熟练工说另一番话,可能会出现另一种情况:“是啊,你比别人少了 200 元,但是你不要忘记,这个公司教你的师傅都是市里赫赫有名的技术能手,你想想你刚来是啥样,现在你进步多快,比别的企业同样的人,进步快多了,你感觉到了吗? 以你这个能力再做 2 ~3 年,我保证你到哪里都能当经理。你现在在我们公司接受这一挑战,我们正准备培养你,你好好想想吧”。这样,他会仔细衡量两家企业的环境:“对呀! 我虽然少拿了 200 元,但是我所得的远远超过这些钱。值得!”

(2)惩罚的内容。

●物质惩罚的形式,主要有:罚款、降低或取消奖金、扣发工资、降低或取消福利待遇、赔偿经济损失等。

●精神惩罚的形式,主要有:批评、通报批评、检查错误(公开或不公开)、停职检查、警告、严重警告、记过、降职、免职、留厂察看、劝退、辞退、开除、移交司法部门追究刑事责任等。

●合理的惩罚才能取得好的效果,惩罚应公平、适度。首先,管理者不能感情用事,不能冲动,失去理智,做出有失公允的决定;同时,还要坚持实事求是,以事实为根据,以理服人的原则;还要有惩前毖后、治病救人的态度。

●惩罚的过程应该是沟通的过程,切忌贸然处置、突然袭击,事前事后都要与被惩罚的人沟通交流,表明惩罚对事不对人,改正就好。

●批评内容要具体,就事论事,对于已经做过结论的过错,不再重提,不搞所谓"新账老账一起算",根据问题性质和影响确定批评的范围。

●要把握批评惩处的最佳时机,区别不同对象,采取适当方式进行批评,根据被批评者的反应,掌握批评的火候,适可而止。

4 激励性薪酬制度

薪金与绩效联系在一起时,能够极大的激励员工,对企业来讲,建立多种激励作用的工资分配制度,必须有一个结构合理、管理良好,体现高收入、高要求、高效率、多劳多得的薪金制度,让员工认可自己的价值,才能留住他们。

激励性薪酬计划主要包含以下几方面:

(1)综合企业的经济效益指标、职工平均工资水平、当地劳动力市场价位等因素,确定经营者的基本年薪;经过绩效考核后,得到相应的绩效年薪。

(2)在实行岗位薪金登记工资基础上,对高级管理人员和技术专家,实行收入与企业的年度经营结果挂钩,考虑持有股权的方式激励。

(3)对不同岗位的购销人员,采用高风险与低保障、高保障与低风险的"基本薪金+提成"的工资制度。

5 某汽修企业技术人员薪酬设计方案

(1)基本工资。指学徒工以外的技术工人,不管等级高低,都拿一样的基本工资。这是当企业任务不饱满时或没有任务时的最低工资。

(2)技术等级工资。

(3)本企业工龄工资。例如:在本企业工作两年以上(含两年)的员工,每年增加基本工资100元(参考位)。

(4)产值或工时提成,例如:在完成定额产值或工时基础上,超额100%时提取超额部分的10%;超额200%时提取超额部分的15%;超额300%时提取超额部分的20%。

注:①由多个技工共同完成的作业,其总工时可按参与该作业的技工的技术等级比例分配。

②在完成作业后倘若出现质量返工返修,应相应扣减其返工返修的工时费及材料费损失。

③在完成作业后倘若出现工期延误,也应相应扣减其误工损失(其误工损失由经营业务部门会同生产部门协商确定)。

(5)交通费补助。

(6)福利费。

(7)工具保管费。

【复习思考题】

1. 什么是人力资源管理?

2. 人力资源需求常用的预测方法有哪几种?

3. 人力资源管理的任务是什么?

4. 为何要对企业员工进行培训? 培训对企业发展有何重要作用? 员工培训的主要类型及方法有哪些?

5. 在招聘员工的过程中,应遵循什么样的原则?

6. 人力资源规划按照什么样的程序进行?

7. 作为一名企业管理者,要搞好团队建设,应该从哪些方面去做?

8. 绩效考评都有哪些方法?

9. 工资的基本形式有哪几种?

10. 作为大中型汽车维修企业一名人力资源管理者,你所在的企业现行的绩效考评工作存在的主要问题是什么? 如何解决?

第八章 汽车维修企业服务营销

学习目标

通过对本章内容的学习，你需要：

1. 了解服务营销的概念与特征；
2. 掌握市场调查的方法；
3. 掌握汽车维修企业市场营销的策略；
4. 了解4Ps营销理论、4Cs营销理论、4R营销理论的主要内容；
5. 掌握客户满意的概念。

随着我国汽车市场的日渐成熟，汽车维修企业也逐步从原有的管理模式逐步向多元化方向发展，单纯依靠技术实力实现做大、做强已不能适应当前维修市场的形势，开展汽车维修企业的服务营销工作已成为企业生存和发展必不可少的内容。

第一节 服务营销的概念与特征

一 服务的概念及特征

服务是具有无形特征却可以带来某种利益或满足感的可供有偿转让的一种或一系列活动。汽车维修企业的服务是指以汽车产品为中心，为汽车客户所提供的产品保障。

服务具有如下特征：

1 不可感知性

不可感知性包括两层含义：

(1)服务与实体商品相比较，服务的质量及组成服务的元素；许多情况下都是无形的，让人不能触摸或凭视觉感到其存在。

(2)消费者消费服务所获得的利益，也很难被察觉，或是要经过一段时间后，消费服务的享用者才能感觉出利益。

为解决服务的不可感知性，汽车维修企业可通过服务人员、服务过程及服务的有形展示，并综合运用服务设施、服务环境、服务方式等手段来体现。

2 不可分离性

服务的不可分离性是服务的生产过程与消费过程同时进行,服务人员提供服务于客户之时,也正是客户消费、享用服务的过程,生产与消费服务在时间上不可分离,这一特性决定了消费者必须积极地参与到服务过程中来,才能完成消费服务。

3 品质差异性

服务品质差异性是指服务的构成成分及其质量水平经常变化,难于统一认定。不论是服务者还是消费者,由于个性的差异,在服务质量和感知服务的程度上会存在差异。如不同汽车客户对同一企业的服务情况的评价不同,同一位汽车客户在接受企业不同时间的服务后所得到的服务质量也不完全相同。

4 不可贮存性

服务的不可贮存性是指服务产品既不能在时间上贮存下来,也不能在空间上将服务贮存起来,因此,不能及时消费,即会造成服务的损失。

二 服务营销的概念与特征

服务营销就是把服务作为一种产品并以产品的营销理念推销出去。但由于服务产品本身有的特点,因此服务营销与产品的营销相比还有自身的特点:

1 供求分散性

服务产品本身不仅供方覆盖了第三产业的各个部门和行业,企业提供的服务也广泛分散,而需方更是涉及到各种各类社会的各个层次。如汽车维修客户来自于社会各个阶层。

2 营销方式单一性

有形产品的营销方式有经销、代理和直销多种营销方式,但服务营销由于生产和消费的统一性,决定其只能采取直销方式。

3 营销对象复杂多变

服务市场的购买者是多元的、广泛的、复杂的。购买服务的消费者购买动机和目的各异。如同一品牌的汽车客户,其购买车辆的目的并不相同,因此对于维修服务的要求也就存在着差异。

三 市场营销理论

1 4Ps 营销理论

营销策略是管理者在现代营销观念的指导下,为完成企业任务对企业在一定时期内的营销拓展的总体设想和规划。美国西北大学教授菲利浦对营销学所作的一个最简短的定义就是“有利益地满足需求”。他强调四个核心方面:目标市场,客户需要,整合营销活动,创造发展能力。美国营销学学者麦卡锡教授在 20 世纪 60 年代提出了著名的 4P 营销组合策略，即产品、价格、渠道和促销。他认为一次成功和完整的市场营销活动，意味着以适当的产品、适当的价格、适当的渠道和适当的促销手段，将适当的产品和服务投放到特定市场的行为。80 年代后期，学者们在产品、价格、分销渠道和促销等传统的营销组合之外，又增加有形展示和服务过程，从而达到 7P 的组合。

2 4Cs 营销理论

麦卡锡教授在 20 世纪 60 年代提出的 4P，到后来的 7P，都是以满足市场需求为目标的。但随着市场环境的变化，美国营销专家劳特朋教授在 1990 年就提出以消费者需求为导向，重新设定市场营销组合的四个基本要素：即消费者、成本、便利和沟通。它强调企业首先应该把追求客户满意放在第一位，其次是努力降低客户的购买成本，然后要充分注意到客户购买过程中的便利性，最后还应以消费者为中心实施有效的营销沟通。与产品导向的 4P 理论相比，4Cs 理论有了很大的进步和发展，它重视客户导向，以追求客户满意为目标，但忽视了市场经济中还存在竞争导向，企业不仅要看到需求，而且还需要更多地注意到竞争对手。

3 4R 营销理论

21 世纪伊始，《4R 营销》的作者艾略特 · 艾登伯格提出 4R 营销理论。4R 理论以关系营销为核心，重在建立客户忠诚。它阐述了四个全新的营销组合要素：即关联、反应、关系和回报。4R 理论强调企业与客户在市场变化的动态中应建立长久互动的关系，以防止客户流失，赢得长期而稳定的市场；其次，面对迅速变化的客户需求，企业应学会倾听客户的意见，及时寻找、发现和挖掘客户的渴望与不满及其可能发生的演变，同时建立快速反应机制以对市场变化快速作出反应；企业与客户之间应建立长期而稳定的关系，从实现销售转变为实现对客户的责任与承诺，以维持客户再次购买和客户忠诚；企业应追求市场回报，并将市场回报当作企业进一步发展和保持与市场建立关系的动力与源泉。

菲利普，科特勒等学者对于客户满意的定义为：通过对产品的感知的效果(或结果)与他的期望值相比较后，所形成的愉悦或失望的感觉状态。

武汉大学的曹礼和教授在《服务营销》专著中，提出“客户满意：服务营销的立足之本”，良好的服务，最大限度地使客户满意，成为企业在激烈竞争中独占市场、获得优势的法宝。

决定客户满意水平的三项因素：客户经历的服务质量、客户感知价值和客户预期的服务质量。客户经历的服务质量通过客户对近期消费经验的评价来表示，对服务中的客户满意具有直接的正面影响。通过客户对所经历的服务的评价来预测客户满意，其结果依赖于客户的主观直觉。客户预期的服务质量通过客户对以往企业服务的消费经验的评价来表示，代表了客户对服务提供者未来的服务质量的预测。客户对服务质量的期望包括了以往各时间段内的所有质量经验和信息，是企业服务表现的累积评价。客户对服务的感知价值是客户所感受的相对于所付出价格的服务质量水平。客户感知的增长与客户满意度之间成正比关系。客户满意评价的两个结果是客户抱怨和客户忠诚。客户的抱怨行为来自于对产品和服务的不满意，客户的不满意和满意来自于购买的不同阶段。客户的满意和不满意在满意度体系中是相互排斥，并且因为抱怨行为，这两个观点的关系非常容易表现出来。大多数理论家同意：不满意是一种内在的情绪因素，客户的抱怨行为在一定程度上能够提高客户满意度，因为客户对服务的抱怨增加了出现为客户提供服务补救的机会。当客户对服务不满意时可能采取各种方式和渠道进行抱怨投诉。一些研究表明:客户可能觉得他们的抱怨无关紧要,或者觉得这样做有点傻,或者认为说了也没有人理解。大多数客户会少买或转向其他供应商而不是抱怨,所以不能以抱怨水平来衡量客户满意度。

企业不断提高服务质量和客户满意度的最终目的是获得客户的忠诚。理论界还没有一个对客户忠诚统一可以接受的定义。客户忠诚是客户对品牌良好的看法、情感和态度,而这种态度和情感导致客户对该品牌的重复购买。客户忠诚是客户与公司或品牌建立了心理纽带和情感偏好的基础后的重复购买意图导致的重复购买行为。或者说是客户对产品的偏好与服务的深度承诺,在将来坚持重复购买并因此产生对同一品牌系列产品或者服务的重复购买行为,而不会因为市场情景的变化和竞争性营销力量的影响而产生转移。

4 关系营销理论

关系营销的概念源于欧洲工业品市场和服务市场上的营销实践。这种理论的提出者认识到,在工业品和服务市场营销中,市场营销组合中的某些职能的作用并不主要,关键是参与市场交换的各方之间的相互作用和关系。同时,企业与客户的相互作用和关系并不只是发生于专门的营销人员,还发生于企业内部的其他人员或部门,而且,许多情况下,客户与非专门营销人员的关系显得十分重要。因此,认为所谓市场营销,就是要在盈利的基础上建立、维持和促进与客户和其他伙伴之间的关系,以实现参与交易各方的目标。这只有通过互利的交换和承诺的满足才能达到,这种关系营销的职能便是通过做出并实现承诺,进而使客户满意,来保持与客户的关系。服务营销是客户与服务提供者建立的接触关系,这意味着在任何服务过程中都存在着客户与服务提供者的关系,这种关系是服务营销的基础。首先,关系营销的产生是服务业发展的结果。关系营销是伴随着服务业的发展和服务活动中客户需求的地位提高的背景下产生的。其次,关系营销是对产品营销基础的修正。最后,关系营销使服务营销的特殊性更为明显。

四 汽车维修企业的服务产品

按现代有关理念定义为汽车后市场,那么它所涵盖范围应包括除了保险以外的所有服务项目。

对特许经销商的3S或4S店,服务产品有:

服务产品类别

- ▲汽车的维护、修理;
- ▲保修期内的索赔;
- ▲配件销售;
- ▲备品销售;
- ▲事故车维修;
- ▲旧车置换服务;
- ▲紧急求援;
- ▲有关产品咨询;
- ▲替换车服务;
- ▲与汽车有关的代理服务。

第二节　市场细分与市场定位

任何一个企业,在进入市场之前,必须先寻找自己的目标市场,并确定自己在市场中内竞争地位。只有这样才能发挥自己的竞争优势,才能不会被竞争所淘汰,汽车维修企业也不例外。要确定目标市场,首先要进行市场细分。

一 市场细分

市场细分的概念是美国市场营销学家温德尔·史密斯于20世纪50年代提出来的。所谓的市场细分,就是指营销者通过市场调查,依据消费者的需要等方面的差异,把某种产品的整体市场划分为若干消费者群的市场分类过程。

市场细分的目的就是企业要根据市场环境和自身条件,选择其中最有利于自己经营的细分市场作为目标市场,进而采取恰当的经营策略组合,去开拓这个市场,以取得竞争优势。汽车维修市场细分的标准见表8-1。

汽车维修市场细分的标准　　表8-1

细分标准	细分变量因素
地理环境	区域、地形、气候、城镇规模、人口密度、交通条件等
人口状况	职业、教育、性别、年龄、收入、家庭人数等
消费者心理	社会阶层、生活方式、性格、态度、成就感等
选择服务行为	选择动机、选择状况、使用习惯、对市场营销因素的感受程度等

二 目标市场的选择

经过市场细分之后,企业便会面临众多不同的细分市场,企业必须仔细选择自己的目标市场,以便集中全部市场营销能力,更有效地为这些目标市场服务,从而获得良好的经济效益。

1 目标市场选择的概念

所谓目标市场,是指企业在市场细分的基础上,根据市场潜量、竞争对手状况、企业自身特点所选定和进入的特定市场,即企业希望能以某些相应的商品和服务去满足其需求,为其服务的特定消费者群体。

2 目标市场选择策略

在对市场细分的基础上,企业可以有多种模式选择进入哪些目标市场。

(1)全面进入目标市场。这种模式要求企业为所有客户群提供他们所需要的全部产品。只有实力雄厚的大企业才能做到这一点,适合采用此策略。企业可以采用两种方法全面进入整个市场:一是无差异营销,企业为整个市场提供一种产品,不考虑细分市场的差异;二是差异性营销,企业针对不同的细分市场提供不同的产品。差异性营销成本较高,但能满足不同客户的需求。

(2)选择进入目标市场。就是企业有选择地进入几个细分市场的模式。这些细分市场都能符合企业的目标和资源条件,可以为企业带来盈利,且市场之间交叉较少。这种选择多个分散目标的策略可以减少企业的市场和经营风险。

(3)进入一个目标市场。这是最简单的模式,企业选择一个细分市场。企业对目标市场采用集中营销策略,可以更清楚地了解目标市场的需求,树立良好的声誉,取得较好的经济效益,但是高度集中化也会带来较高的市场风险。

三 服务市场定位

汽车维修企业通过市场细分确定了目标市场后,由于服务于某一目标市场的企业可能有很多家,竞争激烈。因此,汽车维修企业需要认真调查研究竞争对手的状况,从而为自己的服务确定一个适当的市场定位。

市场定位的概念是商品经济高度发达的情况下产生的,广义的市场定位是指企业在目标市场内,塑造企业的产品与之不同的鲜明个性或形象并传递给目标客户,使自己的产品在目标市场占有有力的竞争位置。

服务市场定位,则是指服务企业根据市场竞争状况和自身资源条件,建立和发展差异化竞争优势,以使自己的服务产品在消费者心目中形成区别并优越于竞争者产品的独特形象。

第三节 市场调查与市场预测

一 市场调查

1 市场调查的概念及作用

市场调查就是指运用科学的方法,有目的、有系统地搜集、记录、整理有关市场营销信息和资料,分析市场情况,了解市场的现状及其发展趋势,为市场预测和营销决策提供客观、正确的资料。

在市场竞争激烈的情况下,企业由于对市场了解不够,从而坐失良机的例子很多。因而进行市场调查非常重要。其作用主要表现在以下几个方面:

1)有利于企业在竞争中占据优势地位

“人无我有,人有我转”的经营策略是每一个企业在市场竞争中应采取的策略。知己知彼,才能在竞争中取胜,这同样要借助于市场调研,了解竞争对手的情况。

2)为企业的营销决策提供依据

企业面临的市场环境复杂多变,各种未知因素很多。面对各种环境因素的变化,企业的营销决策需要更广泛的信息。通过市场调查和预测，可以使企业敏锐地觉察到市场的变化及发展趋势，为市场提供符合市场需要的产品与服务，提高决策的科学性。

2 汽车维修企业市场调查的内容

市场需求情况调查如下：

(1)需求量调查。汽车维修企业为客户提供汽车维修服务和技术保障，其市场需求的主要影响因素有经济发展水平、人均收入、汽车拥有量、车型构成和国家政策等。

(2)竞争对手调查。主要调查竞争对手的基本情况、提供新服务的动向、潜在竞争对手的基本情况。

(3)用户满意度调查。主要包括客户对服务质量、服务价格的意见，也要调查企业市场定位、广告宣传等方面的情况。

3 市场调查的步骤

市场调查工作具有较强的科学性，必须遵循科学的调查程序，才能保证市场调查的准确性。

市场调查的步骤

▲确定调查目标；

▲制定调查计划；

▲进行现场调查；

▲整理分析资料；

▲撰写调查报告。

4 市场调查的方法

1)访问调查法

访问调查法就是将需要调查的内容，通过面谈、电话等方式提出，收集需要的资料信息。具体有当面询问法、座谈会法、电话、网上调查等方法。这种调查方法是使用最多的一种调查方法，成本较低，能较为深入地了解产生问题的原因。

2)现场观察法

现场观察法是指调查人员直接深入到现场进行观察与记录的一种收集信息的方法。一般说来，调查者不与被调查者直接接触，具有客观、直接的特点。现场观察法包括两种：

①人工观察法。调查者置身于被调查者中间，亲临其境，开展调查。

②机器观察法。由于种种原因，很多场合不适合于或不需要调查人员亲临现场，可借助于某些设备或仪器，跟踪、记录和考察被调查者的活动，来获取市场信息。具有客观、直接、全面的特点，但不能了解问题的内在原因，要配合其他的方法来使用。

3)实验调查法

实验调查法是通过小规模的销售活动，测验某种产品或某一营销措施的效果，以确定大规模销售的必要性。如向市场投放一定量新产品，进行销售或服务实验，收集客户反映。这种方法成本高，时间长。

二 市场预测

1 市场预测的概念及重要性

市场预测就是根据市场调查得到的有关资料信息，运用一定的方法和数学模型，预测未来一定时期市场对产品（或服务）的需求量及其变化趋势，为企业确定计划目标和经营决策提供依据。

市场预测的重要性可以用一句话来概括："预则立，不预则废"。具体来说，预测的主要作用在于：

（1）帮助人们认识和控制未来的不确定性，提高管理的预见性。

（2）使计划目标与可能变化的环境和约束条件相互协调。

（3）事先估计计划实施可能产生的后果。

2 汽车维修企业市场预测的内容

（1）市场占有率预测。市场占有率是指汽车维修企业某品牌汽车维修服务量与市场上同类品牌汽车和的全部维修量之间的比率。它反映了企业的竞争能力。

（2）市场需求预测。预测维修服务市场的需求量以及发展趋势，包括现在和潜在的需求预测。

（3）新服务项目预测。预测由于新技术的采用、客户的需求变化、竞争对手等因素提出新的服务项目。

（4）经营效果预测。主要是对本企业各种服务的经营效果以及改变经营策略所取得的经营效果的预测。

3 市场预测的方法

1）定量预测法

定量预测法又称统计预测法，是根据一定数据资料，运用数学模型来确定各变量之间的数量关系，根据数学计算和分析的结果预测未来。常用的方法有时间序列法、回归分析法等。

（1）时间序列法。是根据历史资料、数据推测市场的发展趋势。常用的时间序列法有简单平均法、加权平均法、指数平滑法等。

（2）回归分析法。是利用因果关系进行预测的方法，通过研究已知数据，找出其变化的规律性，建立数学模型进行预测。回归分析法有一元回归、多元回归等方法。

2）定性预测法

定性预测法主要依据人们的经验与主观判断进行预测。

（1）德尔菲法（专家意见法）。

基本程序：确定预测课题，请一组专家（10～50 人）背靠背地对需要预测的问题提出意见，主持人将各位专家意见整理后再反馈给各位专家，使他们有机会比较一下他人的意见，再寄给主持人。几轮反复之后，专家的意见往往会趋向一致。这种做法可以使每位专家充分发表自己的意见，具有匿名性、反馈性、收敛性的特点。

(2)厂长(经理)意见法。即由企业厂长(经理)召集计划、销售、财务等部门负责人,广泛交换意见,对市场前景作出预测,然后由厂长(经理)将意见汇总,进行分析处理,得出预测结果。这种方法集中了各部门负责人的意见与智慧,但每个人的看法往往有片面性,可与其他方法相结合,提高预测的准确度。

(3)销售人员意见法。征求本企业推销人员和销售部门业务人员的意见,然后汇总成为整个企业的预测结果。用这种方法得出的预测值比较接近实际,因为这些人员熟悉市场的情况。

第四节　汽车维修企业市场营销策略

一　服务差别化

目前产品同质化的趋势越来越严重,在有形产品相差无几的情况下,竞争成功的关键因素在于服务质量的高低。汽车维修企业应定期或不定期派人到各客户处走访、调查,了解客户的需求,为客户提供优质服务。

在服务过程中,客户经常与企业的员工打交道,员工素质的高低是影响服务质量的重要因素。汽车维修企业可采用培训等方式提高员工素质,从而提高服务质量。

二　创名牌策略

名牌产品在消费者中有广泛的知名度,产品(服务)质量在同类产品(服务)中处于领先地位,产品(服务)适应市场需求,拥有较高的市场占有率,是企业技术、文化、服务水平等因素的综合反映。创名牌是市场经济发展的必然要求,也是企业的战略目标。

三　促销策略

汽车维修企业不仅要提供优质的服务,制定合理的价格,而且要采用各种促销手段与客户交流与沟通,实现企业的目标。促销组合策略包括广告、销售促进、公关等方面。某品牌汽车广告如图 8-1 所示。

图 8-1　某品牌汽车广告

1 广告

广告是一种十分有效的信息传播方式,是以付费的方法对观念、商品或服务进行宣传展示和促销。广告投放策略主要考虑以下因素:广告的目标、广告的费用、广告的信息、广告的媒体以及广告的效果评价。

2 服务人员推销

服务人员推销服务与一般的有形产品推销存在着一定的差异,因此服务人员推销服务产品时应注意以下几点:

(1)服务人员推销服务产品时,要建立与客户的良好关系,服务产品的消费过程是客户参与的过程。因此整个消费过程对客户来说,存在着消费风险,客户存在消费顾虑,良好的关系会抵消客户的顾虑心理。

(2)建立并维持有利的企业形象。良好的企业形象,会促使客户产生消费欲望,同时也会减少在服务过程中客户产生的不满情绪。

(3)推销的服务产品尽可能使之实体化。服务产品的特性决定了服务产品的不可感知性,因此推销人员必须携带有关服务产品实体化的资料,如服务产品的图片、资料等。

3 公共关系

利用企业的社会影响,在报刊、杂志上进行软性的广告宣传以及支持社会公益活动和福利活动,推销企业服务产品,通过一些公益活动在客户心目中树立良好的印象。现代企业一般都设有专门的公共关系部门,负责处理公关事务。公共关系已经成为市场营销促销的一种重要手段,发挥着重要的作用。

公共关系策略具体步骤如下:确定公共关系的目标、选择公关信息和工具、实施公关计划、评价公关活动的效果。

案例分析

东风风神:引进麦当劳模式　创新专营店营销

跨界营销思想的借入,是东风风神的一个突破。快餐业竞争激烈程度肯定高于汽车,所以,风神在上市第一阶段,至少通过引进麦当劳式的管理思维模式,极大提高了人气与团队战斗力。

这一体系,包含下列模式:

第一,突出品牌标志,淡化销售店空间与规模,降低经销商费用,提高经销商利润,增加经销商生存能力。

东风风神已经认识到,经销商所处的经济大环境和行业环境已经发生太大的变化,那个有车就能卖的火红年代已经被微利时代所替代。因此,经销商的观点是:专营店初期投入不要过大,建店规模要合理,投资回收期要较短,不要资源浪费。而风神在此基础上,也最终确立了与经销商建立一种精确精益、持续共赢的关系,而专营店也要在这一基础上进行设计和建造。

为此,一反过去传统4S店建店规则,统一的外观、统一的形象,甚至统一的材质,动辄几百万乃至上千万元的投入,东风风神决定移植麦当劳的方式重新打造一个汽车专营店的新规则——将视觉形象符号化,尽可能地减少经销商的建店成本。

按照这样的方式,东风风神的品牌文化及诉求的精华都浓缩在屋顶及色彩的符号里,并得以保留和传递,而拒绝统一的建筑形态,更大的意义在于把经销商从巨额的建店成本压力中解放出来。

按照这样的思路,东风风神最终选择屋顶的符号,强化屋顶符号的视觉效果,开启了一轮汽车专卖店设计建造的新标准。

第二,鼓励经销商改造旧有建筑。

为争取经销店数量,获得经销店的实利,东风风神品牌建设思路提出两条标准:一是新建店所需的好的地理位置越来越少;二是由于追求视觉符号的一致,而不强求建筑风格的统一。因此改造可以将成本大幅地拉低,而把经销商从巨大的经济压力中解放出来,也是一次对传统厂商关系的解构和重建。

面对4S店的成本压力,创新变得非常迫切,而风神在这一领域的探索,无疑是有重大价值的。千里之行,始于足下,中国汽车经销商模式的创新,东风风神迈出了坚实的一步。

(中国质量新闻网　2010.02)

讨论题:东风风神降低经销商的成本具体做法有哪些?

【复习思考题】

1. 什么是服务营销? 它有哪些基本特征?
2. 市场调查的方法有哪些?
3. 汽车维修企业市场营销的策略有哪些?
4. 4Ps营销理论、4Cs营销理论、4R营销理论的主要内容有哪些?
5. 什么是客户满意?

第九章 汽车维修企业文化与品牌

学习目标

通过对本章内容的学习,你需要:

1. 了解企业文化的内涵及特点;掌握汽车维修企业如何建立自己的企业文化。
2. 全面掌握品牌的概念及作用;汽车维修企业应从哪几方面着手做好自己的企业品牌。
3. 熟悉汽车维修企业CIS战略的相关内容。

第一节 企业文化的内涵

一 企业文化的起源

企业文化概念最早出现于美国,是美国的一些管理学家在总结日本管理经验之后提出来的。20世纪80年代初,日本经济持续多年的高速增长引起了全世界的瞩目,80年代中后期,日本企业大量进入美国市场,抢走了美国企业在本土的市场份额。为了迎接日本企业的挑战,美国企业界开始研究日本企业的管理方式,企业文化理论就是这种研究的一项重大成果。1980年秋,美国《商业周刊》首先使用了"corporatc culturc"这一概念。而最早提出企业文化概念的是美国的管理学家威廉·大内。他于1981年出版了自己对日本企业的研究成果,书名为《Z理论——美国企业如何迎接日本的挑战》。在这本书里,他提出:日本企业成功的关键因素是他们独特的企业文化。这一观点引起了管理学界的广泛重视,吸引了更多的人从事企业文化的研究。

日本企业和管理学界在美国企业文化理论研究的基础上,对日本企业管理的实践进行了系统的研究,认为企业文化是"静悄悄的企业革命"和"现代管理的成功之道"。东西方企业管理界的学者通过对20世纪70年代末、80年代初世界排名前500名的大企业进行研究后发现,这些企业到现在有近1/3已经破产或衰落,著名大企业的平均寿命不足40年,大大低于人的平均寿命。这些大企业速亡的原因在很大程度上是由于没有培养和形成适合自身发展特点的企业文化。

由此可见,企业文化的理论最早出现于美国,而其作为一种主流的管理思想则最早出现于日本。作为管理哲学的企业文化，它是管理实践的结晶，又推动了管理科学的发展，其基本点是以人为本。它强调管理以人为中心，充分尊重员工的价值，重视人的需求的多样性，运用共同的价值观、信念、和谐的人际关系以及积极进取的企业精神等文化观念，来营造整体的企业人生，使管理从技术上升为艺术。

我国的企业文化研究，始于20世纪80年代中后期，最初仅仅是对国外一些企业文化研究成果的翻译。从1986年起，一些专家、学者开始向企业介绍企业文化理论，帮助企业建设企业内部文化。在随后举行的一系列全国性企业发展研讨会上，企业文化引起了更广泛的关注。21世纪初，国内企业文化研究呈现出方兴未艾之势，并取得了丰硕的研究成果，我国的企业文化研究主要集中在对企业文化概念的界定、构成要素的设定阶段，同时涉及了企业文化的意义、企业文化与人文管理等方面。目前我国企业文化的研究范围开始从宏观环境转向微观组织，从国有独资及国有控股企业，扩展到非公有经济实体甚至虚拟企业的企业文化；研究对象从对企业内员工个体研究转变为对员工整体的研究，从单纯的研究企业形象开始深入到研究企业审美文化和“知识资本”的人才要素；研究方法开始从定性描述转化为定量分析，从案例分析转向各种实证模型的建立，等等。

 企业文化的内涵与特点

1 企业文化的内涵

企业文化，是企业职工在长期生产经营管理活动中逐步形成的文化共识，包括共同价值观与公共行为规范等。

1）共同价值观念

企业的共同价值观是指企业中的人对企业或职业的总看法或总观念，指导企业中的每个组织或成员如何去从事经营管理活动。

2）公共行为规范

企业公共行为规范包括企业形象（即企业全体员工在生产经营活动中表现出来的外部形象特征）与企业精神（企业全体员工在生产经营管理活动中所表现出来的内在精神面貌）。

（1）企业环境。影响企业文化形成和发展的环境因素。

（2）企业价值观。企业管理的基本思想，是企业文化的核心。

（3）模范人物。是企业人本化的体现，提供具体的楷模形象。

（4）企业礼仪。企业在日常生产经营活动中作为惯例和常规的通常行为方式。

（5）文化网络。企业管理组织中用以沟通思想的方式和手段。

2 企业文化的特点

1）历史性

企业文化是在企业成长与发展的历史过程中，逐步形成、发展、创新并不断走向成熟的。一个企业的文化任何时候都会存在一定的社会文化背景留下的烙印。

2）普遍性与差异性

企业文化同文化一样，是附着在一定的劳动中、在企业的日常经营中产生的一种由企业

内部员工共享的、符合企业经营和发展需要的价值观念和行为准则。无论公司的企业文化属于哪一种情况，他们都是客观必然存在的。也就是说，只要有企业这个客体存在，就有企业文化存在。

不同的企业会形成不同的文化特征，构成企业间文化的差别。即使是同处一个国家、一个产业且物质条件也基本相同的企业，由于其特殊的演进历程，也会形成有一定差别甚至大相径庭的企业文化。企业间的文化差异性可能表现在企业的物质、制度和精神的各个层次上。

3）功利性

企业文化是由企业经营管理者根据企业经营、管理、发展的需要而有意创造、贯彻或者引导的一种"组织文化"。任何一个企业的企业文化，都是为企业的特定目标服务的，因此，不可避免的具有鲜明的功利性。

4）以人为本

研究文化、建设文化、整合文化必须着眼于人，着眼于人的全面发展。因为企业文化管理的根本目的就是以人为本，通过培育和发展文化的力量来充分调动人的积极性和创造性。

5）整合性

企业文化是多维度、立体和有机的系统，对企业文化的研究就是进行整体、综合的研究，力图揭示企业内各系统所形成的"集体力"、"结合力"的内在机制。所谓"整合"，就是事物有机结合的整体。企业文化的整合性主要体现在它不仅研究企业价值观、企业目标、企业精神、企业制度、企业哲学、企业道德等方面，而且还把企业环境、文体活动等方面也纳入自己的体系之中：不仅包括企业风气和传统习惯，而且还包括共同道德规范和行为准则以及更高层次的企业精神和价值观等；尤其重要的是，它不仅研究个别事项，而且重在讨论整个体系的"系统效应"。它不仅为企业领导和管理者提供理论依据和工具，而且还为普通职工的积极工作创造良好气氛和有利条件。

三 汽车维修企业文化的建立

企业文化是企业的精神、灵魂。好的企业文化会带来好的企业效益。所以如何建立一套汽车维修企业的文化系统，也是当今汽修企业家们所关心的重大问题。汽车维修企业属于服务性的企业，无论从技术角度还是经济角度来看，汽车维修企业都具有极强的时代色彩，要为成千上万的车辆和形形色色的客户提供优良的服务。要经营管理好现代汽车维修企业，实现市场需求的高品质服务，每一位管理者都要重视企业文化的建设。

建设汽车维修企业文化，主要从行为、环境、社会形象三个层面展开。

1 汽车维修企业员工行为的文化建设

这种行为规范在汽车维修中要把握两个方面：一是把握汽车维修行业规范，用以统一员工的思想认识，牢固树立"客户至上、优质服务"观念；二是要使员工在为客户服务的全过程中，都要想方设法、全力以赴、精益求精，以确保优质服务。这些开发可以通过强化企业的规范化基础管理来实现。

2 汽车维修企业环境的文化建设

它包括企业硬、软环境的建设，以增强维修业务的文化价值、文化品位、文化信息，以创造一种为客户提供优质服务的良好氛围。从硬环境看，就是要使企业的性质和外观形象和谐统一，如客户休息室（图 9-1）的建设、服务项目的增加、维修设备与设施的更新换代等，以塑造企业的良好社会形象；软环境的开发，就是要不断建立健全维修服务规范，确立企业服务宗旨，加强对企业员工的教育和培训，提高员工素质，时刻为客户着想，做到品质保证、服务优良。

图 9-1　某雷克萨斯 4S 店客户休息室

3 汽车维修企业社会形象的文化建设

一是牢固树立“客户至上、优质服务、诚实守信”的服务理念，集中体现企业的价值观、企业目标和经营作风观念，能够把员工的信念、追求和利益聚合到企业整体目标上，形成强大的精神动力；二是规范统一员工的思想和行为。通过强化教育，使员工明确良好的企业形象要靠全体员工的共同努力，脚踏实地、用心服务，提高维修品质和服务水平，以得到社会公众的认同。

案例分析

天津市亨利汽车维修有限公司成立于 1992 年，注册资金 300 万元，在多年的经营中不断扩大和发展，具有良好声誉。公司坚信“发展才是硬道理”。一贯坚持“在汽车维修上精益求精，在价格和服务上让客户满意”的宗旨，不断完善企业内部机制，依靠先进的管理理念，不断“调结构、促转变、增实力，推动科学发展上水平”。公司先后获得“全国维修行业信得过单位”、“天津市消费者协会信得过最佳修理企业”、“最佳服务企业”、“汽车维修技术与质量双达标企业”、2009 年获得“开拓创新科学发展诚信单位”等称号。亨利公司将继往开来，与时俱进，把公司做大做强，将公司打造成技术型的、现代化的、适合世界经济全球化发展、低排放、节能、环保的高科技企业。

第二节　企 业 品 牌

一　品牌的概念与作用

1 品牌的概念

品牌（Brand）一词 20 世纪初产生于美国，当时更多地是把品牌概念运用在销售上。20 世纪 30 年代起，品牌开始被应用到学术界、营销界和传播界。尤其是 20 世纪 50 年代美国传播学者首先明确界定品牌的概念后，品牌一词就成了全世界营销界最热门的术语之一，也成为企业竞相追逐的目标之一。

最权威的品牌定义者是美国的传播学者大卫·奥格威,他认为:“品牌是一种错综复杂的象征,是品牌属性、名称、包装、价格、历史、声誉、广告方式的无形组合。品牌同时也因消费者对其使用的印象以及自身的经验而有所界定。”

2 品牌的作用

今天的企业已逐渐地意识到,利用企业重要的资产之一——品牌,不仅是协助企业快速达成长期成长目标之道,而且是企业迅速占领市场并创造丰富利润的最佳途径。企业经营者也已开始将他们的产品和服务视为不只是客户所购买的一件物品而已。确实,品牌并非只是企业所销售的物品那么单纯,更重要的是,它代表着这家企业本身的价值与意义。事实上,企业之所以存在,绝大部分的因素与品牌难以分割。另外,今天的市场越来越强调消费者的个性化、感性化,因此对消费者心理的把握越来越重要和复杂。而品牌由于其自身的独特个性和内涵的利益、价值、文化等满足了消费者的这种个性化、感性化的需求。所以企业应该以品牌为导向来带动其成长并充分应用这种最犀利的武器,以保证具有持久的优势和竞争力,使自己立于不败之地。

品牌是一种无形资产,它会给企业带来明天效益。

1)品牌的核心价值是消费者利益的体现

对于品牌自身而言,将价值的实现当做永远努力的事业,在核心价值的统领下进行产品跨种类乃至跨行业的延伸都是在不断实现价值的过程,在实现价值的过程中又不断为社会创造财富,不断强化自身价值。独特的企业品牌形象能为消费者确立识别标志,有助于消费者进行理性选择,从而提升消费需求的满足程度。品牌形象塑造的实质是通过向消费者提供关于企业维修服务品质的信息以引导其做出积极反应,企业应该知道消费者需要的是维修服务所能带来的效用,而大多数服务的效用并不能凭借直观感受加以判断,当消费者无法确定服务的质量水准时会倾向于借助品牌来识别。在汽车维修企业服务品质参差不齐的情况下,困扰消费者的主要问题是凭借何种依据判别究竟哪家企业值得信赖。通过对汽车消费者的调查发现,大多数消费者在对车辆进行维修时,所选择的维修企业往往是经由友人或是某些媒体重点推荐的,因为消费者通常不具备独立鉴别维修服务质量的能力,面对鱼龙混杂的众多汽车维修企业时难辨良莠,只能借助某些能体现企业外在形象特征的标志作为识别依据。不难想象,如果汽车维修企业能够有效确立独特而完善的品牌形象,则对消费者的吸引力定能极大增强。

2)品牌质量是消费者忠诚度的保证

同质化时代,消费者的需求在不断地变化,一成不变的产品难以获得消费者的忠诚,但产品因创新而获得的相对竞争优势在短期内便会让竞争者所模仿甚至超越。但品牌能建立消费者长期的忠诚,确保企业的长远利益。汽车维修企业的收益从长远角度衡量主要来自于高度忠诚的消费者,他们对于服务产品的重复购买率较高,是企业重点关注的对象,而着力于培养这部分消费者也就成为企业的工作重心。而客户忠诚度的提升很大程度上依赖于品牌形象对消费者形成的吸引力强弱。调查显示,如果企业品牌形象取得了消费者的认同,他们甚至情愿投入更多的时间和精力来寻求企业的维修服务支持。

3)品牌是企业长期征服市场的武器

品牌是企业参与竞争的无形资本。企业为了在竞争中取胜,必须要精心维护品牌的商誉,对产品质量不敢掉以轻心。在汽车维修企业的发展过程中,品牌形象的优劣与企业的服务产品价格高低之间有着十分密切的关系，进而影响到企业的营业收入及利润。企业应该意识到决定服务产品价格的条件除了服务质量之外，还有无形的企业品牌形象。因为从实质来看，汽车维修服务产品的盈利能力强弱取决于其能否为消费者创造更高的价值，或者能否更好地满足消费者对维修服务提出的不同水准的需求。完善的品牌形象会使消费者确信企业的服务产品具备这种能力，而消费者也甘愿为此付出更高的代价。实际调查中发现，几乎所有的消费者都表示如果有充分的证据显示某家汽车维修企业值得信赖，他们宁愿花费更多的费用来寻求其帮助。事实上消费者在选择汽车维修服务产品时的顾虑往往不是费用的多少而是服务是否称心如意。

4)品牌形象有利于提高企业竞争力

良好的品牌形象能有效提升汽车维修企业在行业中的竞争力。汽车维修企业相互间的竞争既是技术、价格上的竞争，也是品牌的竞争，由于消费者对技术及价格条件的辨识能力较弱，而品牌事实上直接影响到消费者对维修服务评价的差异性，因而对于企业竞争力的影响显得尤为突出。一旦品牌形象塑造得以成功地揭示企业服务的独特优势，则能使其展示出强大的竞争力。在汽车维修行业差异化竞争强度日渐加大的情况下，品牌形象塑造已经超越技术和价格，而成为企业寻求竞争优势时所倚仗的最重要的手段。

二 汽车维修企业品牌的建立

目前，大部分汽车综合维修厂的服务在其配件品质、维修质量、维修时间、保修期等方面都还没有被消费者所认识，服务的价值还未被广大消费者所认同，还只停留在一个普通的维修服务产品阶段，还没有产生品牌效应。

未来的汽车维修行业必定向品牌化、规模化、专业化、网络化的方向发展。真正树立品牌的汽车维修企业，必须具备现代化维修设备、技术、人员、环保等条件。需要企业从品牌定位、品牌形象、品牌文化、品牌忠诚度等四方面着手。

1 做好企业品牌定位

(1)创建一流质量的品牌。质量是品牌经营之本，是创建品牌战略的关键。

(2)创建准点交车的品牌。维修服务必须要能做到准点交车.创建准点交车的服务品牌。特别是维护能做到按分钟交车，小修能做到按小时交车，大修、事故维修能做到按天交车，这样企业在消费者心目中的服务品牌影响力才会大大提升。

(3)创建诚信服务的品牌。在质量、价格和保修的承诺等方面，汽修企业要做好经营定位，以市场需求为导向.以服务客户和社会为目标；保证配件来源的正规途径；减少或降低客户的抱怨投诉率；提高企业的诚信文化的含量。

2 树立企业品牌形象

品牌形象是指消费者基于能接触到的品牌信息，经过自己的选择与加工在大脑中形成的有关品牌的印象总和。例如维修服务企业要有自己的标志、网站、理念和企业的口号、邮箱，厂区要有服务功能标识、指路标识等。

❸ 形成企业品牌文化

品牌文化是消费者的信任文化，是指品牌在经营中逐步形成的文化积淀，代表了企业和消费者的利益认知、情感归属，是品牌与传统文化以及企业个性形象的总和，是凝结在品牌上的企业精华。例如：某些维修企业的早会（晨会）文化、制度文化、技术比武竞赛文化（图 9-2）、质量竞赛文化、一站式等服务文化。

图 9-2　某维修企业举办维修技能竞赛

❹ 提高企业品牌忠诚度

品牌忠诚是指由于品牌技能、品牌精神、品牌行为和品牌文化等多种因素，使消费者对某一品牌情有独钟，形成偏好并长期购买这一品牌商品的行为。

维修企业必须要制定一套满意度、忠诚度的考核指标体系。提高企业品牌忠诚度就是要培育一批与企业有特殊感情、怎么也不离开企业的客户群体。品牌忠诚度战略实施的结果会使消费者对服务更加的满意，从而回头客越来越多，产生一批忠诚的客户；又通过忠诚的客户带来更多客户，这样企业的效益就越来越有保证，从而实现企业持续发展的经营战略。

第三节　汽车维修企业 CIS 战略

企业形象识别系统，即 CIS（Corporate Identity System）。企业形象识别系统由：理念识别系统（Mind Identity System），简称 MIS；行为识别系统（Behavior Identity System），简称 BIS；视觉识别系统（Visual Identity System），简称 VIS，三个识别子系统组合而成。

企业形象的基本要素包括品牌形象、服务形象、经营形象与员工形象、公众形象等。企业通过形象策划塑造出企业形象，将企业文化形成一个统一概念，通过个性化、鲜明的视觉形象（图形、图案）表达出来，再传导给社会、公众和企业员工，并使之在公众心目中留下良好的印象。

一　企业理念识别系统

企业理念识别系统是 CIS 的基本精神所在，是整个识别系统的运作的原动力和最高决定层。它主要包括企业经营理念、发展战略、企业精神、价值追求、行为准则、经营目标。

理念识别系统内容

▲经营理念：

质量优势——追求产品精细化、零缺陷；

销售优势——创造市场，引导消费；

售后服务优势——客户永远是对的；

科研开发优势——与国际水平保持同步。

▲发展战略：

企业为了可持续发展而制定了本企业的发展战略。

▲企业精神：

企业员工在长期生产经营的过程中，以及正确的价值观念体系和支配的滋养下，逐步形成和优化出来的群体意识。

▲价值追求：

在企业里，全体成员形成明确的、共同的价值追求。

▲行为准则：

企业制定的行为原则以更好的规范和约束企业行为。

▲经营目标。

▲企业形象及标语。

理念识别系统实施程序

▲根据调查研究结果和企业远景视作理念识别的基本要素，适当进行企业内外的测试；

▲参考测试结果对企业理念识别基本要素做统一修正；

▲根据理念识别要素试做相关应用要素；

▲将试做的相关应用要素进行企业内外测试；

▲参考测定结果对理念识别应用要素进行修正；

▲将理念识别基本要素和相关应用要素汇编成企业的理念识别手册。

二 企业行为识别系统

企业行为识别是指企业在内部协调和对外交往的一种规范性准则，是企业处理和协调人、事、物的动态运作过程，是企业理念诉诸计划的行为方式。企业行为识别在组织制度、管理培训、行为规范、公共关系、营销活动、公益事业中表现出来，对内对外传播组织无不以活动体现或贯穿理念。

企业的行为识别系统基本上由两大部分构成：

行为识别系统内容

企业内部识别系统
- ▲教育培训：员工教育、服务态度、电话礼仪等；
- ▲生产福利；
- ▲工作环境；
- ▲产品开发；
- ▲生产设备。

企业外部识别系统
- ▲市场调查；
- ▲产品开发；
- ▲公共关系；
- ▲促销活动；
- ▲流通对策；
- ▲代理商、金融业、股市对策；
- ▲公益性、文化性活动。

三 企业视觉识别系统

企业视觉识别系统是根据经营活动的要求，表达企业经营特征的识别符号，以使企业员工、消费者及社会对企业产生一致的认可感，包括基本要素和应用要素。

视觉识别系统基本要素

- ▲企业名称；
- ▲企业品牌标志；
- ▲企业标准字体和色彩；
- ▲企业象征图案；
- ▲企业造型；
- ▲企业宣传标语。

- ▲办公用品：
  信封、专用便笺、便条、名片、名片簿、名片盒等。
- ▲旗帜招牌：
  大门及各种入库指示、公司招牌、旗帜、各部门及科室铭牌等。
- ▲员工服饰：
  工作服、工作鞋、帽、领带、广告衫等。
- ▲事务用品：
  公司简介、企业证照、文件类、各种规章文件等。
- ▲建筑环境：
- ▲陈列展示：
  获得各种奖章、奖励等。
- ▲交通工具：
  各类大中小型客车，班车，轿车，专用宣传广告车等。
- ▲包装及广告：
  各种包装纸、袋，营业场所、车间内部装潢等。

案例分析

吉利要打造“红色引擎”，实现“双强争先”

从2007年5月份开始，吉利主动转型，把道德和责任作为企业发展的基本出发点和归宿点，作为百年企业建设的立命之本。在继续保持产品价格优势的前提下，不打恶性的价格战，而是要打技术战、品质战、服务战、企业的道德战。始终保持创新、创业的激情，十分重视节能环保技术的研究与应用，坚持以人为本，一切为了人的更好发展。要求所有与吉利合作的上下游企业必须保证绿色发展，在科研方面大规模投入，在人才培养方面大规模投入，吉利控股集团每年用于人才与科研方面的投入超过10亿美金。

“吉利红色引擎”是吉利新一轮党建工作的形象统称，体现了汽车行业特点：红色是党旗的主色调，鲜艳而光辉，勇敢而睿智，体现党的领导，象征党组织在职工群众中发挥政治核心作用；引擎是汽车发动机的核心部分，体现强劲的动力，象征企业每一个基层党组织都是一台发动机，通过发挥党员示范表率作用，带动职工群众共同推动企业科学发展。

“吉利红色引擎”是“双强争先”活动在吉利的具体实践，通过在实现党组织三级覆盖、加强党员队伍建设、完善党务干部工作机制、有效开展党组织活动、发挥党组织作用等五个方面的探索，初步形成了“123+3个6”党建工作机制。

“1”就是围绕一个中心，即企业发展这个中心；“2”就是坚持双轮驱动，即同步推动“原动力”工程（吉利集团企业文化建设的载体）和“红色引擎”工程；“3”就是明确三个要求，即党员要立足岗位争优秀，服务群众作表率，奉献社会当先锋。第一个“6”就是开展六项工作，即在部门、工段、班组建立党小组，实现“会议召开起来、党员管理起来、行政沟通起来、困难帮扶起来、宣传发动起来、工作推动起来”的要求；第二个“6”就是搭建六个平台，即广泛开展“党员岗位示范、党员公开承诺、党员志愿服务、党群结对联心、社企区域共建、党建网络平台”等活动；第三个“6”就是做到六个引领，即党组织在“企业经营方向、理想信念树立、重大活动推动、先进典型示范、反腐倡廉建设、和谐关系形成”等六个方面积极发挥引领作用，为企业发展保驾护航。

吉利集团将继续高举红色旗帜，推进“红色引擎”工程，推动企业科学发展、和谐发展、稳健发展，努力成为更具国际影响力和全球竞争力、受人尊敬的先进企业。

【复习思考题】

1. 企业文化具有哪些方面的特点？应从哪些方面着手建立好企业文化？
2. 作为一个汽车维修企业的管理者，如何建立汽车维修企业品牌？
3. 企业CIS战略包括哪些方面的内容？
4. 建立企业品牌有何重大意义？
5. 企业理念系统应该如何实施？

第十章 汽车维修企业的信息管理

学习目标

通过对本章内容的学习,你需要:

1. 了解企业信息化的概念,掌握汽车维修企业信息化管理的内容,熟悉信息管理的作用,掌握汽车维修企业信息系统应该具备的基本功能,了解信息系统的应用前景;

2. 了解汽车维修企业信息分类的方法,了解目前我国汽车维修信息系统的基本发展状况及存在的问题;

3. 了解汽车维修企业管理软件在我国的发展历程,掌握如何选择适合企业经营发展的维修软件,了解如何进行汽车维修企业信息化建设。

进入信息时代,人类在全面掌握各种新知识、新技术、新经验和新信息方面,越来越显示出自身的局限性。每个汽车维修技术人员不可能将数千种车型的维修资料、数据和程序都记忆在大脑中,而解决这一问题的方法就是采用汽车维修专业互联网。它的出现彻底打破了汽车维修技术信息传递在空间、时间、容量和速度上的局限,减少了不同规模的维修企业在获取技术信息方面的差距,从而改变了传统的汽车维修方式,把汽车维修行业引入了一个全新的发展时期。

计算机管理在汽车维修业中的应用,其实就是对信息资源的充分利用,是现代汽车维修行业管理必不可少的一种手段。信息资源是指信息的生产、分配、交流(流通)、消费过程。它除信息内容本身外,还包括与其紧密相连的信息设备、信息人员、信息系统、信息网络等。随着时代的发展,信息管理系统在汽车维修企业中不断普及,汽车维修企业正逐渐做大、做强,摆脱了过去小规模的发展困境。

第一节 信息管理的作用与功能

汽车维修企业信息化是指在先进的企业经营管理理念指导下,应用先进的计算机网络技术去整合企业的资源,为企业的战略层、战术层、运作层决策提供准确、及时、完整、有效的信息,以便针对不同的需求迅速做出相应的反应。

汽车维修企业信息化管理的内容包括下面五个方面:

(1)建立适应信息技术要求的汽车维修企业生产经营活动模式,包括企业的业务流程和管理流程,完善企业组织结构、管理制度等。

(2)以管理模式为依据,建立起汽车维修企业的总体数据库。该数据库分为两个基本部分:一个基本部分是用来描述企业日常生产经营活动和管理活动中的实际数据及其关系;另一个基本部分则是用来描述企业高层决策者的决策信息。

(3)根据各型汽车维修企业不同情况,建立起相关的各种自动化及管理系统,实现企业生产经营活动及管理活动中各项信息的收集、存储、加工、传输、分析和利用,为企业高层提供决策依据。

(4)建立汽车维修企业内部信息查询的网络平台,并利用这一网络平台,将企业的各个自动化与管理系统及数据库以网络的方式进行重新整合,从而达到企业内部信息的最佳配置。

(5)联通互联网。汽车维修企业可以通过互联网获取大量与企业生产经营活动有关的信息,充实自己的信息资源,同时还可以向外部发布企业生产经营等公开的信息。

二 信息管理的作用

信息管理系统将汽车维修企业引入现代管理模式和方式,提高服务成为企业间竞争的重要手段,使得汽车维修企业之间、企业和其配件供应商、客户和行业协会等的关系,从简单的业务关系转为利益共享的合作伙伴关系,这种合作伙伴关系组成企业的供应链,成为"汽修一体化生产"的核心思想,形成速度快、资料全、效率高的工作模式。例如,有些企业规模比较小,对某些零部件的维修水平不够,可以通过信息管理系统联网,与其他专修企业组成更大、更强的维修企业,实现共赢。

由于汽车维修行业业务过程复杂、数据信息量大,仅仅依靠人力往往难以应对维修、配件、客户档案、车辆档案、员工及各部门工作进程的监督、企业经营数据进行准确的统计和分析等工作。而运用计算机管理,速度快、资料全、效率高。一个 30 人的维修企业的月度工时统计,如采用人工计算,需要一个统计员 1 ~2 天的时间,采用计算机进行统计仅仅需要几秒种,效率提高了几千倍。

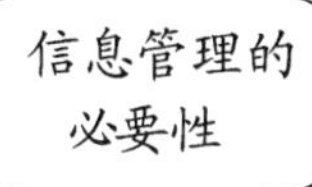

▲可以使高层管理者通过信息化技术了解到整个企业的运作情况,统筹安排各部门的工作。

▲可以使汽车维修企业彻底改变手工作坊"脏乱差"的工作模式。

▲能充分地实现企业人、财、物、产、供、销的合理配置与信息共享。

▲能保证企业的财务数据真实反映实际的成本及企业状况,减少了管理者主观判断上可能造成的失误。

▲可为长期、优质、灵活的客户服务奠定基础,更能够提升企业在客户心目中的形象。

▲可以详细准确地记录客户的基本情况和车辆的技术数据,进行车辆、客户的动态跟踪,技术掌握动态信息,更好地为客户服务。

▲合理调配零件,能够缩短进出库的周期,提高工作效率,以减少因库存而造成的人力和财力的浪费。

▲企业的高层管理者可以统筹安排工作,去争取更多的客户,带来更多、更好的效益。

▲统计分析功能可以为工作繁忙的厂长经理提供一个简单直观的查询功能。

▲可以量化员工绩效,使员工工资和本职工作挂钩,提高员工的工作积极性。

▲利用因特网搜索维修资料,对员工进行维修培训,还可以在网上直接进行维修技术的求助及交流,解决维修资料缺乏、技术手段落后的难题。

二 信息管理的基本功能

汽车维修企业信息管理软件的功能比较复杂,几乎涉及到汽车维修企业的资源信息管理系统的各个方面。一般的汽车维修企业信息管理系统应包括三个方面:汽车配件及维修物料的物流供应链管理,汽车维修服务业务管理,财务资金管理、统计分析。

1 汽车配件及维修物料的物流供应链管理

汽车配件及维修物料管理是最常用的功能之一。它是企业物流业务的干线,它处理企业从汽车配件及材料的供应、加工和储存到产品销售的整个业务。这个功能模块通常分为采购询价、采购入库、入库查询、销售报价、销售入库、销售出库查询、库存配件查询、出入库汇总、仓库盘点、配件调拨等功能。

2 汽车维修服务业务管理

汽车维修的流程一般分为预约、接待、估价、派工、领料、完工总检、预结算、收款、出厂、回访等。

1)前台接待

前台接待员通过与车主交流,记录故障现象,进行备料估价,自动报出各项维修费用,初步确定维修项目和维修用料,记录客户及维修汽车的信息。

2)车间管理

车间负责人为维修项目指定维修人员和维修用料,可以进行维修项目、维修用料的增删,以及维修项目派工、停工、完工等的处理。

3)领料管理

领料管理主要是对维修业务所需要的维修用料的出库、退库进行管理。

4)完工总检

检验员进行维修质量检验并确认完工。

5) 预结算

对维修工时费用、维修用料费用、检修费用、外加工费用、管理费用、其他费用、优惠金额进行计算,计算应收金额。

6) 收款

财务人员进行收款处理。

7) 出厂

审核人员同意该车出厂,可打印出厂单并可登记预约记录。

另外,现有的管理软件都比较注重客户关系管理(CRM)功能模块,所以客户预约和回访功能都应该具备。

3 财务资金管理

财务管理包括应收账款管理、应付账款管理、费用管理三个部分。主要功能包括:应收账款查询、应收账款发生、应收账款收回、应付账款查询、应付账款发生、应付账款支付。

4 统计查询

企业负责人和管理人员可以随时查询各部门工作情况,对企业内各个工作环节进行协调、检查和监控,查看经营状况:对于网络运行环境进行设置,确定各部门和环节使用权限密码,保证未经过授权的人员不能使用不属于其范围的功能:对维修、价格及工艺流程进行监控;对竣工车辆及时进行车源分析。

三 汽车维修企业信息管理的前景

信息资源在汽车维修界的应用发展前景将是十分广阔的。

(1)汽车维修专业互联网在汽车维修企业的应用中,会因汽车维修技术人员方便、快捷地查询进口汽车维修资料,迅速排除故障,减少车辆维修时间而显著提高生产效率,仅此一项即可为企业节约可观的经济收入。

(2)随着计算机的迅速普及,大批掌握使用计算机和互联网的人才将源源不断地进入汽车维修企业,为企业的职工队伍注入新的血液和活力。由于他们的文化素质较高、求知欲强,对新生事物具有很强的敏感性,因此从企业内部产生了掌握现代信息技术的需求,这种需求将会更进一步推动信息资源在汽车维修业的应用。

(3)现代维修企业采用计算机的管理方式不仅势在必行,而且时机也已经成熟:其一,计算机硬件的价格已经降低到很低的水平;其二,软件的开发、设计方面也越来越成熟,功能方面也越来越适合维修企业的实际运作;其三,远程通信技术的诞生为软件的售后维护工作奠定了坚实的基础。

总之,汽修行业的特点决定了特别适合计算机管理。汽车零件的种类多、规格复杂、有很强的技术内容,只有使用计算机才易于记录。而且,在大多数情况下,每个汽车配件都只有一个唯一的编号,也给计算机管理带来了方便。现在计算机管理已成为一个汽车维修企业管理水平的标志。

第二节 信息的分类及维修软件的应用

一 信息的分类

作为维修企业的管理者应该从自己便于管理的角度来对企业的信息进行分类:每天应该细看的信息、每天应该抽查的信息、经常应该细看的信息、经常应该抽查的信息。

1 每天应该细看的信息

每天应该细看的信息是那些每天都可能有重要变动,而且其中的数据能够反映企业经营状况重要内容的信息。例如:

(1)汽配、汽修营业日报表;

(2)异常配件库存:高于上限的库存、低于下限的库存;

(3)维修报表;

(4)整车库存及进货、销售、库存汇总。

2 每天应该抽查的信息

作为汽车维修企业的管理人每天除了要仔细查看一些信息以外,还要抽查下列信息:

(1)整车进货和销售明细记录;

(2)配件进货和询价明细记录;

(3)低于库存警戒线的配件库存;

(4)配件报价和销售记录;

(5)汽车维修记录;

(6)员工销售业绩和维修派工;

(7)客户投诉的解决情况。

3 经常要细看的信息

每天的数据并不能明显地说明什么问题,但是一段时间积累的数据却很重要,有助于厂长经理对某些人和事进行判断或者分析。例如:

(1)重点职工的工作记录;

(2)重点客户的修车统计和异常记录;

(3)应收、应付款的记录。

4 经常要抽查的信息

经常要抽查的信息有:

(1)配件出、入库汇总表;

(2)可疑配件进货和销售;

(3)客户满意统计和查询;

(4)会员管理；
(5)返修情况；
(6)工具借用和使用情况；
(7)计算机操作日记。

二 我国汽车维修信息系统建设现状及存在的问题

1 现状

1)信息化管理水平普遍不高

目前,我国大部分汽车维修企业的汽车维修资料信息查询,主要借助于传统的媒体,如图书、杂志、报刊等,这种传统媒体,存在着信息量小、查询速度慢、资料更新迟缓等问题,特别对于大量涌入国内的进口汽车,更因缺乏维修资料,给维修工作带来很大的困难。另外,由于汽车维修企业业务过程复杂、数据信息量大,仅仅依靠人力往往难以应对维修、配件、客户档案、车辆档案、员工及各部门工作进程的监督、企业经营数据进行准确的统计和分析等工作。

2)汽车维修企业对信息化管理的需求日益强烈

我国机动车检测维修经营业户有近 36 万户,从业人员约 260 万名,年维修量达 2 亿辆次。其中,一类汽车维修业户有 1 万户,二类汽车维修业户有 5.2 万户,三类汽车维修业户有 21 万户。如何提高企业在维修行业的竞争力,从而提高企业的生产利润,已成为现代汽车维修企业经营者和管理者所面临的主要问题。众多企业纷纷意识到解决上述问题的关键是提高企业的技术水平和管理水平。其中,管理水平的提高尤为重要。这就要求企业管理者运用现代化的管理方法,采用信息化技术对企业的经营进行精确的管理数据分析,从而采取相应的决策。

3)从业人员综合素质不高

我国汽车维修企业从业人员学历普遍偏低,70%左右的人只具备初中文化水平,具有大专以上专业知识的技术人才在维修队伍中所占比例不到3%。汽车的高技术含量,要求维修人员除了具备一定的汽车专业、机电专业理论知识,还需懂得使用计算机信息化系统去检测车辆、能用英语看懂高级进口车的各种参数。目前,懂外文的修理工还不多,即使在厂家的特约维修站,经过培训的维修人员也显得技术单薄。

2 存在的问题

与发达国家相比,信息资源在我国汽车维修业的应用方面还存在以下问题:

(1)政府扶持政策的力度还不强,资金投入更是不足。资金短缺、投资分散、正常融资环境不健全等都在阻碍着信息资源和信息技术在我国汽车维修业的应用。

(2)真正应用不够顺畅。计算机在众多汽车维修企业的应用不够,有很大一部分汽车维修企业装备的计算机还只是摆设,并没有真正成为生产力。

(3)企业领导认识不够,由于我国汽车维修业长期处于原始落后的状态,人员素质普遍较低,对计算机、因特网(Internet)及信息产业有一种本能的神秘和畏难情绪,而企业领导者更愿意将资金投入到厂房、设备等硬件设施方面。

(4)由于我国电信部门长期处于垄断经营的地位,网络收费过多、服务不良等现象,也直接影响到我国汽车维修业的计算机应用和网络的应用。

三 维修软件的选择与应用

1 发展历程

第一阶段是20世纪90年代的需求拉动型发展阶段,该阶段为汽车维修企业管理软件发展的初级阶段。该阶段的软件产品主要是针对汽车配件的采购、销售、库存管理,对业务、财务管理有一定的涉及,但较少考虑管理、控制等企业深层次的需求。

第二阶段是2000~2005年的技术拉动型发展阶段,这个阶段最明显的特点是信息技术高速发展,促使汽车维修企业管理软件也飞速发展。该阶段由于计算机性能水平的逐渐提高,软件系统具有维修服务流程管理、配件采购、销售、库存管理,财务管理。

第三阶段是2005年以后的普及化阶段。这个阶段管理软件发展的特点表现为设计更加注重人性化,以及更好地满足企业的实际需求。并且,更多的企业要求软件设计公司量身定制管理软件,实现了企业管理与软件的无缝对接配合。

2 选择与应用

目前,在汽车维修过程中信息投入所占的成本日益提高,但其所产生的价值也越来越大。由于汽车维修所需信息量的迅速增加,企业的信息处理能力需要相应提高。

汽车维修企业选用信息管理系统主要有两种方式:

(1)委托开发商根据企业自身的要求开发出符合本企业管理模式的计算机管理系统;

(2)购买已开发的、定型的计算机管理系统。

3 选择软件的基本原则

(1)汽车维修企业管理软件要符合企业管理流程,使得企业能发挥整体最大效益。

(2)汽车维修企业管理软件要能对企业各生产环节进行有效的控制,从而实现对企业的动态控制和对各种资源的集成与优化,提升基础管理水平,为企业提供全方位的解决方案。

(3)汽车维修企业管理软件能实现企业与市场的连接,通过提供客户关系管理系统来加大企业服务力度,加强与消费者的互动沟通。

影响企业选择软件供应商的因素

▲是否有一套成熟、详细的实施方法。

▲是否有相应的企业管理专家(顾问)乃至客户所在行业管理专家。

▲是否有健全的咨询服务队伍和网络体系,以及可满足不同类型客户需要的服务产品。

▲是否有良好的合作伙伴体系,从而可为客户提供全面的解决方案。

▲是否有与同行业企业成功合作的先例。

▲是否有具备高超沟通技巧的培训顾问,能够将相关知识和经验透彻、简明地传授给客户。

4 汽车维修企业信息化管理实施条件

汽车维修企业信息化管理的实施条件有；

(1)企业要有信息化的内在需求；

(2)要有一个企业信息化的总体规划；

(3)要有基本的技术和管理基础；

(4)要有自己的技术和管理人才；

(5)企业信息化要与技术进步、管理创新和观念更新相结合；

(6)要选择一个好的合作伙伴；

(7)要有专门的部门来实现。

案例分析

一、基本情况

某汽车修配厂是一个面对各种车型承担汽车大修、总成大修、汽车二级维护检修以及各类专项维修的一类汽车维修企业。建厂10余年,享有极好的服务声誉。该汽车修配厂拥有3间分店(包括旧厂、快修店、新店)和配件采购部。

旧厂:主要是修理载货汽车、大型客车及空调等,维修设备比较简单,但历史比较悠久,有一定的固定客源,而且地理位置比较优越,目前可以起到对外宣传作用。

快修店:是融美容、快修、精品销售于一体的综合服务店。

新店:技术力量雄厚,维修设备精良,但是地理位置比较偏僻,需要大力宣传。

配件部:负责采购配件、库存、配件报价等。

在计算机系统方面,该汽车修配厂共有16台计算机,建立了局域网并将配件部及前台连接起来,实现信息的流动。对外方面,有ADSL连接互联网。

二、选择维修软件

通过对该汽车修配厂的战略分析,可以考虑该维修企业挑选管理软件时应该着重注意是否有以下功能；

(1)该软件是否有合适、完善的车间管理功能,能否通过吸收管理软件中提供的管理思想,强化车间质量管理。

(2)维修企业管理软件是否有良好的安全性能及合理的权限划分。对于企业而言,管理工作必然要进一步规范化,各个职能部门之间必然会需要一定的相互制约。

(3)是否支持完善的售后服务管理。前台建设除了需要良好素质的接待人员外,还需要有计算机强大的功能支持,如预约管理、客户回访、客户信用等级登记等。假如没有计算机的支持,售后服务管理将是一件非常困难的事情。计算机系统能让这些变得非常轻松。

(4)服务线的扩大,需要管理软件能支持其他功能的增加,或者兼容其他管理软件。

(5)配件采购是降低成本、提高维修企业服务速度的重要环节,是很多维修企业关心的问题。现代配件采购是一个完整的系统,设计或选用计算机软件时,应该注重其功能是否完善、是否支持在线采购模式。

(6)需要加强维修企业总店与分店之间的联系,主要看管理网络支持模式。一般而言,可以采用自己建立局域网或者是通过互联网设立服务器来支持总店与分店之间的联系。如采用局域网,总店与分店之间需要比较接近,保密性非常好。但是自己建立局域网,对维修企业而言是比较大的投资。如采用互联网,对维修企业相对来说是比较经济的,而且以后拓展性比较好,所以推荐采用以互联网为平台。

四 汽车维修企业信息化建设的途径

(1)企业要组织有关人员对汽车维修企业计算机管理系统使用情况开展进一步调研,同时考察学习先进地区信息化建设经验,提出切实可行的建设规划,通过使用汽车维修企业计算机管理系统这一基础设施保证“诚信维修,规范服务”。

(2)汽车维修企业计算机管理系统的选用和建设必须紧紧依靠汽车维修行业协会和广大维修企业,可以召集相关维修企业公开进行系统的招标,由维修协会代表维修企业与系统服务商签订协议。

(3)汽车维修企业计算机管理系统,必须能够最大限度地满足汽车维修企业内部管理的共性要求和个性要求,同时要在运行过程中能按照行业管理部门的要求,把那些需要掌握监控的某些经营活动的数据和信息自动传递到行业管理信息系统的专用服务器,以供行业管理部门或经授权的汽车综合性能检测站远程监控、检查和查询。

五 典型汽车维修企业信息管理系统

1 汽车维修服务业务

1)接车

客户的车进厂后进行一定的评估,需要修理哪些项目,需要什么配件及修理以外的代办业务,以及客户所委托的相关修车业务在此开单确定,并打印出委托修理单让车主签字确认后,可开始维修,如图10-1所示。

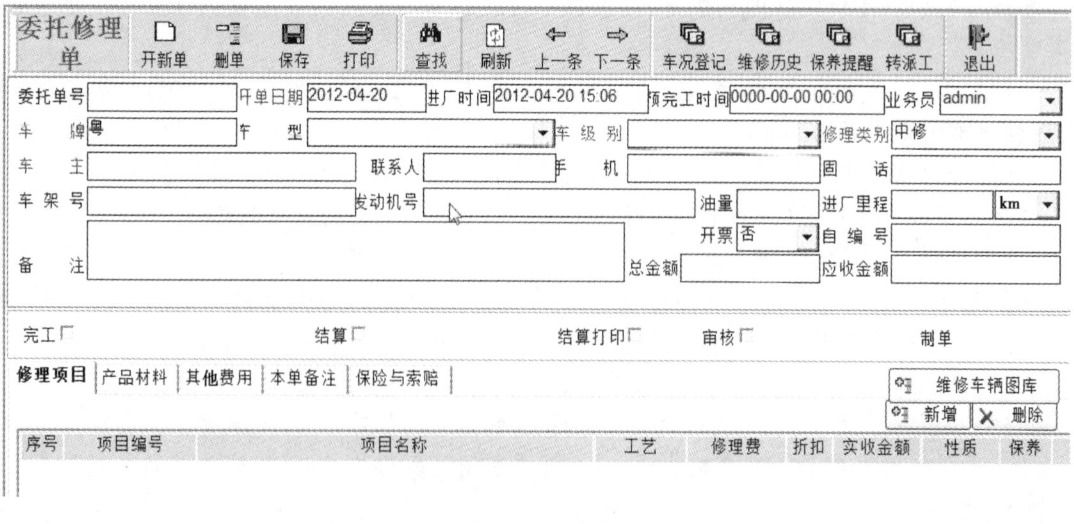

图10-1 委托修理单

2）派工

开了委托单接后，对各修理项目进行派工检测维修，输入派工单，是为了打印出派工单，自动计算工人工资。菜单栏的“维修报表/工人工资表”可以查看到，它是根据派工单录入的数据生成的，如图10-2所示。

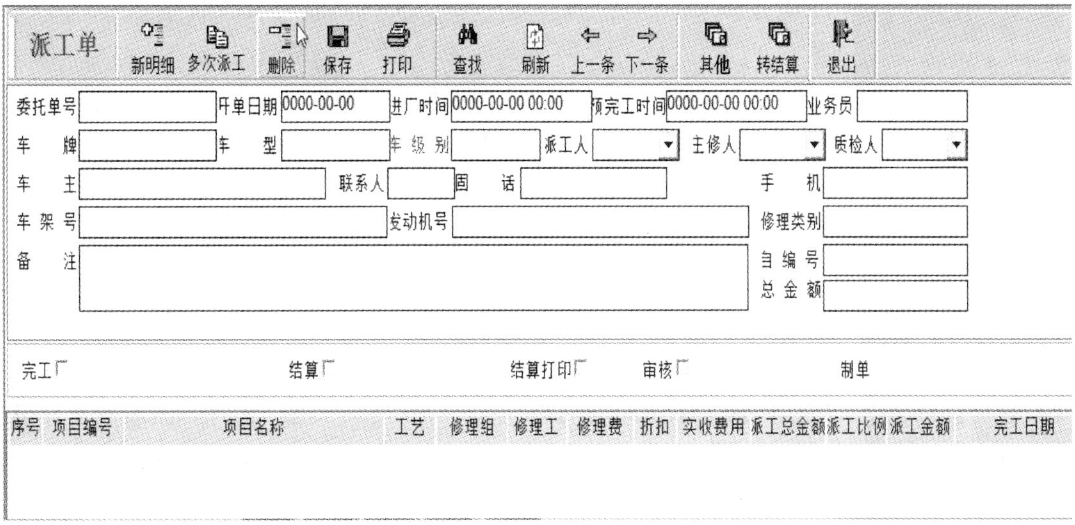

图10-2　派工单

3）维修领料

选定要领料的车辆，选定领料员，领用配件，打印出领料单，库存会相应减少，配件资料会转到结算单。如果修理厂根本没有仓库管理，可以不在这里领料，直接在结算单打入配件，如图10-3所示。

图10-3　维修领料单

4）完工审核

车辆修好，负责人验收合格，设定完工审核标志，不可再修改领用的材料，等待车主结算，如图10-4所示。

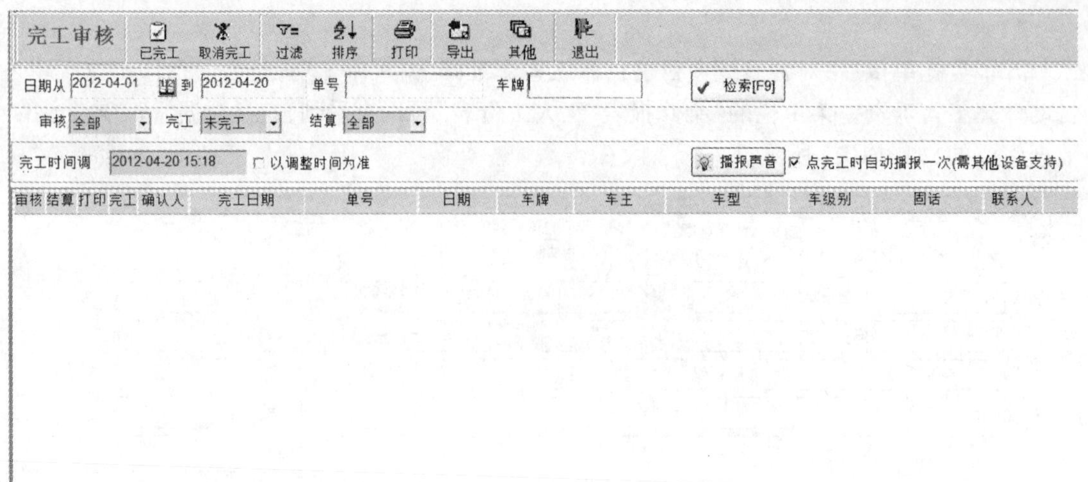

图 10-4　完工审核单

5)汽车维修结算单

车修好后,车主结算,打印出财务结算单。以后可在“维修档案”查看到所有财务结算单,维修收入利润账也是根据财务结算单生成。本功能可以保存、审核、入账、做附表、打印等,如图 10-5 所示。

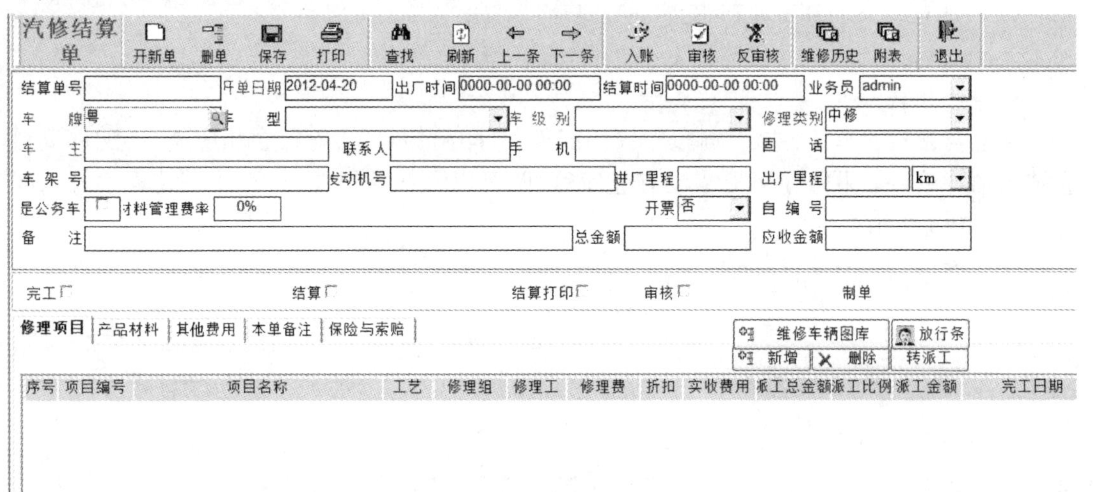

图 10-5　汽车维修结算单

6)维修跟踪服务

结算单审核时可以将需要回访的车辆转到维修回访跟踪表中。到期时系统自动提醒那些客户需要跟踪。这里也可以把季审、维护的客户输入进去。季审是三个月审一次,设定跟踪到期的时间,可查找到所有到期的车辆。适用于代办季审的修理厂使用,如图 10-6 所示。

2 汽车配件及物料管理

1)采购订单

正式下达采购订单,且可以通过导入采购询价单来生成采购订单,也可在没有询价单情况下直接录入采购订单,如图 10-7 所示。

维修售后跟踪 新增 删除 保存 过滤 排序 导出 维修历史 短信 退出

日期从 0000-00-00 到 0000-00-00 单号 车牌 检索[F9]

跟踪生效 已生效 仅显示到期 (全部) (可快捷显示已到期，未到期跟

售后服务跟踪

项目保养公里数跟踪

车牌	车主	车型	联系人	固话	手机	跟踪生效	跟踪日期	回访标志

图 10-6　维修跟踪服务

采购订单 开新单 新明细 删除 保存 打印 查找 上一条 下一条 审核 反审核 导出 导入 其他 退出

采购单号 采购日期 2012-04-20 自编号 业 务 员 admin 已打印 已审核

供 应 商 名称 仓库 仓库 付款方式 开票 否

备 注 询价单号

产品分类 清条件[F4] 显示未发采购产品

产品编码 选多产品 显示历史进价

名称/其他 条码扫描 本单金额

选产品[F8]

列表模式

序号	产品编码	产品名称	规格	单位	仓库	数量	单价	折扣	税率	货品金额	价税金额

图 10-7　采购订单

2) 采购入库单

采购来的配件进行入库操作，且可以通过导入采购价单来生成入库单，也可没有采购订单情况下直接录入采购入库单，如图 10-8 所示。

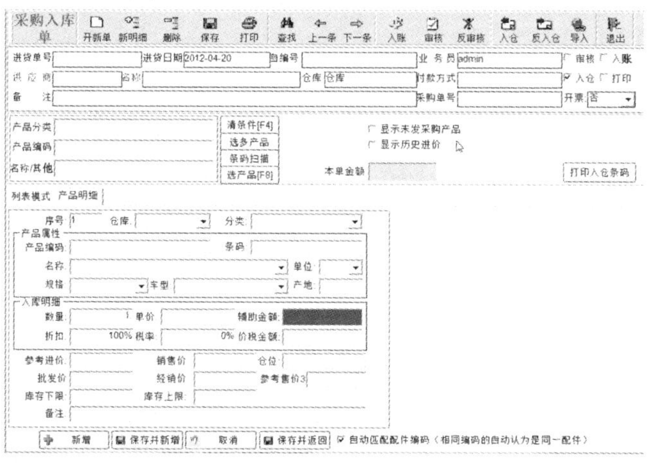

图 10-8　采购入库单

3)销售订单

销售订单或者称客户订单。做了销售订单后,在销售单中可以转入销售订单,如图 10-9 所示。

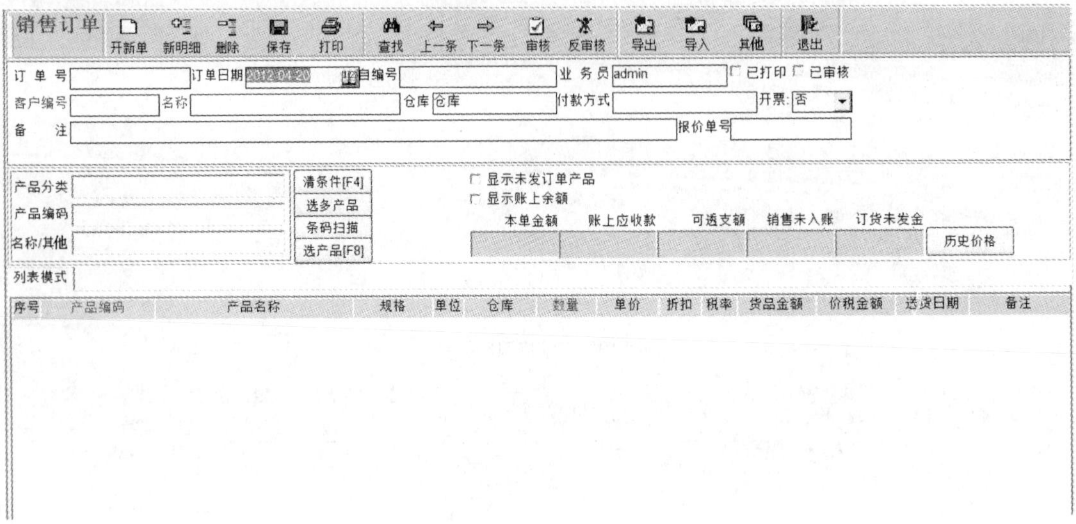

销售订单
开新单
新明细
删除
保存
打印
查找
上一条
下一条
审核
反审核
导出
导入
其他
退出
订 单 号
订单日期
2012-04-20
自编号
业 务 员
admin
已打印
已审核
客户编号
名称
仓库
仓库
付款方式
开票:
否
备 注
报价单号
产品分类
产品编码
名称/其他
清条件[F4]
选多产品
条码扫描
选产品[F8]
显示未发订单产品
显示账上余额
本单金额
账上应收款
可透支额
销售未入账
订货未发金
历史价格
列表模式
序号
产品编码
产品名称
规格
单位
仓库
数量
单价
折扣
税率
货品金额
价税金额
送货日期
备注

图 10-9 销售订单

4)销售单

将商品卖给客户,打出销售单给客户,库存会相应地减少。销售单或者称零售单,如图 10-10 所示。

销售单
开新单
新明细
删除
保存
打印
查找
上一条
下一条
入账
审核
反审核
出仓
反出仓
退出
销售单号
销售日期
2012-04-20
自编号
业 务 员
admin
审核
入账
客户编号
名称
仓库
仓库
付款方式
出仓
打印
备 注
订单单号
开票
否
产品分类
产品编码
名称/其他
清条件[F4]
选多产品
条码扫描
选产品[F8]
显示未发订单产品
无库存不生成单据
显示账上余额
本单金额
账上应收款
可透支额
销售未入账
订货未发金
历史价格
列表模式
序号
产品编码
名称
规格
单位
仓 库
数量
单价
折扣
折后单价
税率
货品金额
价税金额
仓位
备 注

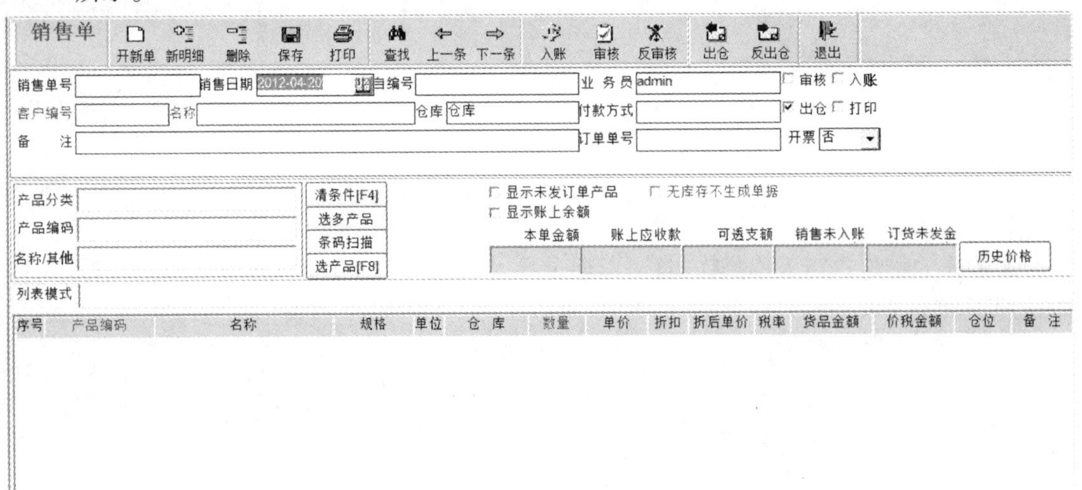

图 10-10 销售单

5)库存查询

查询当前仓库各产品的库存数以及当前成本价,如图 10-11 所示。

6)领料单

公司内部的领料单,如图 10-12 所示。

7)退料单

公司内部的退料单,如图 10-13 所示。

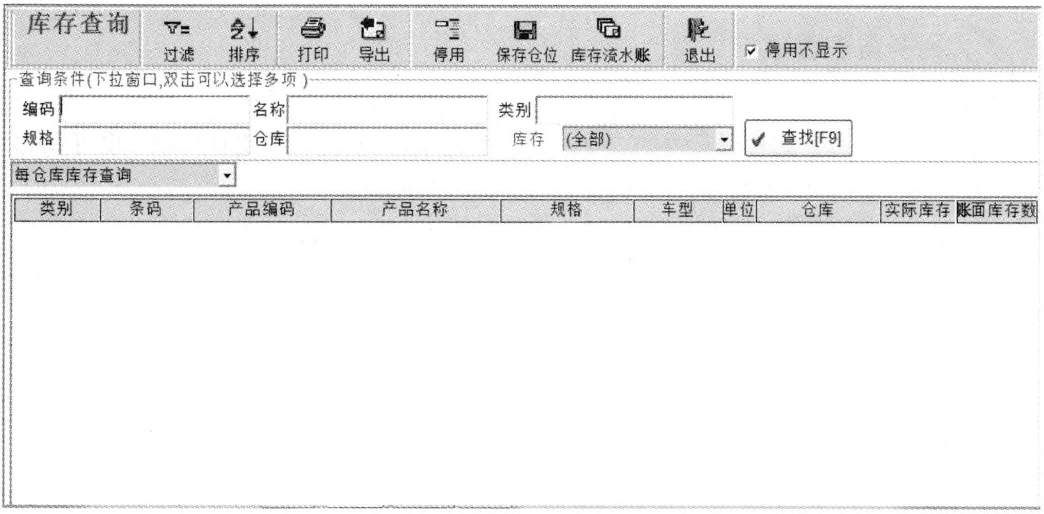

图 10-11　库存查询

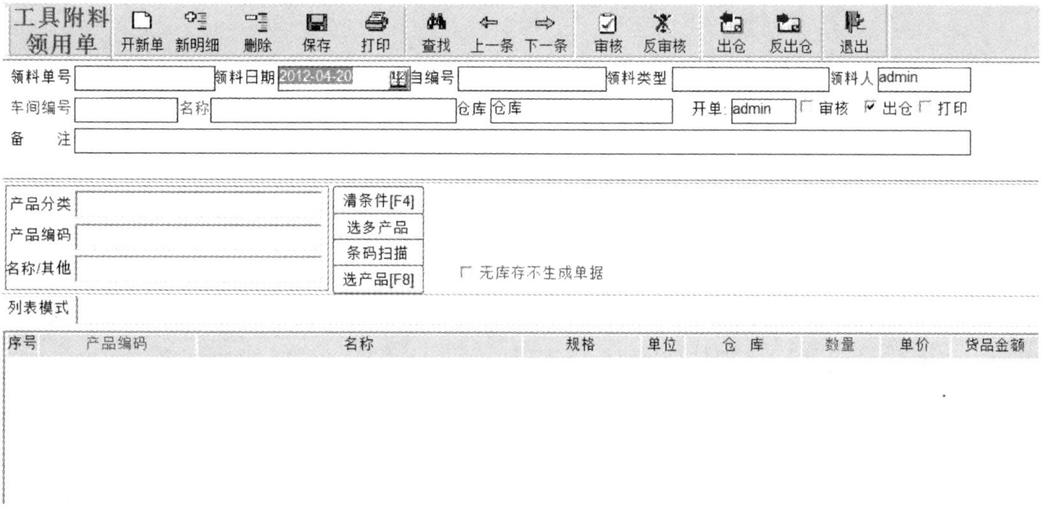

图 10-12　领料单

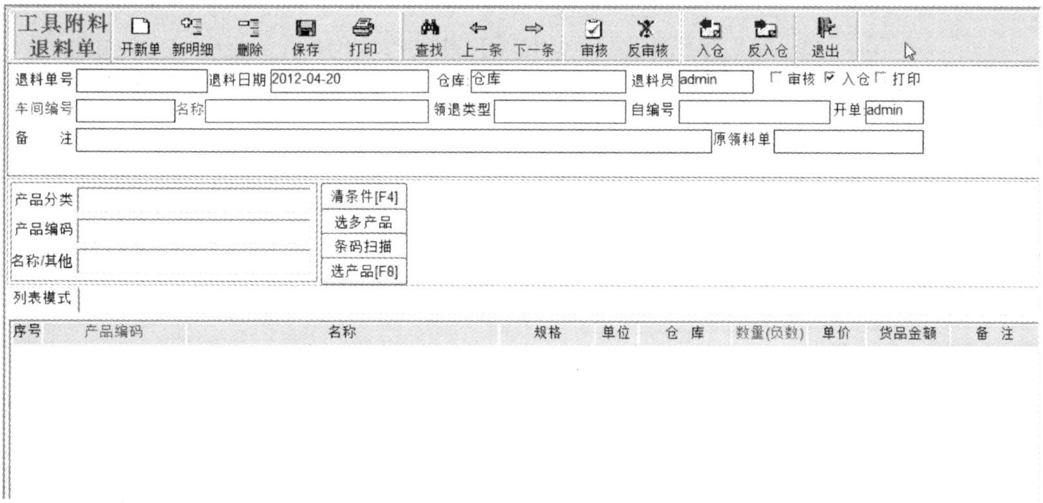

图 10-13　退料单

3 财务报表管理

1）应收明细账

应收明细账，统计客户和车主的应收款的收款记录，方便同客户进行对账。也可在此统计出公司时间段内的财务实际收款的情况，如图 10-14 所示。

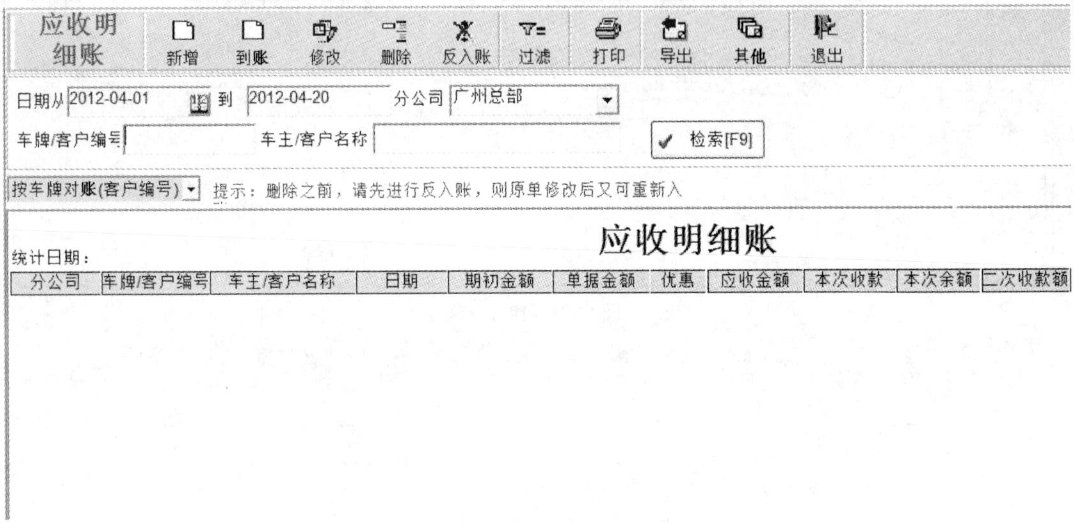

图 10-14　应收明细账

2）应付明细账

应付明细账，统计供应商的付款记录，方便同供应商进行对账。也可在此统计出公司时间段内的财务实际付款的情况，如图 10-15 所示。

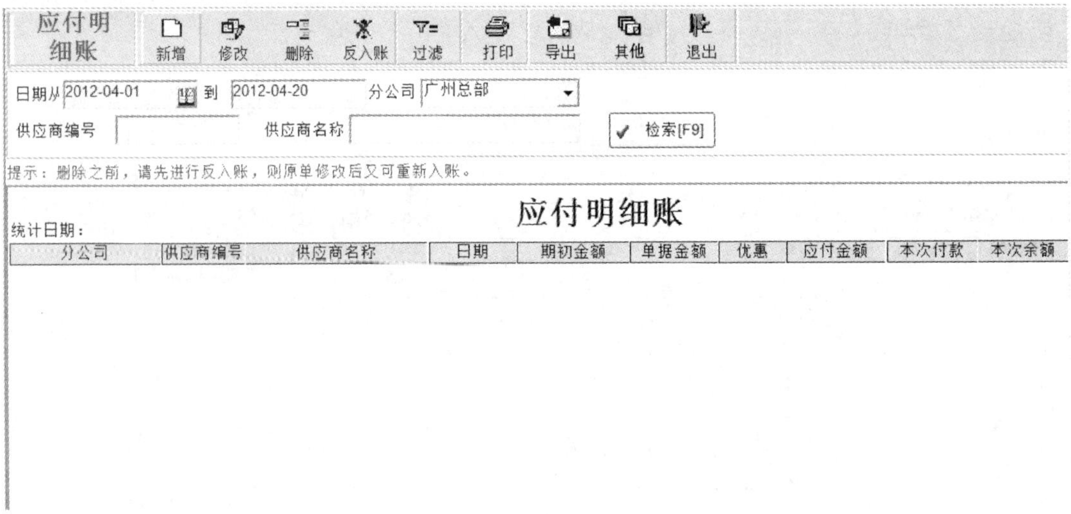

图 10-15　应付明细账

3）财务收支汇总表

对公司日或月营业情况的整体财务收支汇总表，如图 10-16 所示。

4）进销存财务报表

进行了期间核算后，财务可以采用这张财务报表进行分析，如图 10-17 所示。

日收支明细表

日期	类型	会计科目/客户编码	核算项目	入账方式	收入金额	支出金额	核算员工
2009-06-09		GD01001	GD01001-广州自由风软件服务有限公司-A200	现金	600.00	0.00	小刘
2009-06-09	RK	GD01002	GD01002-供应商2-AAAAA	现金	0.00	0.00	
2009-06-09	RK	GD01002	GD01002-供应商2-A2009060003	现金	0.00	300.00	小刘
2009-06-09	凭证	101	101 现金	现金	0.00	600.00	江生
合计:			利润-300.00		600.00	900.00	

图 10-16　财务日收支汇总表

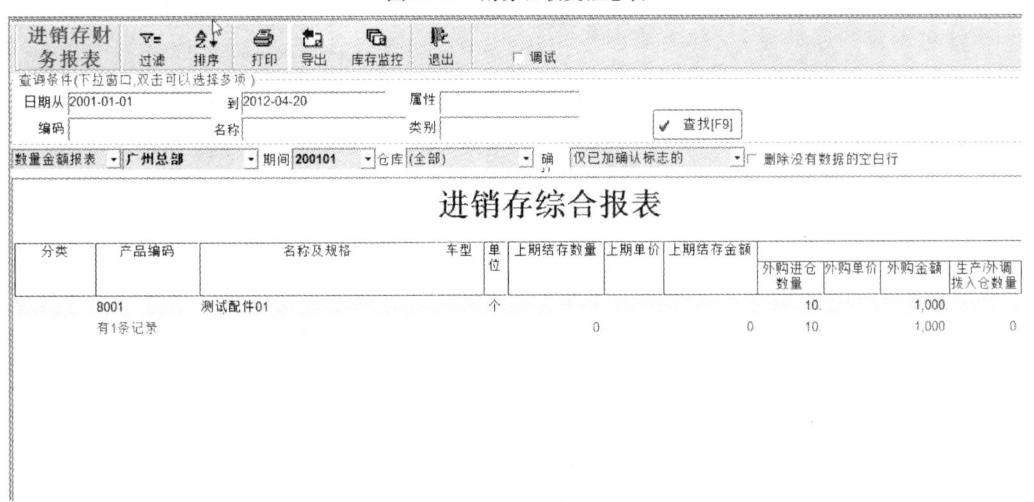

进销存综合报表

分类	产品编码	名称及规格	车型	单位	上期结存数量	上期单价	上期结存金额	外购进仓数量	外购单价	外购金额	生产/外调拨入仓数量
	8001	测试配件01		个				10.		1,000.	
	有1条记录				0		0	10.		1,000	0

图 10-17　进销存财务报表

总之,对于汽车维修企业来讲,一个高质量的汽车维修企业计算机管理软件,不仅是一个信息系统、业务处理系统、管理系统、维修专家系统和通信系统的统一,它还应采用先进的开发平台,具有技术的先进性,并能满足企业经营未来发展的需要。此外,软件设计公司应该是专门从事汽车行业管理软件开发的专业公司,在紧跟计算机发展的同时,还应密切关注汽车行业发展的动向,并根据计算机技术的发展和汽车维修企业的经营范围的变化推出新版本,保证汽车维修企业管理软件的更新换代。

【复习思考题】

1. 汽车维修企业信息化管理包括哪几方面的内容?
2. 汽车维修企业实现信息管理有何重要作用?
3. 汽车维修企业信息系统应具有哪几方面的基本功能?
4. 汽车维修企业信息分类的方法?
5. 如何进行汽车维修企业信息化建设?
6. 我国汽车维修业在计算机管理应用方面存在哪些问题?

第十一章　汽车维修企业财务管理

学习目标

通过对本章内容的学习，你需要：

1. 了解财务管理的概念及目标；
2. 掌握财务管理的内容；
3. 掌握加强固定资产管理的措施；
4. 掌握汽车维修企业经营成本的内容；
5. 掌握汽车维修企业目标成本管理方法；
6. 了解汽车维修企业财务分析的方法；
7. 掌握汽车维修企业财务绩效评价指标体系。

资金是汽车维修企业从事生产经营活动的基本要素，对企业的生存与发展起到举足轻重的作用。企业在生产经营管理过程中，不断的发生资金的流入与流出。围绕资金的收入与支出形成企业的财务活动和各种财务关系。财务管理就是企业组织财务活动、处理财务关系的一种管理活动。财务管理是现代企业管理的重要组成部分，为企业的生存、发展提供资金保证。

第一节　现代汽车维修企业财务管理概述

一　财务管理的概念

汽车维修企业的财务管理是组织企业财务活动、处理企业财务关系的一项管理活动。资金是企业进行生产经营的必备的生产要素。汽车维修企业的生产经营活动过程，一方面表现为客户提供优质的服务，另一方面表现为价值形态的资金的流入与流出。企业资金收支活动形成了企业的财务活动，企业的财务活动具体包括企业的筹资管理、投资管理、营运资金管理、利润分配管理四个方面的内容。企业在生产经营过程中，需要与所有者、债权人、职工等发生各种资金往来关系，这就形成了企业的财务关系。汽车维修企业财务管理就是要认真组织企业的财务活动，处理好各种财务关系，为企业不断发展提供资金保证的一种管理活动。

二 财务管理的目标

财务管理是企业生产经营过程中的一个重要组成部分，财务管理的目标应服务和服从企业整体目标，企业财务管理的目标就是企业财务管理活动所期望达到的成果。根据现代财务管理理论与实践，财务管理目标主要有以下几种观点。

1 利润最大化

在市场经济条件下，企业往往把追求利润最大化作为目标，利润最大化也成为企业财务管理要实现的目标。以利润最大化作为财务管理的目标，能够促进企业加强经济核算、提高劳动生产率、降低成本、提高经济效益。但企业的发展离不开社会的支持，盲目追求利润会存在忽视企业承担的社会责任，忽视企业长远发展等问题。

2 股东财富最大化

对于股份制公司，企业属于全体股东所有。股东投资的目的就是为了获得最多的财富增值。因此，企业的经营目标就是使股东财富最大化，财务管理的目标也是股东财富的最大化。

3 企业价值最大化

股东价值最大化是站在股东的角度考虑企业财务管理目标的。但是，企业的生存与发展除了与股东密切相关外，也与企业的债权人以及职工有着密切的关系，单纯强调企业所有者的利益是不合适的。企业价值最大化是指企业通过合理的经营，采取正确的财务决策，充分考虑资金的时间价值和风险，使企业总价值达到最大。这是中外企业普遍公认的合理的财务目标。

三 财务管理的内容

汽车维修企业财务管理的内容按照财务活动的过程分为筹资管理、投资管理、营运资金管理、利润分配管理四个主要方面。

1 筹资管理

筹资管理主要解决的问题是企业如何取得生产经营所需要的资金。具体包括确定筹集资金的数量及时间、筹资的渠道(内部筹资、外部筹资)、资金成本的高低。

2 投资管理

企业投资是指企业将资金投入生产经营过程，期望从中取得收益的一种行为。投资活动在企业经营活动中占有十分重要的地位，投资管理工作是企业财务管理的重要工作。根据不同的分类标准，企业的投资可以分为直接投资与间接投资、长期投资与短期投资、对外投资与对内投资等。

企业投资的根本目的是为了增加盈利，提高企业的经济效益。企业的投资也会受到政治、经济、法律、市场等各种因素的影响，是一个充满不确定性的管理过程。企业要做出正确的投资决策，需要进行认真的市场调研，遵循科学的决策程序，掌握科学决策方法，控制好项目的投资风险。

3 营运资金管理

营运资金是指企业在生产经营活动中占用在流动资产上的资金。流动资产是指可以在一年或者超过一年的一个营业周期内变现或者运用的资产。包括现金、银行存款、存货、应收账款等。营运资金管理主要包括：加速流动资金的周转、加强对应收账款的管理，研究流动资产与流动负债的合理配置等内容。

4 利润分配管理

利润分配管理是指企业要合理确定净利润的分配方案，促进企业良性发展。过高的股利支付率会减少企业内部的积累，影响企业的可持续发展能力，过低的股利支付率虽然提高了企业内部积累水平，但可能引起股东的不满。汽车维修企业应认真分析影响利润分配政策的各种因素，确定合理的利润分配方案。

第二节　汽车维修企业资产管理

一 固定资产管理

固定资产是使用年限在一年以上，单位价值在规定标准以上，并且在使用过程中保持原来物质形态的资产，如厂房、机器设备、运输设备等。固定资产是汽车维修企业中资产的主要组成部分，是企业资产管理的重点。为了提高固定资产的使用效率，必须加强固定资产的日常管理，具体要做好以下几个方面的工作。

1 实行固定资产的分级归口管理

企业固定资产数量和种类繁多，涉及到企业的各个部门。因此，应实行固定资产的分级归口管理，即按固定资产的使用地点，由各级使用部门具体管理，要做到层层负责，保证固定资产有效利用和安全保管。

2 建立固定资产卡片（图 11-1）和台账

固	定	资	产
设备名称		设备单价	
规格型号		购入日期	
使用单位		管理者	
数　　量		编　　号	

图 11-1　固定资产卡片

为了能全面反映和监督企业内部固定资产的使用情况及增减状况，管好、用好企业的固定资产，应按照固定资产类别和使用部门分别设置固定资产卡片和台账，并要求账、卡、物三者相符。其中固定资产卡片应按单项固定资产分别设置；固定资产台账应按固定资产类别分别设置，并填入固定资产原值、现值和折旧等项目。

通过建卡和登记办法，有利于促进使用单位加强对设备的管理，提高设备的完好率，保证企业的生产经营顺利进行。

3 按规定计提固定资产折旧

固定资产折旧是指固定资产在使用过程中的价值损耗。汽车维修企业的固定资产折旧一般采用平均年限法。现行规定的固定资产折旧的计提范围为：房屋和建筑物、在用的机器设备、仪器仪表、运输车辆，以经营租赁方式租出的固定资产及以融资租赁方式租入的固定资产。不计提折旧的固定资产包括：未使用或不需用的固定资产，以经营租赁方式租入的固定资产及已提足折旧仍继续使用的固定资产。

折旧计算方法的选择。按现行制度规定，企业计提折旧是一般使用平均年限法，经审批同意，对机器设备也可以采用加速折旧法。采用加速折旧法，企业在固定资产使用的前几年把大部分投资收回来，可及时进行机器设备的更新换代，提高企业的技术水平。

4 固定资产合理维修和更新报废

固定资产在使用过程中由于各种原因会发生损耗，但各个部件的磨损程度并不相同。为保证固定资产的正常使用，发挥其应有的功能，必须进行适时的维护和修理。在修理时所发生的修理费用可直接计入生产成本。但当数额较大时，为了均衡企业的成本或费用负担，可采用预提或待摊的方法。采用预提的方法，实际发生的修理支出冲减预提费用，超出部分再计入成本费用。

固定资产的更新是指对固定资产的整体补偿，即用新的固定资产更换需要报废的固定资产。固定资产更新有两种形式：一是完全按原样进行更新，以实现固定资产的实物再生产；二是在先进技术基础上的更新，也就是以先进的、性能更好的设备替代落后的设备。随着汽车工业的迅速发展，对汽车维修企业的技术进步要求越来越高，更需要采用先进的机器设备，促进企业技术水平的不断提高，不断提高服务质量，满足客户的需求。

二 流动资产管理

流动资产是指可以在一年或一个营业周期内变现或者运用的资产。按资产的占用形态，流动资产可分为现金、短期投资、应收账款、预付款及存货等。这里主要介绍现金、应收账款和存货的管理。

1 现金管理

现金是指可以立即用来购买物品、支付各项费用或用来偿还债务的交换媒介或支付手段。主要包括库存现金和活期存款。现金是流动性最强的资产，拥有足够的现金对于降低企业财务风险，增强企业资金流动性具有十分重要的意义。但企业也不能储存大量的现金，致使这些资金不能参与周转而无法盈利。

企业现金管理的目标，就是要平衡好现金流动性与盈利性之间的关系，以获取较高的收益。因此，企业应做好现金的日常管理工作，具体内容如下：

1)编制现金收支计划,确定最佳的现金持有量

国家现行制度规定,企业的库存现金以3～5天的实际需要量为限;不得已现金收入直接支付付出,不得签发空头支票,不得租借账户、不得套用银行信用、不得保存账外公款。

2)控制现金日常开支

做好现金日记账,要做到日清日结、账款相符,努力实现企业收支平衡。超过库存限额的现金必须存入银行,不准滞留或挪用。此外,还要加速收款,尽可能加快现金的收回;控制支出,尽量延缓现金的支出时间。

3)建立完善的监督机制

严格按照有关制度实行会计与出纳的相互监督制度。即管钱的不管账,管账的不管钱。

2 应收账款管理

应收账款是指企业对外的预付款、出借货币,以及应收未收的账款(如应收账款、应收票据、预付货款等)。应收账款、应收票据、预付货款等都是因为企业预先支付了货币、销售了产品或者提供汽车维修服务等应收未收的款项;预付货款是因为要购买设备或材料等预付而未收的款项。近年来,随着市场竞争的加剧,汽车维修企业应收账款数额明显增多,已成为流动资产管理中的重要问题。应收账款的功能在于增加销售,减少存货,但是也有呆账、坏账情况的发生。为此,要加强对应收账款的日常控制,事先做好信用调查和信用评价,确定合理的收账程序,减少呆死账和坏账所造成的损失。

3 库存管理

库存是指汽车维修企业在提供服务过程中为了销售或耗用而储存的各种资产,一般指汽车维修的材料、配件等。由于它们的数量处于不断变化之中,流动性很大,是汽车维修企业流动资产管理的难点与重点。

在保证生产经营过程顺利进行的前提下,为了尽可能减少库存以及资金占用,必须确定合理的存货量和加强对库存物资的日常管理。

存货日常管理的主要措施如下:

存货管理措施

▲ 建立健全库房管理制度(包括存货出入库、检验、盘点、维护及安全消防制度等)。

▲建立健全原始记录及各种表格(包括出入库单、日统计表及月统计表等),并做好核对工作。

▲做好存货管理信息工作(包括需求信息、缺货信息、存货信息等)。

▲ 在厂长(经理)的领导下,实行资金的归口分级管理,并将计划指标层层分解,落实到所属单位及个人。

▲由财务部门编制存货计划,核定库存资金;由物资供应部门严格控制库存,定期盘点检查;由生产部门严格按定额节约使用。

▲如果出现盘盈、盘亏等问题,应查明原因及时处理。

第三节　汽车维修企业营业收入、成本与利润管理

营业收入是反映汽车维修企业经济效益的主要指标之一，也是企业现金流入量的主要来源。

汽车维修企业营业收入管理

1 汽车维修企业的营业收入的内容

汽车维修企业的营业收入是指企业在生产经营过程中通过销售汽车零配件、提供汽车维修服务等取得的收入，一般包括主营业务收入和其他业务收入两部分。

主营业务收入指汽车维修收入，其他业务收入是指各类主营业务以外的业务所取得的收入，如从事汽车配件零售与批发等业务活动所取得的收入。在实际工作中，主营业务和其他业务划分是相对的，应根据具体情况来确定。

2 汽车维修企业收入的计算

1）确认汽车维修企业收入

企业发出商品或者提供劳务，同时收取价款或收取价款的凭据，才可确认企业的营业收入已实现。

2）汽车维修收入的构成

汽车维修费用主要由三部分所成：一是汽车维修企业通过维修车辆，提供相应的劳务所取得的收入；二是由于更换零部件，消耗各种材料和辅助材料所取得的收入；三是其他业务的收入。

（1）汽车维修劳务费的收入。主要是汽车维修工时费的收入。

工时费的基本计算公式为：

$$汽车维修工时费 = 工时单价 \times 工时定额$$

工时单价和工时定额是以交通运输部的有关规定为依据，由各省行业主管部门和价格主管部门共同确定的。工时定额属于最高限额，允许向下浮动。工时单价中包括：汽车维修工的平均工资、奖金和福利待遇费，维修设备的使用费、厂房折旧费，部分辅助材料（水电等）消耗的费用等。

（2）汽车维修材料费的收入。汽车维修材料费是指汽车维修过程中消耗的外购件（如汽车配件、材料、油料等）费用。

（3）其他业务的收入

汽车维修企业除了汽车维修业务以外，还有其他的经营业务，其他经营业务活动所取得的收入称为其他业务收入。如出租固定资产所取得的收入、企业零星销售配件等所取得的收入。

3 汽车维修结算凭证的管理

汽车维修结算凭证是确定维修企业与客户经济关系的基本依据，加强对汽车维修结算

凭证的管理十分重要。《汽车维修企业行业管理暂行办法》规定：汽车维修费用的结算应统一使用由当地汽车维修企业行业管理部门统一印制的发票和凭证；应按汽车维修类别使用专用的结算凭证，并在费用结算凭证上逐项列出各项收费项目及相应费用。例如汽车维修级别和作业项目、计费工时数、工时单价、维修材料费用等。

二 汽车维修企业成本费用管理

汽车维修企业在生产经营活动中所发生的各种消耗的货币表现称为汽车维修企业成本。成本管理是企业管理的中心环节，加强企业成本管理可以增强企业的竞争力，提高企业的经济效益。

1 汽车维修企业的经营成本

汽车维修企业的经营成本包括直接成本与间接成本两部分。

1）汽车维修企业的直接成本

汽车维修企业的直接成本是指汽车维修过程中直接消耗的材料费用和人工费用。包括：

（1）直接材料费用，指企业在汽车维修过程中所实际消耗的汽车配件费、汽车维修辅助材料费，以及燃料费、动力费、包装费、废品损失费等。

（2）直接人工费用，指企业直接从事汽车维修的生产人员工资、奖金、津贴和补贴。

（3）其他直接费用，指直接从事汽车维修的生产人员的职工福利费等（汽车维修企业职工福利费通常是按照生产人员工资的14%计提的）。

2）汽车维修企业的间接成本

汽车维修企业的间接成本是指在汽车维修过程中间接发生的材料费用及人工费用、车间经费及企业管理费。主要包括以下内容：

（1）企业非直接生产人员（包括管理人员）的办公费、差旅费、工资、奖金、津贴及补贴、福利费、保险费、劳动保护费。

（2）生产厂房维修费、取暖费、水电费、运输费、停工损失费；固定资产的租赁费、折旧费与大修理费、物料消耗费及低值易耗品费，以及其他费用等。倘若企业内设有辅助性机修车间，还包括该机修车间所发生的各种费用。

由于汽车维修企业规模一般较小，除了将直接消耗的汽车配件费作为企业维修该车辆的直接成本外，其他费用（如维修辅助材料费及与维修相关的其他费用）均可作为企业的间接成本，并直到期末后才分配到各维修车辆上，再计算各维修车辆的单车成本。

2 汽车维修企业的期间费用

汽车维修企业的期间费用是指难以认定其归属车辆，因而暂不计入企业生产经营成本，但可与当期收入配合，按其发生的当期计入当期企业损益的费用。

汽车维修企业的期间费用包括经营费用、管理费用和财务费用。

（1）经营费用是指汽车维修企业在生产经营过程中所发生的费用，如配件的采购、储存和销售等。在小型汽车维修企业，企业经营费用通常合并于企业管理费用。

（2）企业管理费用是指企业的行政管理部门为管理和组织企业的生产经营活动而发生

的各种费用,例如公司经费、工会经费、职工教育经费、劳动保险费、待业保险费、董事会费、咨询费、审计费、诉讼费、排污费、绿化费、税金、土地使用费、土地损失补偿费、技术转让费、损失费、存货盘亏、无形资产摊销费、差旅费、业务招待费以及其他管理费用。为了控制企业管理费用,汽车维修企业通常制定有《费用报销管理条例》。

(3)财务费用是指企业财务活动所发生的各项费用,包括企业在生产经营期间发生的利息支出、汇兑损失、金融机构所收取的手续费,以及企业为筹集资金所发生的其他费用。

3 汽车维修企业的目标成本管理

目标管理是20世纪50年代发源于美国的一种综合管理方法,也被实践证明是一种行之有效的管理办法。目标成本管理要求企业的上下级一起协商,确定企业的目标成本。目标成本管理最突出的特点是强调成果管理和自我控制。

1)目标成本的确定

(1)目标成本的确定原则,如图11-2所示。

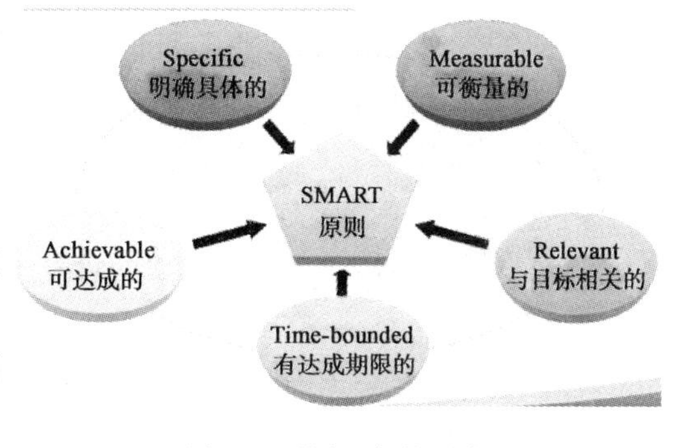

图11-2　设定目标的原则

(2)目标成本的计算公式如下:

目标成本 = 目标收入 − 目标利润

(3)目标利润的确定:

①目标利润率法:目标利润 = 预计服务收入 × 同类企业平均服务利润率

②上年利润基数法:目标利润 = 上年利润 × 利润增长率

2)目标成本管理的实施

(1)鼓励自控又不放弃领导。鼓励各部门、各岗位对目标成本的控制情况定期自检、自评,主动采取措施确保控制目标的实现。与此同时,主管部门应及时了解情况,给予指导和具体帮助,帮助各部门顺利实现成本控制目标。

(2)保持一定弹性。正常情况下应力争成本控制目标的实现,一旦发现预定目标不够合理,或内外环境发生了较大的变化,原定目标成本不合理时,应及时予以修订,但应按一定程序进行,保持目标成本管理的严肃性。

(3)目标成本管理的考核评价。这是目标成本管理的最后一个阶段,也是容易被忽视的阶段。应注意以下几点:

①坚持标准,严格考评。考核、评价目标成本管理实施状况,对于调动各部门及员工的积极性、改进管理工作具有极其重要的作用,因而要严肃、认真地进行,坚持既定标准,掌握准确的数据,采用科学的方法。

②实事求是,重在总结。在考核评价过程中,要认真分析主观原因和客观原因,总结经验教训,为下一轮实施目标成本管理创造条件。

③奖惩结合,鼓励为主。目标管理的指导思想是鼓励自我控制,自我评价,因而应坚持对先进予以表扬,对后进重在帮助分析原因,制定赶超措施。

三 汽车维修企业的利润和分配管理

汽车维修企业的利润是企业在一定时期内,通过汽车维修服务、汽车与配件营销等所取得的的财务成果，它综合地反映了汽车维修企业各项技术经济指标的完成情况以及企业生产经营管理的经济效益。所谓企业利润，是企业各项收入在扣除各项成本和税金以后的差额。

1 企业利润的计算

汽车维修企业的利润计算公式为：

利润总额 =（营业利润 + 投资净收益 + 营业外收支净额）- 营业外支出

1）营业利润

营业利润是指汽车维修企业的税后营业的业务利润（由汽车维修服务所取得的基本业务利润和其他业务利润组成）扣除汽车维修中的企业管理费用和财务费用后所取得的经营成果。

营业利润 =（汽车维修利润 + 其他业务利润）- 管理费用 - 财务费用

其他业务利润 = 其他业务收入 - 其他业务支出

其中：汽车维修利润 = 汽车维修收入 -（汽车维修成本 + 汽车维修经营费用 + 汽车维修营业税及附加费）

2）投资净收益

投资净收益是指汽车维修企业的投资收益扣除投资损失后的净值（税后数额）。

投资净收益 = 企业投资收益 - 企业投资损失

企业投资收益包括企业在对外投资中所分得的利润或利息、投资到期收回或者中途转让后所取得的净增值等。投资损失包括企业对外投资在到期收回或者中途转让时出现的损失，以及按照股权投资比例所应分担的亏损额。

3）营业外收支净额

营业外收支净额是指与企业的主营业务无直接关联的额外收入（即营业外收入减去营业外支出后的余额），例如固定资产盘盈或出售的净收入、罚款收入等。

营业外支出是指与企业主营业务无直接关联的额外支出，例如固定资产盘亏和报损、非正常原因的停工损失费、救急和捐赠、赔款与违约金等。

2 企业利润的分配

1）分配原则

汽车维修企业在一定经营期内所取得的利润，分配时要正确处理国家、集体、个人三者之间的关系。

（1）按照有关规定，向国家缴纳所得税。

（2）缴纳所得税后的利润中，按照以下次序和原则进行分配：

▲支付被没收财产损失、支付滞纳金和罚款；

▲弥补以前企业亏损；

▲提取法定公积金和法定公益金；

▲向投资者分配利润。

2）注意事项

（1）若企业以前年度亏损未弥补完的，不得提取公积金。

(2)提取的盈余公积金用于弥补公司亏损、扩大生产,或转为公司资本转增资本金。但转增资本金后,企业的法定盈余公积金一般不得低于注册资本的15%。提取的盈余公积金可以用于职工集体福利设施。

(3)提取法定盈余公积金及任意盈余公积金后,所剩利润再按股权比例分配;但当所提取的法定盈余公积金已达到注册资本50%时不再提取;当公司法定盈余公积金不足以弥补上年度亏损时,在提取法定盈余公积金及盈余公益金之前应先用当年利润弥补亏损,不得向投资者分配利润。

(4)企业以前未分配利润可以并入本年度的利润分配。

(5)企业在向投资者分配利润前,经董事会决定,可以提取任意盈余公积金。但若企业当年无利润时不得向投资者分配利润。

第四节　汽车维修企业财务会计报告

汽车维修企业财务会计报告是指企业对外提供的反映企业某一特定日期财务状况和某一会计期间经营成果、现金流量的书面文件。它是企业根据日常的会计核算资料归集、加工和汇总后形成的,是企业会计核算的最终成果。企业管理人员应会阅读和分析财务会计报告。

一　编制财务会计报告的目的

企业编制财务会计报告的主要目的,是为会计报表使用者进行决策提供会计信息。会计报表使用者通常包括企业管理人员、投资者、债权人、政府及相关机构、职工和社会公众等,他们对财务会计报告所提供信息的要求,从各自的需要出发,各有侧重。其中企业管理人员最关注的是企业财务状况的好坏、经营业绩的大小以及现金的流动情况。为此,企业编制的会计报表,应当着重为其提供有关企业某一特定日期的资产、负债与所有者权益情况,以及某一特定经营期间经营业绩与现金流量方面的信息,并为以后进行生产经营决策、改善生产经营管理提供参考资料。

二　财务会计报告的组成

为了充分发挥财务会计报告的作用,使财务会计报告能够满足各方面的需要,达到编制财务会计报告的目的,企业编制的财务会计报告应当作到数字准确、计算完整、编报及时、便于理解。

三　财务会计报告的编制要求

完整的财务会计报告由下列三部分组成:会计报表、会计报表附注、财务状况说明书。

(1)会计报表是根据会计账簿记录和有关资料,按照规定的格式,总括反映一定期间的经济活动和财务收支情况及其结果的报告文件。企业的会计报表主要有:资产负债表、利润表、现金流量表、各种附表等。

(2)会计报表附注是为了便于会计报表使用者理解会计报表的内容而对会计报表的编制基础、编制依据、编制原则和方法及主要项目等所作的解释。如企业简介,重要会计政策和会计估计及其变更情况、变更原因及其对财务状况和经营成果的影响;重要资产的出售及其转让情况;企业的合并、分立,重大的投资、融资活动等。

(3)财务状况说明书是对企业财务状况的文字说明,包含对会计报表无法具体反映的重大事项的特别说明。根据《财务会计报告条例》的规定,有:财务情况、利润的实现与分配情况、资金的增减和周转情况,以及对财务状况、经营成果和现金流量有重大影响的其他事项等。

在上述三部分中,会计报表是财务会计报告的主要组成部分。

1 资产负债表的编制

资产负债表,也称财务状况表,是反映企业在一特定日期(如月末、季末、年末)财务状况的会计报表。它是根据"资产 = 负债 + 所有者权益"这一会计等式,依照一定的分类标准和顺序,将企业在一定日期的全部资产、负债和所有者权益进行适当分类、汇总、排列后编制而成的。资产负债表可以反映企业的资产、负债和所有者权益的状况。

总之,通过资产负债表,可以帮助报表使用者全面了解企业的财务状况,分析企业的债务偿还能力,从而为未来的经济决策提供参考。

资产负债表各项目的数据,是根据各种账簿的记录取得的。某汽车维修厂的资产负债表见表 11-1。

某汽车维修厂的资产负债表 表 11-1

年　月　单位:元

资　产	年初数	期末数	负债及所有者权益	年初数	期末数
一、流动资产			一、流动负债		
货币资金	150700	379000	短期借款	300100	650100
短期投资			应付票据	320100	200100
应收票据	120100	148100	应付账款	42100	40100
应收账款	10100		其他应付款		
其他应收款	25100		应付工资		
存货	670100	819575	应付福利费	8100	21100
待摊费用	2500	5700	未交税金	2500	59131
待处理流动资产净损失			未付利润	110100	100100
流动资产合计	978600	1352375	预提费用	15100	21100
二、长期投资			流动负债合计	798100	1091731
长期投资	150100	129100	二、长期负债		
三、固定资产			长期借款	22300	8600
固定定期资产原值	2300100	2000100	应付债券		
减:累计折旧	600100	562100	长期负债合计	22300	8600
固定资产净值	1700000	1438000			

续上表

资　　产	年初数	期末数	负债及所有者权益	年初数	期末数
待处理固定资产净损失			三、所有者权益		
固定资产合计	1 700 000	1 438 000	实收资本	1 800 100	1 600 100
四、无形资产及递延资产			资本公积金	65 700	12 100
无形资产	25 100	9100	盈余公积金	62 600	112 000
递延资产	10 100	3100	未分配利润	115 100	107 144
无形资产及递延资产合计	35 200	12 200	所有者权益合计	2 043 500	1 831 344
资产总计	2 863 900	2 931 675	负债及所有者权益合计	2 863 900	2 931 675

2 利润表的填制

利润表也称收益表或损益表，是反映企业在一定期间经营成果的报表。利润表除反映企业收入、成本费用和利润外，还要反映投资的净收益、营业外收支等情况。根据利润表，可以了解企业的经营成果；通过对利润表各基础数据的对比分析，有助于了解收入、费用和利润之间的消长趋势，发现经营中存在的问题，以便改善经营管理；通过利润表中不同时期数据的比较，有助于了解企业利润增长的趋势和评价、预测企业的获利能力。某汽车维修厂利润表见表 11-2。

某汽车维修厂利润表　　表 11-2

编制单位：　　年　　月　　单位：元

项　　目	本　月　数	本年累计数
一、汽车维修收入	343 000	4 110 000
减：汽车维修成本	221 000	2 680 000
减：汽车维修经营费用	1450	26 000
减：营业税及附加	34 300	411 000
二、汽车维修利润	86 250	993 000
加：其他业务利润	1500	11 000
减：管理费用	19 950	238 000
减：财务费用	14 240	161 000
三、营业利润	53 560	605 000
加：投资收益	8100	86 000
加：营业外收入	4000	50 000
减：营业外支出	2500	39 000
四、利润总额	63 160	702 000

3 现金流量表的填制

现金流量表是用以反映当前现金的用途及动态的报表。其计算公式为：现金变动金额 = 现金收入 - 现金支出。现金收入包括营销收入、企业内部现金收入、借款和股东投资等其他来源资金；现金支出包括分派给所有者的现金股利、偿还债务、投资资本支出等。某汽车维修厂的现金流量表见表 11-3。

某汽车维修厂的现金流量表 表 11-3

年 月

现金流量	数 量	增 减
营业活动产生的现金流量		
本期净利	2 179 968	
营运资产及负债的变动	-781 232	
应收账款	-1 303 834	
存货	-204 728	
预付费用	476 544	
应付账款	332 264	
应计费用	14 760	
应付所得税	903 336	-474 904
折旧费用		1 715 064
营业活动的净现金流入		
投资活动的现金流量		-3 125 200
购买土地、厂房及设备		
投资活动产生的现金流量	410 000	
短期借款增加	61 000	
长期借款	80 000	
现金入股	-751 000	1 060 000
发放现金股利		-451 136
本期现金净减少		

四 汽车维修企业财务分析

1 汽车维修企业财务分析的方法

1）比率分析法

比率分析法是利用会计报表及有关财会资料中两项相关数值的比率，揭示物流企业财务状况和经营成果的一种分析方法。

2）比较分析法

通过某项财务指标与性质相同的指标评价标准进行对比，揭示物流企业财务状况和经营成果的一种分析方法。如：反映短期偿债能力的流动比率指标，通常认为下限是100%，而200%较为适当，通过实际计算得到的流动比率与标准相比较，低于标准，说明企业可能难以按期偿还债务，过高则表明企业流动资产占用较多，会影响资金的使用效益和企业的筹资成本。

3）趋势分析法

利用会计报表提供的数据资料，将各期实际指标与历史指标进行定基对比和环比，揭示物流企业财务状况和经营成果变化趋势的一种分析方法。

$$定基指数 = \frac{报告期财务指标}{基期该项指标} \times 100\%$$

定基指数反映该项财务指标与基期年份相比的变化趋势。

$$环比指数 = \frac{报告期财务指标}{上一期该项指标} \times 100\%$$

环比指数反映该项财务指标与上一年份相比的变化趋势。

在汽车维修企业财务管理过程中,可以利用上述指标细化财务分析。根据得到的结果优化企业结构、提高资金利用率、提高在本行业中的竞争力、加强财务人员队伍建设,从源头上解决汽车维修企业财务管理中存在的问题,使企业取得长足的进步。

2 汽车维修企业财务绩效评估指标体系

企业的财务绩效可以在对财务比率的分析基础上进行评估。财务比率一般可以分为三类,即偿还能力比率、营运能力比率、获利能力比率和现金流量比率等,每类比率分别从不同的角度反映了企业经营管理的各个层面和状况。

1)偿还能力比率

企业的偿还能力指标分为两类:一类是反映企业短期偿还能力指标,主要有流动比率和速动比率;另一类是反映企业长期偿还能力的指标,主要是资产负债率和已获利息倍数。

(1)流动比率。流动比率是企业流动资产与流动负债的比值,其计算公式为:

$$流动资金 = \frac{流动资产}{流动负债}$$

流动比率可以反映企业短期偿债能力。企业能否偿还短期债务,要看有多少短期债务,以及有多少可变现偿债的流动资产。流动资产越多,短期债务越少,则偿还能力越强。流动比率是流动资产和流动负债的比值,是个相对数,排除了企业规模不同的影响,更适合企业之间以及本企业不同历史时期的比较。

(2)速动比率。速动比率是从流动资产中扣除存货部分,再除以流动负债的比值,又称酸性测验比率,它反映企业短期内可变现资产偿还短期内到期债务的能力。速动比率是对流动比率的补充。其计算公式如下:

$$速动比率 = \frac{流动资产 - 存货}{流动负债}$$

速动资产是企业在短期内可变现的资产,等于流动资产减去存货后的金额,包括货币资金、短期投资和应收账款。通常认为正常的速动比率为1,低于1的速动比率被认为是短期偿债能力偏低。当然,这仅是一般的看法,因为行业不同,速动比率会有很大差别,没有统一标准的速动比率。

(3)资产负债率。资产负债率是指负债总额对全部资产总额之比。资产负债率反映在总资产中有多大比例是通过借债来筹资的,也可以衡量企业在清算时保护债权人利益的程度。其计算公式为:

$$资产负债率 = \frac{负债总额}{资产总额} \times 100\%$$

(4)已获利息倍数。已获利息倍数又称为利息保障倍数,是指企业息税前利润与利息费用的比率,是衡量企业长期偿债能力的指标之一。其计算公式为:

$$已获利息倍数 = \frac{息税前利润}{利息费用}$$

公式中利息费用是支付给债权人的全部利息,包括财务费用的利息和计入固定资产的利息。已获利息倍数反映企业用经营所得支付债务利息的能力,倍数足够大,企业就有充足的能力偿付利息。

2)营运能力比率

营运能力是企业的经营运行能力,反映企业经济资源的开发、使用以及资本的有效利用程度。它是通过企业的资金周转状况表现出来的。资金周转状况良好,说明企业经营管理水平高,资金利用率高。营运能力比率又称为资产管理比率,包括应收账款周转率、流动资产周转率和总资产周转率等。

(1)应收账款周转率。应收账款在流动资产中有着举足轻重的地位。及时收回应收账款,不仅可以增强企业的短期偿债能力,也反映出年度内应收账款转为现金的平均次数,它说明了应收账款流动的速度。用时间表示的周期速度是应收账款周转天数,又称应收账款回收期或平均收现期,它表示企业从取得应收账款的权利到收回款项、转换为现金所需要的时间。其计算公式为:

$$应收账款周转率 = \frac{销售收入}{平均应收账款}$$

$$应收账款周转天数 = \frac{360}{应收账款周转率} = 平均应收账款 \times \frac{360}{营业收入}$$

应收账款周转率是分析企业资产流动情况的一项指标。应收账款周转次数多,周转天数少,表明应收账款周转快,企业信用销售严格。

(2)流动资产周转率。流动资产周转率是销售收入与全部流动资产的平均余额的比值。其计算公式为:

$$流动资产周转率 = \frac{营业收入}{平均流动资产}$$

其中,平均流动资产=(年初流动资产+年末流动资产)/2。流动资产周转率反映了流动资产的周转速度。周转速度快,会相对节约流动资产,增强企业盈利能力;而延缓周转速度,需要补充流动资产参加周转,形成资金浪费,降低企业盈利能力。

(3)总资产周转率。总资产周转率是销售收入与平均资产总额的比值。其计算公式为:

$$总资产周转率 = \frac{销售收入}{平均资产总额}$$

$$平均资产总额 = \frac{年初资产总额 + 年末资产总额}{2}$$

该项指标反映总资产的周转速度。周转越快,销售能力越强。企业可以通过薄利多销的办法,加速资产的周转,带来利润绝对额的增加。

3)获利能力比率

一个企业不但应有较好的财务结构和较高的营运能力,更重要的是要有较强的获利能力。通常,反映获利能力的指标有:营业净利率、资本净利润率、所有者权益报酬率、资产净利率、成本费用利润率等。

(1)营业净利率。营业净利率是企业净利润与营业收入的比率,这项指标越高,说明企业从营业收入中获取利润的能力越强。其计算公式为:

$$营业净利率 = \frac{净利润}{营业收入净额} \times 100\%$$ 营业净利率

(2)资本净利润率。资本净利润率是企业净利润与实收资本的比率。其计算公式为：

$$资本净利润率 = \frac{净利润}{实收资本} \times 100\%$$

(3)所有者权益报酬率。所有者权益报酬率反映了所有者对企业投资部分的获利能力，也叫净资产收益率或净值报酬率。其计算公式为：

$$所有者权益报酬率 = \frac{净利润}{所有者权益余额} \times 100\%$$

$$所有者权益平均余额 = \frac{期初所有者权益 + 期末所有者权益}{2}$$

所有者权益报酬率越高,说明企业所有者权益的获利能力越强。影响该指标的因素,除了企业的获利水平外,还有企业所有者权益的大小。对所有者来说,这个比率很重要。该比率越大,投资者投入资本获利能力越强。

(4)资产净利率。资产净利率是企业净利润与资产平均总额的比率。其计算公式为：

$$资产净利率 = \frac{净利润}{资产平均总额} \times 100\%$$

(5)成本费用利润率。成本费用利润率是企业利润总额与成本费用总额的比率。其计算公式为：

$$成本费用利润率 = \frac{利润总额}{成本费用总额}$$

公式中,成本费用总额包括汽车维修企业在生产经营过程中投入的各项营业成本和期间费用。成本费用利润率也可以看作是投入产出的比率,其配比关系反映了企业每投入单位成本费用所获取的利润额。

【复习思考题】

1. 企业财务管理的概念、目标是什么？
2. 企业财务管理包括哪些内容？
3. 什么是资产？它包括哪些方面？
4. 什么是固定资产？如何管理固定资产？
5. 什么是流动资产？它包括哪些项目？如何管理应收账款与存货？
6. 什么是汽车维修企业的经营成本？汽车维修企业的直接成本与间接成本包括哪些项目？
7. 如何计算企业利润？税后利润的分配原则有哪些？
8. 编制企业财务报告的作用有哪些？企业财务报告主要包括哪些内容？
9. 目标成本管理的实施步骤有哪些？

汽车维修企业管理模拟试题(一)

一、单项选择题

1. 企业管理的核心是________。

A. 财务控制　B. 战略制定　C. 处理各种人际关系　D. 设计运行组织结构

2. 有限责任公司的最高权力机构是________。

A. 总经理　B. 股东会　C. 董事长　D. 董事会

3. 某汽车维修企业员工在一个岗位上已经工作了多年,他现在的工作状况却并不令人满意,其直接上司对此也感到十分困惑。从管理的角度看,你认为对他最好采取________措施。

A. 让他留在现岗位,再注意观察一段时间

B. 向他说明领导的困惑,希望他努力改进工作

C. 与他共同分析原因,寻求改进的措施

D. 明确告诉他,若不改进工作,将要被解雇

4. 汽车一级维护由专业维修工在维修车间或维修厂内进行,间隔里程周期一般为________。

A. 300 ~ 500km　B. 500 ~ 600km　C. 800 ~ 1000km　D. 1000 ~ 1200km

5. 根据 ABC 库存管理方法,A 类物资金额所占百分比为________。

A. 70% ~80%　B. 40% ~50%　C. 60% ~70%　D. 30% ~40%

6. 企业管理的具体职能中,首要职能是________。

A. 计划　B. 组织　C. 用人　D. 控制

7. 汽车维修企业组织日常生产活动的依据是________。

A. 生产计划　B. 生产调度　C. 生产作业计划　D. 滚动计划

8. 精益生产方式产生于________。

A. 福特汽车公司　B. 通用汽车公司

C. 丰田汽车公司　D. 克莱斯勒汽车公司

9. 流动比率的计算公式是________。

A. 流动负债/流动资产　B. 流动资产/流动负债

C. 流动资产/应付账款　D. 流动负债/速动资产

10. 最早提出企业文化的是________。

A. 日本学者　B. 美国学者　C. 前苏联学者　D. 英国学者

二、多项选择题

1. 汽车维修合同签订的范围包括________。

A. 汽车大修　B. 汽车总成大修

C. 汽车二级维护　D. 汽车维修预算费用在 1000 元以上的汽车维修作业

2. 汽车维修合同签订的形式有________。

A. 长期合同　B. 即时合同　C. 中期合同　D. 短期合同

3. 汽车维修企业市场调查的方法包括________。

A. 访问调查法　B. 现场观察法　C. 实验调查法　D. 行业调查法

4. 市场预测的方法有________

A. 定量预测法　B. 定性预测法　C. 长期预测法　D. 短期预测法

5. 汽车维修企业财务管理的内容包括________。

A. 筹资管理　B. 投资管理　C. 营运资金管理　D. 利润分配管理

6. 汽车维护分为________。

A. 日常维护　B. 一级维护　C. 二级维护　D. 三级维护

7. 汽车维修质量检验的方式有________。

A. 自检　B. 互检　C. 专检　D. 管理人员检验

8. 企业形象识别系统由________组合而成。

A. 理念识别系统　B. 行为识别系统C. 环境识别系统　D . 视觉识别系统

9. 备件盘点的方法有________。

A. 永续盘点　B. 循环盘点　C. 定期盘点　D. 重点盘点

10. 汽车维修企业人力资源管理的内容包括________。

A. 规划　B. 分析　C. 招聘　D. 维护与开发

三、判断题

1. 六西格玛意味着差错率为百万分之三点四。(　　)
2. 按照有关规定,汽车日常维护每日由驾驶人出车前或收车后进行。(　　)
3. 固定资产计提折旧通常采用加速折旧法。(　　)
4. 资产等于负债加所有者权益。(　　)
5. 预约是汽车维修服务流程的第一个重要环节。(　　)
6. 准时制生产方式是一种拉动式的管理方式。(　　)
7. 5S 活动起源于美国。(　　)
8. 汽车维修按定义和类别可分为汽车维护和汽车修理两类。(　　)
9. ISO 是国际标准化组织的简称。(　　)
10. 生产调度是对汽车维修企业生产作业计划的具体落实。(　　)

四、论述题

作为大中型汽车维修企业一名人力资源管理者,你所在的企业现行的绩效考评工作存在哪些问题？如何解决？

参考答案

一、单项选择题

1. C　2. B　3. C　4. D　5. A　6. A　7. C　8. C　9. B　10. B

二、多项选择题

1. ABD　2. AB　3. ABC　4. AB　5. ABCD

6. ABC　7. ABC　8. ABD　9. ABCD　10. ABCD

三、判断题

1. √　2. √　3. ×　4. √　5. √　6. √　7. ×　8. √　9. √　10. √

四、论述题(略)

汽车维修企业管理模拟试题(二)

一、单项选择题

1. 汽车整车维修企业开业条件规定:业务人员应熟悉各类汽车维修检测作业,从事汽车维修工作________以上。

A. 3 年　　B. 2 年　　C. 1 年　　D. 4 年

2. 汽车整车维修企业开业条件规定:企业应设有接待室,一类企业的面积不少于________。

A. $50m^2$　　B. $30m^2$　　C. $40m^2$　　D. $45m^2$

3. 根据 ABC 库存管理方法,A 类物资金额所占百分比为________。

A. 70% ~80%　　B. 40% ~50%　　C. 60% ~70%　　D. 30% ~40%

4. 汽车一级维护由专业维修工在维修车间或维修厂内进行,间隔里程周期为________。

A. 300 ~500km　　B. 500 ~600km　　C. 800 ~1000km　　D. 1000 ~1200km

5. 有限责任公司的最高权力机构是________。

A. 总经理　　B. 董事长　　C. 股东会　　D. 董事会

6. 德尔菲法是美国兰德公司提出的一种预测的方法,它在节省开支,避免专家之间出现从众行为方面,显示了独特的优势,但也有人对它提出批评,这主要是基于________。

A. 该法使专家的意见难以得到发挥

B. 主持人容易过多地加入个人意见

C. 耗费时间太多,不适用于快速决策

D. A + B + C

7. 马斯洛的需要层次论认为,人的最低层次需要是________。

A. 安全需要　　B. 社交需要　　C. 尊重需要　　D. 生理需要

8. 通过电话回访询问客户对维修工作的满意程度时,应在客户取车之后________内进行。

A. 3 ~5 天　　B. 5 ~7 天　　C. 1 ~3 天　　D. 7 ~9 天

9. 车辆技术管理原则要求对车辆定期检测、________、视情修理。

A. 定期维护　　B. 自愿维护　　C. 强制维护　　D. 按需维护

10. PDCA 中“A”的含义指的是________。

A. 实施　　B. 检查　　C. 计划　　D. 处理

二、多项选择题

1. 汽车维修设备通常分为________。

A. 检测仪表　　B. 维修机具　　C. 通用设备　　D. 专用设备

2. 汽车修理的类别是按________来划分的。

A. 车型　　B. 修理对象　　C. 作业深度　　D. 车辆使用年限

3. 汽车维修企业财务分析的方法有________。

A. 比率分析法　　B. 比较分析法　　C. 绝对数额法　　D. 趋势分析法

4. 汽车维修企业财务绩效评估指标体系由________构成。

A. 偿还能力比率 B. 生产效率指标 C. 获利能力比率 D. 营运能力比率

5. ________属于流动资产。

A. 商誉 B. 应收账款 C. 存货 D. 银行存款

6. 定量预测方法中的时间序列法包括________。

A. 简单平均法 B. 回归分析法 C. 指数平滑法 D. 加权平均法

7. 控制工作按控制的手段分为________。

A. 直接控制 B. 间接控制 C. 事前控制 D. 事后控制

8. 员工培训分为________。

A. 岗前培训 B. 日常培训 C. 潜能培训 D. 员工业余学习

9. 工资主要由以下几个部分组成________。

A. 工资 B. 津贴 C. 奖金 D. 福利

10. 汽车维修企业维修质量的主要评定参数是________。

A. 维修产值 B. 返修率 C. 项次合格率 D. 车辆完好率

三、判断题

1. 全面质量管理的特点就是要求对产品质量进行全面的检验,保证不合格的产品不出厂。 ( )

2. 人力资源是现代企业最缺少的资源。 ( )

3. 建设汽车维修企业文化,主要从行为、环境、社会形象三个层面展开。 ( )

4. 管理的二重性是指管理的自然属性和实践性。 ( )

5. 品牌是一种无形资产。 ( )

6. 4P 营销组合策略为产品、价格、渠道和促销。 ( )

7. 定性预测方法主要依据人们的经验与主观判断进行预测。 ( )

8. 按有关制度规定,企业的库存现金以 5 ~ 7 天的需要量为限。 ( )

9. 未使用或不需用的固定资产仍需计提折旧。 ( )

10. 汽车维修企业的经营成本包括直接成本与间接成本两部分。 ( )

四、论述题

我国汽车维修业在计算机管理应用方面存在哪些问题？结合企业实际情况,谈一下如何选择一款好的汽修企业信息管理软件？

参考答案

一、单项选择题

1. B　2. C　3. A　4. D　5. C　6. D　7. D　8. C　9. C　10. D

二、多项选择题

1. CD　2. BC　3. ABD　4. ACD　5. BCD

6. ACD　7. AB　8. ABC　9. ABCD　10. CD

三、判断题

1. ×　2. √　3. √　4. ×　5. √　6. √　7. √　8. ×　9. ×　10. √

四、论述题(略)

汽车维修企业管理模拟试题(三)

一、单项选择题

1. 汽车定期维护的内容不包括________。

A. 日常维护　　B. 磨合维护　　C. 一级维护　　D. 二级维护

2. 汽车检验分为人工检测和________检测两种方法。

A. 检测线　　B. 仪器设备　　C. 检测台　　D. 综合测试台

3. PDCA 中"A"的含义指的是________。

A. 实施　　B. 检查　　C. 计划　　D. 处理

4. ________阶段质量管理的重点主要是确保产品质量符合规范和标准。

A. 早期质量管理　　B. 统计质量管理　　C. 全面质量管理　　D. 质量检验

5. 质量检验的实质是________。

A. 事前把关　　B. 事后把关　　C. 全面控制　　D. 应用统计技术

6. 企业文化的力量最早出现在________。

A. 日本　　B. 德国　　C. 美国　　D. 法国

7. 一级维护是指当设备运行累计________,对设备进行维护。

A. 350 ~ 600h　　B. 450 ~ 500h　　C. 400 ~ 550h　　D. 500 ~ 650h

8. "三检"制度,即自检、互检和专职检验,是按________划分的。

A. 汽车维修工艺过程　　B. 质量检验对象

C. 质量检验方式　　D. 质量检验职责

9. 从事一类和二类维修业务的汽车维修企业应当各配备至少________名技术负责人员和质量检验人员。

A. 1　　B. 2　　C. 3　　D. 4

10. 根据 ABC 库存管理方法,C 类物资种类所占百分比为________。

A. 70% ~ 80%　　B. 40% ~ 50%　　C. 60% ~ 70%　　D. 30% ~ 40%

二、多项选择题

1.《汽车维护、检测、诊断技术规范》规定了汽车日常维护、一级维护、二级维护的________。

A. 维护周期　　B. 作业内容　　C. 工时定额　　D. 技术规范

2. 现代质量管理发展经历了________三个阶段。

A. 质量检验阶段　　B. 统计质量控制阶段

C. 质量改进　　D. 全面质量管理服务阶段。

3. 全面质量管理概况为"三全一多",其中"三全"包括________。

A. 全过程的质量管理　　B. 全面的质量管理

C. 全员系统的质量管理　　D. 全方位的质量管理

4. 人力资源管理的内容包括________。

A. 规划　　B. 招聘　　C. 维护　　D. 开发

5. 绩效考核的方法主要有________。

A. 民意测验法　　B. 等差图表法　　C. 德尔菲法　　D. 情景模拟法

6. 企业文化的特点主要是________。

A. 差异性　　B. 相似性　　C. 功利性　　D. 整合性

7. 人力资源流动的主要形式有________。

A. 培训　　B. 退休　　C. 离职　　D. 内部变动，如提升等

8. 建设汽车维修企业文化，主要从________层面开展。

A. 行为　　B. 组织　　C. 环境　　D. 社会形象

9. 企业内部识别系统包括________。

A. 生产福利　　B. 流通对策　　C. 市场调查　　D. 工作环境

10. 安全监督检查的主要内容包括________。

A. 查管理　　B. 查岗位　　C. 查制度　　D. 查隐患

三、判断题

1. 企业文化对企业具有整合作用。　　(　　)
2. 全面质量管理的主要特点是突出"全"字。　　(　　)
3. 员工招聘应把握以岗定员、双向选择、公开公平的原则。　　(　　)
4. 计算机管理已经成为一个汽车维修企业管理水平的标志。　　(　　)
5. 中外合资、合作汽车维修企业立项、审批程序立项申请的手续，由外方代表办理，道路运政管理机构可直接接受外方人员的申请。　　(　　)
6. 汽车维修企业或经营业户因故变更其经营范围的，由原批准开业的机构受理。　　(　　)
7. 汽车大修是为了恢复汽车某一总成的完好技术状况、工作能力和寿命而进行的作业，也就是总成在经过一段时间使用后，其基础件和主要零部件破裂、磨损、老化等，需要拆散进行彻底修理，以恢复其技术状况。　　(　　)
8. 年度审验的内容主要包括经营资质的评审和经营行为的评审。　　(　　)
9. 现行车辆维护分为一级维护、二级维护、三级维护。　　(　　)
10. 维修企业设备管理的主要任务是对设备进行综合管理，保持设备完好率。　　(　　)

四、论述题

联系实际谈谈汽车维修企业如何进行汽车维修工艺流程再造？

参考答案

一、单项选择题

1. B　2. B　3. D　4. B　5. B　6. C　7. B　8. D　9. A　10. A

二、多项选择题

1. ABD　B. ABD　3. ABC　4. ABCD　5. ABD
6. ACD　7. BCD　8. ACD　9. AD　10. ACD

三、判断题

1. √　2. √　3. √　4. √　5. ×　6. √　7. ×　8. √　9. ×　10. √

四、论述题(略)

附录A　机动车维修管理规定

第一章　总　　则

第一条　为规范机动车维修经营活动，维护机动车维修市场秩序，保护机动车维修各方当事人的合法权益，保障机动车运行安全，保护环境，节约能源，促进机动车维修业的健康发展，根据《中华人民共和国道路运输条例》及有关法律、行政法规的规定，制定本规定。

第二条　从事机动车维修经营的，应当遵守本规定。

本规定所称机动车维修经营，是指以维持或者恢复机动车技术状况和正常功能，延长机动车使用寿命为作业任务所进行的维护、修理以及维修救援等相关经营活动。

第三条　机动车维修经营者应当依法经营，诚实信用，公平竞争，优质服务。

第四条　机动车维修管理，应当公平、公正、公开和便民。

第五条　任何单位和个人不得封锁或者垄断机动车维修市场。

鼓励机动车维修企业实行集约化、专业化、连锁经营，促进机动车维修业的合理分工和协调发展。

鼓励推广应用机动车维修环保、节能、不解体检测和故障诊断技术，推进行业信息化建设和救援、维修服务网络化建设，提高机动车维修行业整体素质，满足社会需要。

第六条　交通部主管全国机动车维修管理工作。

县级以上地方人民政府交通主管部门负责组织领导本行政区域的机动车维修管理工作。

县级以上道路运输管理机构负责具体实施本行政区域内的机动车维修管理工作。

第二章　经营许可

第七条　机动车维修经营依据维修车型种类、服务能力和经营项目实行分类许可。

机动车维修经营业务根据维修对象分为汽车维修经营业务、危险货物运输车辆维修经营业务、摩托车维修经营业务和其他机动车维修经营业务四类。

汽车维修经营业务、其他机动车维修经营业务根据经营项目和服务能力分为一类维修经营业务、二类维修经营业务和三类维修经营业务。

摩托车维修经营业务根据经营项目和服务能力分为一类维修经营业务和二类维修经营业务。

第八条　获得一类汽车维修经营业务、一类其他机动车维修经营业务许可的，可以从事相应车型的整车修理、总成修理、整车维护、小修、维修救援、专项修理和维修竣工检验工作；获得二类汽车维修经营业务、二类其他机动车维修经营业务许可的，可以从事相应车型的整车修理、总成修理、整车维护、小修、维修救援和专项修理工作；获得三类汽车维修经营业务、三类其他机动车维修经营业务许可的，可以分别从事发动机、车身、电气系统、自动变速器维修及车身清洁维护、涂漆、轮胎动平衡和修补、四轮定位检测调整、供油系统维护和油品更换、喷油泵和喷油器维修、曲轴修磨、汽缸镗磨、散热器（水箱）、空调维修、车辆装潢（篷布、坐垫及内装饰)、车辆玻璃安装等专项工作。

第九条 获得一类摩托车维修经营业务许可的,可以从事摩托车整车修理、总成修理、整车维护、小修、专项修理和竣工检验工作;获得二类摩托车维修经营业务许可的,可以从事摩托车维护、小修和专项修理工作。

第十条 获得危险货物运输车辆维修经营业务许可的,除可以从事危险货物运输车辆维修经营业务外,还可以从事一类汽车维修经营业务。

第十一条 申请从事汽车维修经营业务或者其他机动车维修经营业务的,应当符合下列条件:

(一)有与其经营业务相适应的维修车辆停车场和生产厂房。租用的场地应当有书面的租赁合同,且租赁期限不得少于1年。停车场和生产厂房面积按照国家标准《汽车维修业开业条件》(GB/T 16739)相关条款的规定执行。

(二)有与其经营业务相适应的设备、设施。所配备的计量设备应当符合国家有关技术标准要求,并经法定检定机构检定合格。从事汽车维修经营业务的设备、设施的具体要求按照国家标准《汽车维修业开业条件》(GB/T 16739)相关条款的规定执行;从事其他机动车维修经营业务的设备、设施的具体要求,参照国家标准《汽车维修业开业条件》(GB/T 16739)执行,但所配备设施、设备应与其维修车型相适应。

(三)有必要的技术人员:

1. 从事一类和二类维修业务的应当各配备至少1名技术负责人员和质量检验人员。技术负责人员应当熟悉汽车或者其他机动车维修业务,并掌握汽车或者其他机动车维修及相关政策法规和技术规范;质量检验人员应当熟悉各类汽车或者其他机动车维修检测作业规范,掌握汽车或者其他机动车维修故障诊断和质量检验的相关技术,熟悉汽车或者其他机动车维修服务收费标准及相关政策法规和技术规范。技术负责人员和质量检验人员总数的60%应当经全国统一考试合格。

2. 从事一类和二类维修业务的应当各配备至少1名从事机修、电器、钣金、涂漆的维修技术人员;从事机修、电器、钣金、涂漆的维修技术人员应当熟悉所从事工种的维修技术和操作规范,并了解汽车或者其他机动车维修及相关政策法规。机修、电器、钣金、涂漆维修技术人员总数的40%应当经全国统一考试合格。

3. 从事三类维修业务的,按照其经营项目分别配备相应的机修、电器、钣金、涂漆的维修技术人员;从事发动机维修、车身维修、电气系统维修、自动变速器维修的,还应当配备技术负责人员和质量检验人员。技术负责人员、质量检验人员及机修、电器、钣金、涂漆维修技术人员总数的40%应当经全国统一考试合格。

(四)有健全的维修管理制度。包括质量管理制度、安全生产管理制度、车辆维修档案管理制度、人员培训制度、设备管理制度及配件管理制度。具体要求按照国家标准《汽车维修业开业条件》(GB/T 16739)相关条款的规定执行。

(五)有必要的环境保护措施。具体要求按照国家标准《汽车维修业开业条件》(GB/T16739)相关条款的规定执行。

第十二条 从事危险货物运输车辆维修的汽车维修经营者,除具备汽车维修经营一类维修经营业务的开业条件外,还应当具备下列条件:

(一)有与其作业内容相适应的专用维修车间和设备、设施,并设置明显的指示性标志;

(二)有完善的突发事件应急预案,应急预案包括报告程序、应急指挥以及处置措施等

内容;

(三)有相应的安全管理人员;

(四)有齐全的安全操作规程。

本规定所称危险货物运输车辆维修,是指对运输易燃、易爆、腐蚀、放射性、剧毒等性质货物的机动车维修,不包含对危险货物运输车辆罐体的维修。

第十三条 申请从事摩托车维修经营的,应当符合下列条件:

(一)有与其经营业务相适应的摩托车维修停车场和生产厂房。租用的场地应有书面的租赁合同,且租赁期限不得少于1年。停车场和生产厂房的面积按照国家标准《摩托车维修业开业条件》(GB/T 18189)相关条款的规定执行。

(二)有与其经营业务相适应的设备、设施。所配备的计量设备应符合国家有关技术标准要求,并经法定检定机构检定合格。具体要求按照国家标准《摩托车维修业开业条件》(GB/T 18189)相关条款的规定执行。

(三)有必要的技术人员:

1. 从事一类维修业务的应当至少有1名质量检验人员。质量检验人员应当熟悉各类摩托车维修检测作业规范,掌握摩托车维修故障诊断和质量检验的相关技术,熟悉摩托车维修服务收费标准及相关政策法规和技术规范。质量检验人员总数的60%应当经全国统一考试合格。

2. 按照其经营业务分别配备相应的机修、电器、钣金、涂漆的维修技术人员。机修、电器、钣金、涂漆的维修技术人员应当熟悉所从事工种的维修技术和操作规范,并了解摩托车维修及相关政策法规。机修、电器、钣金、涂漆维修技术人员总数的30%应当经全国统一考试合格。

(四)有健全的维修管理制度。包括质量管理制度、安全生产管理制度、摩托车维修档案管理制度、人员培训制度、设备管理制度及配件管理制度。具体要求按照国家标准《摩托车维修业开业条件》(GB/T 18189)相关条款的规定执行。

(五)有必要的环境保护措施。具体要求按照国家标准《摩托车维修业开业条件》(GB/T 18189)相关条款的规定执行。

第十四条 申请从事机动车维修经营的,应当向所在地的县级道路运输管理机构提出申请,并提交下列材料:

(一)《交通行政许可申请书》;

(二)经营场地、停车场面积材料、土地使用权及产权证明复印件;

(三)技术人员汇总表及相应职业资格证明;

(四)维修检测设备及计量设备检定合格证明复印件;

(五)按照汽车、其他机动车、危险货物运输车辆、摩托车维修经营,分别提供本规定第十一条、第十二条、第十三条规定条件的其他相关材料。

第十五条 道路运输管理机构应当按照《中华人民共和国道路运输条例》和《交通行政许可实施程序规定》规范的程序实施机动车维修经营的行政许可。

第十六条 道路运输管理机构对机动车维修经营申请予以受理的,应当自受理申请之日起15日内作出许可或者不予许可的决定。符合法定条件的,道路运输管理机构作出准予行政许可的决定,向申请人出具《交通行政许可决定书》,在10日内向被许可人颁发机动车维修经营许可证件,明确许可事项;不符合法定条件的,道路运输管理机构作出不予许可的决定，向申请人出具《不予交通行政许可决定书》，说明理由，并告知申请人享有依法申请行政复议或者提起行政诉讼的权利。

机动车维修经营者应当持机动车维修经营许可证件依法向工商行政管理机关办理有关登记手续。

第十七条 申请机动车维修连锁经营服务网点的，可由机动车维修连锁经营企业总部向连锁经营服务网点所在地县级道路运输管理机构提出申请，提交下列材料，并对材料真实性承担相应的法律责任：

(一)机动车维修连锁经营企业总部机动车维修经营许可证件复印件；

(二)连锁经营协议书副本；

(三)连锁经营的作业标准和管理手册；

(四)连锁经营服务网点符合机动车维修经营相应开业条件的承诺书。

道路运输管理机构在查验申请资料齐全有效后，应当场或在5日内予以许可，并发给相应许可证件。连锁经营服务网点的经营许可项目应当在机动车维修连锁经营企业总部许可项目的范围内。

第十八条 机动车维修经营许可证件实行有效期制。从事一、二类汽车维修业务和一类摩托车维修业务的证件有效期为6年；从事三类汽车维修业务、二类摩托车维修业务及其他机动车维修业务的证件有效期为3年。

机动车维修经营许可证件由各省、自治区、直辖市道路运输管理机构统一印制并编号，县级道路运输管理机构按照规定发放和管理。

第十九条 机动车维修经营者应当在许可证件有效期届满前30日到作出原许可决定的道路运输管理机构办理换证手续。

第二十条 机动车维修经营者变更许可事项的，应当按照本章有关规定办理行政许可事宜。

机动车维修经营者变更名称、法定代表人、地址等事项的，应当向作出原许可决定的道路运输管理机构备案。

机动车维修经营者需要终止经营的，应当在终止经营前30日告知作出原许可决定的道路运输管理机构办理注销手续。

第三章 维修经营

第二十一条 机动车维修经营者应当按照经批准的行政许可事项开展维修服务。

第二十二条 机动车维修经营者应当将机动车维修经营许可证件和《机动车维修标志牌》(见附件1)悬挂在经营场所的醒目位置。

《机动车维修标志牌》由机动车维修经营者按照统一式样和要求自行制作。

第二十三条 机动车维修经营者不得擅自改装机动车，不得承修已报废的机动车，不得利用配件拼装机动车。

托修方要改变机动车车身颜色，更换发动机、车身和车架的，应当按照有关法律、法规的规定办理相关手续，机动车维修经营者在查看相关手续后方可承修。

第二十四条 机动车维修经营者应当加强对从业人员的安全教育和职业道德教育，确保安全生产。

机动车维修从业人员应当执行机动车维修安全生产操作规程，不得违章作业。

第二十五条　机动车维修产生的废弃物，应当按照国家的有关规定进行处理。

第二十六条　机动车维修经营者应当公布机动车维修工时定额和收费标准，合理收取费用。

机动车维修工时定额可按各省机动车维修协会等行业中介组织统一制定的标准执行，也可按机动车维修经营者报所在地道路运输管理机构备案后的标准执行，也可按机动车生产厂家公布的标准执行。当上述标准不一致时，优先适用机动车维修经营者备案的标准。

机动车维修经营者应当将其执行的机动车维修工时单价标准报所在地道路运输管理机构备案。

机动车生产厂家在新车型投放市场后一个月内，有义务向社会公布其维修技术资料和工时定额。

第二十七条　机动车维修经营者应当使用规定的结算票据，并向托修方交付维修结算清单。维修结算清单中，工时费与材料费应分项计算。维修结算清单格式和内容由省级道路运输管理机构制定。

机动车维修经营者不出具规定的结算票据和结算清单的，托修方有权拒绝支付费用。

第二十八条　机动车维修经营者应当按照规定，向道路运输管理机构报送统计资料。

道路运输管理机构应当为机动车维修经营者保守商业秘密。

第二十九条　机动车维修连锁经营企业总部应当按照统一采购、统一配送、统一标识、统一经营方针、统一服务规范和价格的要求，建立连锁经营的作业标准和管理手册，加强对连锁经营服务网点经营行为的监管和约束，杜绝不规范的商业行为。

第四章　质 量 管 理

第三十条　机动车维修经营者应当按照国家、行业或者地方的维修标准和规范进行维修。尚无标准或规范的，可参照机动车生产企业提供的维修手册、使用说明书和有关技术资料进行维修。

第三十一条　机动车维修经营者不得使用假冒伪劣配件维修机动车。

机动车维修经营者应当建立采购配件登记制度，记录购买日期、供应商名称、地址、产品名称及规格型号等，并查验产品合格证等相关证明。

机动车维修经营者对于换下的配件、总成，应当交托修方自行处理。

机动车维修经营者应当将原厂配件、副厂配件和修复配件分别标识，明码标价，供用户选择。

第三十二条　机动车维修经营者对机动车进行二级维护、总成修理、整车修理的，应当实行维修前诊断检验、维修过程检验和竣工质量检验制度。

承担机动车维修竣工质量检验的机动车维修企业或机动车综合性能检测机构应当使用符合有关标准并在检定有效期内的设备，按照有关标准进行检测，如实提供检测结果证明，并对检测结果承担法律责任。

第三十三条　机动车维修竣工质量检验合格的，维修质量检验人员应当签发《机动车维修竣工出厂合格证》（见附件2）；未签发机动车维修竣工出厂合格证的机动车，不得交付使用，车主可以拒绝交费或接车。

机动车维修竣工出厂合格证由省级道路运输管理机构统一印制和编号，县级道路运输管理机构按照规定发放和管理。

禁止伪造、倒卖、转借机动车维修竣工出厂合格证。

第三十四条 机动车维修经营者对机动车进行二级维护、总成修理、整车修理的，应当建立机动车维修档案。机动车维修档案主要内容包括：维修合同、维修项目、具体维修人员及质量检验人员、检验单、竣工出厂合格证（副本）及结算清单等。

机动车维修档案保存期为二年。

第三十五条 道路运输管理机构应当加强对机动车维修专业技术人员的管理，严格执行专业技术人员考试和管理制度。

机动车维修专业技术人员考试及管理具体办法另行制定。

第三十六条 道路运输管理机构应当加强对机动车维修经营的质量监督和管理工作，可委托具有法定资格的机动车维修质量监督检验中心，对机动车维修质量进行监督检验。

第三十七条 机动车维修实行竣工出厂质量保证期制度。

汽车和危险货物运输车辆整车修理或总成修理质量保证期为车辆行驶 20000 公里或者 100 日；二级维护质量保证期为车辆行驶 5000 公里或者 30 日；一级维护、小修及专项修理质量保证期为车辆行驶 2000 公里或者 10 日。

摩托车整车修理或者总成修理质量保证期为摩托车行驶 7000 公里或者 80 日；维护、小修及专项修理质量保证期为摩托车行驶 800 公里或者 10 日。

其他机动车整车修理或者总成修理质量保证期为机动车行驶 6000 公里或者 60 日；维护、小修及专项修理质量保证期为机动车行驶 700 公里或者 7 日。

质量保证期中行驶里程和日期指标，以先达到者为准。

机动车维修质量保证期，从维修竣工出厂之日起计算。

第三十八条 在质量保证期和承诺的质量保证期内，因维修质量原因造成机动车无法正常使用，且承修方在 3 日内不能或者无法提供因非维修原因而造成机动车无法使用的相关证据的，机动车维修经营者应当及时无偿返修，不得故意拖延或者无理拒绝。

在质量保证期内，机动车因同一故障或维修项目经两次修理仍不能正常使用的，机动车维修经营者应当负责联系其他机动车维修经营者，并承担相应修理费用。

第三十九条 机动车维修经营者应当公示承诺的机动车维修质量保证期。所承诺的质量保证期不得低于第三十七条的规定。

第四十条 道路运输管理机构应当受理机动车维修质量投诉，积极按照维修合同约定和相关规定调解维修质量纠纷。

第四十一条 机动车维修质量纠纷双方当事人均有保护当事车辆原始状态的义务。必要时可拆检车辆有关部位，但双方当事人应同时在场，共同认可拆检情况。

第四十二条 对机动车维修质量的责任认定需要进行技术分析和鉴定，且承修方和托修方共同要求道路运输管理机构出面协调的，道路运输管理机构应当组织专家组或委托具有法定检测资格的检测机构作出技术分析和鉴定。鉴定费用由责任方承担。

第四十三条 对机动车维修经营者实行质量信誉考核制度。机动车维修质量信誉考核办法另行制定。

机动车维修质量信誉考核内容应当包括经营者基本情况、经营业绩（含奖励情况）、不良记录等。

第四十四条 道路运输管理机构应当建立机动车维修企业诚信档案。机动车维修质量信誉考核结果是机动车维修诚信档案的重要组成部分。

道路运输管理机构建立的机动车维修企业诚信信息，除涉及国家秘密、商业秘密外，应当依法公开，供公众查阅。

第五章 监督检查

第四十五条 道路运输管理机构应当加强对机动车维修经营活动的监督检查。

道路运输管理机构的工作人员应当严格按照职责权限和程序进行监督检查，不得滥用职权、徇私舞弊，不得乱收费、乱罚款。

第四十六条 道路运输管理机构应当积极运用信息化技术手段，科学、高效地开展机动车维修管理工作。

第四十七条 道路运输管理机构的执法人员在机动车维修经营场所实施监督检查时，应当有 2 名以上人员参加，并向当事人出示交通部监制的交通行政执法证件。

道路运输管理机构实施监督检查时，可以采取下列措施：

(一)询问当事人或者有关人员，并要求其提供有关资料；

(二)查询、复制与违法行为有关的维修台账、票据、凭证、文件及其他资料，核对与违法行为有关的技术资料；

(三)在违法行为发现场所进行摄影、摄像取证；

(四)检查与违法行为有关的维修设备及相关机具的有关情况。

检查的情况和处理结果应当记录，并按照规定归档。当事人有权查阅监督检查记录。

第四十八条 从事机动车维修经营活动的单位和个人，应当自觉接受道路运输管理机构及其工作人员的检查，如实反映情况，提供有关资料。

第六章 法律责任

第四十九条 违反本规定，有下列行为之一，擅自从事机动车维修相关经营活动的，由县级以上道路运输管理机构责令其停止经营；有违法所得的，没收违法所得，处违法所得 2 倍以上 10 倍以下的罚款；没有违法所得或者违法所得不足 1 万元的，处 2 万元以上 5 万元以下的罚款；构成犯罪的，依法追究刑事责任：

(一)未取得机动车维修经营许可，非法从事机动车维修经营的；

(二)使用无效、伪造、变造机动车维修经营许可证件，非法从事机动车维修经营的；

(三)超越许可事项，非法从事机动车维修经营的。

第五十条 违反本规定，机动车维修经营者非法转让、出租机动车维修经营许可证件的，由县级以上道路运输管理机构责令停止违法行为，收缴转让、出租的有关证件，处以 2000 元以上 1 万元以下的罚款；有违法所得的，没收违法所得。

对于接受非法转让、出租的受让方，应当按照第四十九条的规定处罚。

第五十一条 违反本规定，机动车维修经营者使用假冒伪劣配件维修机动车，承修已报废的机动车或者擅自改装机动车的，由县级以上道路运输管理机构责令改正，并没收假冒伪劣配件及报废车辆；有违法所得的，没收违法所得，处违法所得 2 倍以上 10 倍以下的罚款；没有违法所得或者违法所得不足 1 万元的，处 2 万元以上 5 万元以下的罚款，没收假冒伪劣配件及报废车辆；情节严重的，由原许可机关吊销其经营许可；构成犯罪的，依法追究刑事责任。

第五十二条 违反本规定，机动车维修经营者签发虚假或者不签发机动车维修竣工出厂合格证的，由县级以上道路运输管理机构责令改正；有违法所得的，没收违法所得，处以违法所得 2 倍以上 10 倍以下的罚款；没有违法所得或者违法所得不足 3000 元的，处以 5000 元以上 2 万元以下的罚款；情节严重的，由许可机关吊销其经营许可；构成犯罪的，依法追究刑事责任。

第五十三条 违反本规定，有下列行为之一的，由县级以上道路运输管理机构责令其限期整改；限期整改不合格的，予以通报：

（一）机动车维修经营者未按照规定执行机动车维修质量保证期制度的；

（二）机动车维修经营者未按照有关技术规范进行维修作业的；

（三）伪造、转借、倒卖机动车维修竣工出厂合格证的；

（四）机动车维修经营者只收费不维修或者虚列维修作业项目的；

（五）机动车维修经营者未在经营场所醒目位置悬挂机动车维修经营许可证件和机动车维修标志牌的；

（六）机动车维修经营者未在经营场所公布收费项目、工时定额和工时单价的；

（七）机动车维修经营者超出公布的结算工时定额、结算工时单价向托修方收费的；

（八）机动车维修经营者不按照规定建立维修档案和报送统计资料的；

（九）违反本规定其他有关规定的。

第五十四条 违反本规定，道路运输管理机构的工作人员有下列情形之一的，由同级地方人民政府交通主管部门依法给予行政处分；构成犯罪的，依法追究刑事责任：

（一）不按照规定的条件、程序和期限实施行政许可的；

（二）参与或者变相参与机动车维修经营业务的；

（三）发现违法行为不及时查处的；

（四）索取、收受他人财物或谋取其他利益的；

（五）其他违法违纪行为。

第七章 附 则

第五十五条 外商在中华人民共和国境内申请中外合资、中外合作、独资形式投资机动车维修经营的，应同时遵守《外商投资道路运输业管理规定》及相关法律、法规的规定。

第五十六条 机动车维修经营许可证件等相关证件工本费收费标准由省级人民政府财政部门、价格主管部门会同同级交通主管部门核定。

第五十七条 本规定自 2005 年 8 月 1 日起施行。经商国家发展和改革委员会、国家工商行政管理总局同意，1986 年 12 月 12 日交通部、原国家经委、原国家工商行政管理局发布的《汽车维修行业管理暂行办法》同时废止，1991 年 4 月 10 日交通部颁布的《汽车维修质量管理办法》同时废止。

附录 B　汽车维护、检测、诊断技术规范

（GB/T 18344—2001）

1. 范围

本标准规定了汽车日常维护、一级维护、二级维护的周期，作业内容和技术规范。

本标准适用于所有在用汽车。

2. 引用标准

下列标准所包含的条文，通过在本标准中引用而构成为本标准的条文。本标准出版时，所示版本均为有效。所有标准都会被修订，使用本标准的各方应探讨使用下列标准最新版本的可能性。

GB 7258—1997 机动车运行安全技术条件

3. 定义

本标准采用下列定义。

3.1　日常维护　routine maintenance

以清洁、补给和安全检视为作业中心内容，由驾驶员负责执行的车辆维护作业。

3.2　一级维护　elementary maintenance

除日常维护作业外，以清洁、润滑、紧固为作业中心内容，并检查有关制动、操纵等安全部件，由维修企业负责执行的车辆维护作业。

3.3　二级维护　complete maintenance

除一级维护作业外，以检查、调整转向节、转向摇臂、制动蹄片、悬架等经过一定时间的使用容易磨损或变形的安全部件为主，并拆检轮胎，进行轮胎换位，检查调整发动机工作状况和排气污染控制装置等，由维修企业负责执行的车辆维护作业。

4. 汽车维护分级和周期

4.1　汽车维护的分级

日常维护，一级维护，二级维护。

4.2　汽车维护的周期

4.2.1　日常维护的周期

出车前，行车中，收车后。

4.2.2　一级维护、二级维护的周期

4.2.2.1　汽车一、二级维护周期的确定，应以汽车行驶里程为基本依据。

汽车一、二级维护行驶里程依据车辆使用说明书的有关规定，同时依据汽车使用条件的不同，由省级交通行政主管部门规定。

4.2.2.2　一、二级维护时间间隔，对于不便用行驶里程统计、考核的汽车，可用行驶时间间隔确定一、二级维护周期。其时间（天）间隔可依据汽车使用强度和条件的不同，参照汽车一、二级维护里程周期确定。

5. 日常维护

5.1　对汽车外观、发动机外表进行清洁，保持车容整洁。

5.2 对汽车各部润滑油(脂)、燃油、冷却液、制动液、各种工作介质、轮胎气压进行检视补给。

5.3 对汽车制动、转向、传动、悬架、灯光、信号等安全部位和位置以及发动机运转状态进行检视、校紧,确保行车安全。

6. 一级维护

一级维护作业内容见表1。

一级维护作业内容　　表1

序	项　目	作业内容	技术要求
1	点火系统	检查、调整	工作正常
2	发动机空气滤清器、空压机空气滤滑器、曲轴箱通风系空气滤清器、机油滤清器和燃油滤清器	清洁或更换	各滤芯应清洁无破损,上下衬垫无残缺,密封良好,滤清器应清洁,安装牢固
3	曲轴箱油面、化油器油面、冷却液液面、制动液液面高度	检查	符合规定
4	曲轴箱通风装置、三效催化转化装置	外观检查	齐全、无损坏
5	散热器、油底壳、发动机前后支垫、水泵、空压机、进排气歧管、化油器、输油泵、喷油泵连接螺栓	检查校紧	各连接部位螺栓、螺母应紧固,锁销、垫圈及胶垫应完好有效
6	空压机、发电机、空调机传动带	检查皮带磨损、老化程度,调整传动带松紧度	符合规定
7	转向器	检查转向器液面及密封状况,润滑万向节十字轴、横直拉杆、球头销、转向节等部位	符合规矩
8	离合器	检查调整离合器	操纵机构应灵敏可靠;踏板自由行程应符合规定
9	变速器、差速器	检查变速器、差速器液面及密封状况,润滑传动轴万向节十字轴、中间轴承,校紧各部连接螺栓,清洁各通气塞	符合规定
10	制动系统	检查紧固各制动管路,检查调整制动踏板自由行程	制动管路接头应不漏气,支架螺栓紧固可靠,制动联动机构应灵敏可靠,储气筒无积水,制动踏板自由行程符合规定
11	车架、车身及各附件	检查、紧固	各部螺栓及拖钩、挂钩应紧固可靠,无裂损,无窜动,齐全有效
12	轮胎	检查轮辋及压条挡圈;检查轮胎气压(包括备胎),并视情况补气;检查轮毂轴承间隙	轮辋及压条挡圈应无裂损、变形;轮胎气压应符合规定,气门嘴帽齐全;轮毂轴承间隙无明显松旷

续上表

序	项　目	作业内容	技术要求
13	悬架机构	检查	无损坏,连接可靠
14	蓄电池	检查	电解液液面高度应符合规定,通气孔畅通,电桩夹头清洁、牢固
15	灯光、仪表、信号装置	检查	齐全有效,安装牢固
16	全车润滑点	润滑	各润滑嘴安装正确,齐全有效
17	全车	检查	全车不漏油、不漏水、不漏气、不漏电、不漏尘,各种防尘罩齐金有效

注:技术要求栏中的"符合规定"指符合实际使用中的有关规定。

7. 二级维护

7.1　二级维护作业过程

汽车二级维护时首先要进行检测,汽车进厂后,根据汽车技术档案的记录资料(包括车辆运行记录、维修记录、检测记录、总成修理记录等)和驾驶人反映的车辆使用技术状况(包括汽车动力性,异响,转向,制动及燃、润料消耗等)确定所需检测项目,依据检测结果及车辆实际技术状况进行故障诊断,从而确定附加作业项目,附加作业项目确定后与基本作业项目一并进行二级维护作业,二级维护过程中要进行过程检验,过程检验项目的技术要求应满足有关的技术标准或规范,二级维护作业完成后,应经维修企业进行竣工检验,竣工检验合格的车辆,由维修企业填写《汽车维护竣工出厂合格证》后方可出厂。

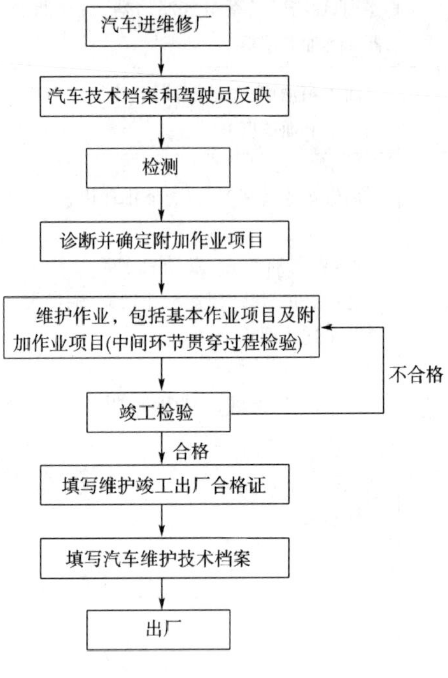

汽车进维修厂
汽车技术档案和驾驶员反映
检测
诊断并确定附加作业项目
维护作业，包括基本作业项目及附加作业项目(中间环节贯穿过程检验)
竣工检验
不合格
合格
填写维护竣工出厂合格证
填写汽车维护技术档案
出厂

图1　二级维护工艺过程图

7.2　二级维护工艺过程图如图1所示。

7.3　汽车二级维护检测、诊断

7.3.1　对汽车二级维修检测项目进行检测时,应使用该检测项目的专用检测仪器,仪器精度须满足有关规定。

7.3.2　汽车二级维护检测项目的技术要求应参照国家有关的技术标准,或原厂要求。

7.3.3　汽车二级维护检测项目见表2。

汽车二级维护检测项目　　表2

序号	检 测 项 目
1	发动机功率,汽缸压力
2	汽车排气污染物,三效催化转化装置的作用
3	电控燃油喷射系统
4	柴油车检查供油提前角、供油间隔角和喷油泵供油压力
5	制动性能,检查制动力
6	转向轮定位,主要检查前轮定位角和转向盘自由转动量

续上表

序号	检 测 项 目
7	车轮动平衡
8	前照灯
9	操纵稳定性,有无跑偏、发抖、摆头
10	变速器,有无泄漏、异响、松脱、裂纹等现象,换挡是否轻便灵活
11	离合器,有无打滑、发抖现象,分离是否彻底,接合是否平稳
12	传动轴,有无泄漏、异响、松脱、裂纹等现象
13	后桥,主减速器有无泄漏、异响、松动、过热等现象

7.3.4 汽车二级维护附加作业项目的确定,根据检测结果进行汽车故障诊断,确定以消除汽车故障为目的的二级维护附加作业项目和作业内容,恢复汽车的正常技术状况。附加作业项目确定后与基本作业项目一并进行二级维护作业。

7.4 二级维护过程检验

二级维护过程中,要始终贯穿过程检验,并作检验记录。过程检验中各维护项目的技术要求,需满足相应的有关技术标准或出厂说明书的有关规定。

7.5 二级维护基本作业项目

二级维护作业内容包含一级维护作业内容,二级维护基本作业项目见表3。

二级维护基本作业项目 表3

序号	维护项目	作业内容	技 术 要 求
1	发动机润滑油、机油滤清器	1)更换润滑油; 2)视情更换机油滤清器	1)润滑油规格性能指标符合规定; 2)液面高度符合规定; 3)机油滤清器密封良好,无堵塞,完好有效
2	检查润滑油油面高度	检查转向器、变速器、主减速器等润滑油规格和液面高度,不足时按要求补给	符合出厂规定
3	空气滤清器	清洁空气滤清器	空气滤清器清洁有效,安装可靠恒温进气装置真空软管安装可靠,进气转换阀工作灵敏、准确
4	1)燃油箱及油管; 2)燃油滤清器; 3)燃油泵	1)检查接头及密封情况; 2)清洁燃油滤清器,并视情更换; 3)检查燃油泵,必要时更换	1)接头无破损、渗漏,紧固可靠; 2)燃油滤清器工作正常; 3)燃油泵工作正常,油压符合规定
5	燃油蒸发控制装置	检查清洁,必要时更换	工作正常
6	曲轴箱通风装置	检查、清洁	清洁畅通,连接可靠,不漏气,各阀门无堵塞、卡滞现象,灵敏有效,符合规定
7	散热器、膨胀箱、百叶窗、水泵、节温器、传动皮带	1)检查密封情况、箱盖压力阀、液面高度、水泵; 2)检视皮带外观,调整皮带松紧度	1)散热器及软管无变形、破损及渗漏;箱盖接合表面良好,胶垫不老化,箱盖压力阀开启压力符合要求;水泵不漏水,无异响;节温器工作性能符合规定。 2)皮带应无裂痕和过量磨损,表面无油污,皮带松紧度符合规定

续上表

序号	维护项目	作业内容	技术要求
8	1)进、排气歧管、消声器、排气管; 2)汽缸盖	1)检查、紧固,视情补焊或更换; 2)按规定次序和拧紧力矩校紧汽缸盖	1)无裂纹、漏气,消声器性能良好 2)拧紧力矩符合规定
9	增压器、中冷器	检查、清洁	符合规定
10	发动机支架	检查、紧固	连接牢固,无变形和裂纹
11	化油器及联动机构	清洁、检查、紧固	清洁,联动机构运动灵活,连接牢固,无漏油、气现象,工作系统和附加装置工作正常
12	喷油器、喷油泵	检查喷油器和喷油泵的作用,必要时检测喷油压力和喷油状况,视情调整供油提前角	1)喷油器雾化良好,无滴油、漏油现象,喷油压力符合规定; 2)供油提前角符合规定
13	分电器、高压线	清洁、检查	分电器无油污,调整触点间隙在规定范围内,无松旷、漏电现象,高压线性能符合规定
14	火花塞	清洁、检查或更换火花塞,调整电极间隙	电极表面清洁,间隙符合规定
15	气门间隙	检查调整	符合规定
16	电控燃油喷射系统供油管路	检查密封状况	密封良好,作用正常
17	三效催化装置	检查三效催化装置的作用,必要时更换	作用正常
18	离合器	检查调整离合器踏板自由行程	离合器踏板自由行程符合规定
19	前轮制动	1)检查前轮制动器调整臂的作用	作用正常
		2)拆卸前轮毂总成、制动蹄、支承销;清洗转向节、轴承、支承销,清洁制动底板等零件	清洁,无油污
		3)检查制动盘、制动凸轮轴,校紧装置螺栓	1)制动底板不变形,按规定力矩拧紧装置螺栓; 2)凸轮轴转动灵活,无卡滞,转向间隙符合规定
		4)检查转向节及螺母、保险片及油封、转向节臂,校紧装置螺栓	1)转向节无裂纹,螺纹完好,与螺母配合应无径向松旷,保险片作用良好,油封完好不漏油; 2)转向节轴径与轴承的配合间隙符合要求,转向节臂装置螺栓拧紧力矩符合规定
		5)检查内外轴承	滚柱保持架无断裂,滚柱不脱落,无裂损和烧蚀,轴承内圈无裂损和烧蚀

续上表

序号	维护项目	作业内容	技术要求
19	前轮制动	6)检查制动蹄及支承销	1)制动蹄无裂纹及明显变形,摩擦片不破裂,铆接可靠,摩擦片厚度符合规定; 2)支承销无过量磨损,支承销与制动蹄承孔衬套配合间隙符合规定
		7)检查制动蹄复位弹簧	复位弹簧应无明显变形,自由长度、拉力符合规定
		8)检查前轮毂、制动鼓及轴承外座圈,校紧轮胎螺栓内螺母	1)轮胎无裂损; 2)轴承外座圈无裂纹,无麻点,无烧蚀; 3)制动鼓无裂纹,外边缘不得高出工作表面,检视孔完整,内径尺寸、圆度误差、左右内径差符合规定; 4)轮胎螺栓齐全完好,规格一致,按规定力矩拧紧
		9)装复前轮毂、调整前轮轴承松紧度及制动间隙	1)装复支承销,制动蹄支承销孔均应涂润滑脂,开口销或卡簧齐全有效; 2)润滑轴承; 3)制动鼓、制动片表面清洁,无油污; 4)制动片与制动鼓的间隙应符合规定,转动无碰擦现象或声响,检视孔挡板齐全; 5)轮毂转动灵活,用拉力计测量时可转动,且无轴向间隙; 6)锁紧螺母按规定力矩拧紧; 7)熔断器可靠,防尘罩、衬垫完好,螺栓垫圈齐全紧固(螺栓规格一致)
20	后轮制动	1)拆半轴、轮毂总成、制动体、支承销,清洗各零件及制动底板、半轴套管	1)轮毂通气孔畅通; 2)各零件及制动盘、后桥套管清洁无油污
		2)检查制动底板、制动凸轮轴,校紧连按螺栓	1)制动底板不变形,连接螺栓按规定力矩紧固; 2)凸轮轴转动灵活,无卡滞,轴向间隙和径向间隙符合规定
		3)检查后桥半轴套管、螺母及油封	1)套管无裂纹及明显松动,与螺母配合无径向松旷; 2)油封完好,无损坏,无漏油; 3)套管颈与轴承配合间隙符合规定
		4)检查内外轴承	1)轴承保持架无断裂,滚柱不脱落,无裂损和烧蚀; 2)轴承内座圈无裂纹、烧蚀
		5)检查制动蹄及支承销	1)制动蹄无裂纹及变形,摩擦片不破裂,铆接可靠,摩擦片厚度符合规定; 2)支承销与制动蹄承孔衬套配合间隙符合规定; 3)支承销无过量磨损

续上表

序号	维护项目	作业内容	技术要求
20	后轮制动	6)检查制动蹄复位弹簧	复位弹簧无变形,自由长度符合规定,拉力良好
		7)检查后轮毂、制动鼓及轴承外座圈,检查拧紧半轴螺栓,检查轮胎螺栓,校紧内螺母	1)轮毂无裂损; 2)轴承外座圈不松动,无损坏; 3)制动鼓无裂纹,内径、圆度误差、左右内径差符合规定,外边缘不得高出工作表面,制动鼓检视孔完整; 4)半轴螺栓齐全有效
		8)检查半轴	半轴无明显弯曲,不磨套管,无裂纹,花键无过量磨损或扭曲变形
		9)装复后轮毂,调整制动间隙	1)装复支承销、制动蹄片时,承孔均应涂润滑脂,开口销或卡簧齐全可靠; 2)润滑轴承; 3)套管轴颈表面应涂机油后再装上轴承; 4)制动蹄片、制动鼓面应清洁,无油污; 5)制动蹄片与制动鼓的间隙应符合规定,转动无碰擦现象或声响,检视孔挡板齐全紧固; 6)轮毂转动灵活,拉力符合规定; 7)锁紧螺母按规定力矩拧紧
21	转向器、转向传动机构	1)检查转向器传动机构的工作状况和密封性,校紧各部螺栓 2)检查调整转向盘自由转动量	转向盘自由转动量符合规定,转向轻便、灵活,无卡滞和漏油现象,垂臂及转向节臂无弯曲及裂损,各部螺栓连接可靠
22	前束及转向角	调整	符合规定
23	变速器、差速器	检查密封状况和操纵机构,清洁通气孔	密封良好,通气孔畅通,操纵机构作用正常,无异响、跳动、乱挡现象
24	传动轴、传动轴承支架、中间轴承	1)检查防尘罩; 2)检查传动轴万向节工作状态; 3)检查传动轴承支架; 4)检查中间轴承间	1)口防尘罩不得有裂纹、损坏,卡箍可靠,支架无松动; 2)万向节不松旷,无卡滞,无异响; 3)传动轴承支架无松动; 4)中间轴承间隙符合规定
25	空气压缩机、贮气筒、安全阀	清洁,校紧	清洁、连接可靠,无漏气,安全阀工作正常
26	制动阀、制动管路、制动踏板	1)检查制动踏板自由行程; 2)检查紧固制动阀和管路接头; 3)液压制动检查制动管路内是否有气	1)制动踏板自由行程符合规定; 2)制动阀和管路接头连接可靠,无漏气; 3)液压制动管路内无气

续上表

序号	维护项目	作业内容	技术要求
27	驻车制动	检查驻车制动性能,检查驻车制动器自由行程	符合规定,作用正常
28	悬架	检查、紧固,视情补焊、校正	不松动、无裂纹,无断片,按规定拧紧力矩紧固螺栓
29	轮胎(包括备胎)	检查紧固,补气,进行轮胎换位,磨损严重时更换轮胎	气压符合规定,清洁,无裂损、老化、变形,气门嘴完好,轮胎螺栓紧固,轮胎的装用符合规定
30	发电机、发电机调节器、起动机	清洁,润滑	符合规定
	蓄电池	检查,清洁,补给	清洁,安装牢固,电解液液面符合规定
31	前照灯、仪表、喇叭、刮水器、全车电气线路	检查、调整,必要时修理或更换	1)前照灯、喇叭、各仪表及信号装置功能齐全、有效,符合规定; 2)刮水器电动机运转无异响,连动杆连接可靠; 3)全车线路整齐,连接可靠,绝缘良好
32	车身、车架、安全带	检查、紧固	性能可靠,工作良好 无变形、断裂、脱焊,连接螺栓、铆钉紧固
33	内装饰	检查、紧固	设备完好,无松动
34	空调装置	检查空调系统工作状况、密封状况	1)制冷系统密封,制冷效果良好; 2)暖气装置工作正常
35	润滑	全车加注润滑脂的部位全部润滑	润滑脂嘴齐全有效,润滑良好

注:技术要求栏中的"符合规定"指符合实际应用中有关技术规定或技术要求。

7.6 二级维护竣工检验

汽车在维修企业进行二级维护后,必须进行竣工检验;各项目参数符合国家或行业及地方标准;竣工检验合格的车辆填写维护竣工出厂合格证后方可出厂。检验不合格的车辆应进行进一步的检测、诊断和维护,直到达到维护竣工技术要求为止。

二级维护竣工要求见表4。

二级维护竣工要求 表4

序号	检测部位	检验项目	技术要求	备注
1	整车	清洁	汽车外部、各总成外部、三滤应清洁	检视
		面漆	车身面漆、腻子无脱落现象,补漆颜色应与原色基本一致	检视
		对称	车体应周正,左右对称	汽车平置检查
		紧固	各总成外部螺栓、螺母按规定力矩拧紧,锁销齐全有效	检查
		润滑	发动机、变速器、转向器、减速器润滑符合规定,各通气孔畅通。各部润滑点润滑脂加注符合要求,润滑脂嘴齐全有效,安装位置正确	检视
		密封及电器	全车无油、水、气泄漏,密封良好,电器装置工作可靠,绝缘良好	检视
		前照灯、信号、仪表、刮水器、后视镜等装置	稳固、齐全、有效 符合有关规定	检视

续上表

序号	检测部位	检验项目	技术要求	备注
2	发动机	发动机工作状况	发动机能正常起动，低、中、高速运转均匀及稳定，冷却液温度正常，加速性能良好，无断缸、回火、放炮等现象，发动机运转稳定后应无异响	路试
		发动机功率	无负荷功率不小于额定值的80%	检测
		发动机装备	齐全有效	检视
3	离合器	踏板自由行程	符合原厂规定	检测
		离合情况	接合平稳，分离彻底，无打滑、抖动及异响	路试
4	转向系统	转向盘最大转动量	符合规定	检查
		横直拉杆装置	球头销不松旷，各部螺栓螺母紧固，锁止可靠	检查
		转向机构	操作轻便、转动灵活，无摆振、跑偏等现象，车轮转到极限位置时，不得与其他部件有碰擦现象	路试
		前束及最大转向角	符合规定	检测
		侧滑	符合 GB 7258 中的有关规定	检测
5	传动系统	变速器、传动轴、主减速器	变速器操纵灵活，不跳挡，不乱挡。变速器传动轴、主减速器各部无异响，传动轴装配正确	路试
6	行驶系统	轮胎	轮胎磨损应在规定范围内，同轴轮胎应为相同的规格和花纹，转向轮不得使用翻新轮胎，轮胎气压符合规定，后轮辋孔与制动鼓观察孔对齐	检查
		钢板弹簧	钢板弹簧无断裂、位移、缺片，U 形螺栓紧固，前后钢板支架无裂纹及变形	检查
		减振器	稳固有效	路试
		车架	车架无变形，纵横梁无裂纹，铆钉无松动，拖车钩、备胎架齐全，无裂损变形，连接牢固	检查
		前后轴	无变形及裂纹	检查
7	制动系统	制动性能	应符合 GB 7258 中的有关规定	路试或检测
		制动踏板自由行程	符合规定	
		驻车制动性能	应符合 GB 7258 中的有关规定	路试或检测
8	滑行	滑行性能	符合规定	路试或检测
9	车身、车厢	车身	驾驶室装置紧固，门锁链灵活无松旷，限动装置齐全有效，驾驶室门关闭牢靠，无旷动，风窗玻璃完好，窗框严密，门把、门锁、玻璃升降器齐全有效。发动机罩锁扣有效，暖风装置工作正常	检查
		车厢	车厢不歪斜，整体不变形，底板无损坏，边板、后门平整无变形，铰链完好，关闭严密，前后锁扣作用可靠	检视
10	排放	尾气排放测量	符合有关标准的规定	检测

附录C 汽车维修行业质量纠纷调解办法

第一章 总 则

第一条 为维护汽车维修业的正常秩序，保障承、托修双方当事人合法权益，规范汽车维修质量纠纷调解工作，依据国家有关规定和《汽车维修质量管理办法》及有关汽车维修行业管理法规，制定本办法。

第二条 县级以上地方人民政府交通行政主管部门所属道路运政机构依据本办法负责纠纷调解工作。纠纷双方所在地不在同一行政区的，由承修方所在地道路运政机构负责。

第三条 汽车维修质量纠纷调解系指在汽车维修质量保证期内或汽车维修合同约定期内，汽车维修业户与托修方因维修竣工出厂车辆的维修质量产生纠纷，双方自愿向道路运政机构申请进行的调解。

第四条 汽车维修质量纠纷（以下简称纠纷）调解，应坚持自愿、公平的原则。道路运政机构进行调解应当公开，做到依据事实、查明原因、分清责任、公开调解、公平负担。

第二章 纠纷调解申请的受理

第五条 纠纷调解的范围是在汽车维修质量保证期内或汽车维修合同约定期内当事人双方所发生的争执。

在质量保证期内，托修方遇有汽车维修质量问题或者发生机件事故，应首先与承修方协商解决。不愿协商或协商不成，当事人各方可向当地道路运政机构申请调解。

第六条 申请调解应提供下列资料：

（一）申请调解方（当事单位或个人）的名称，法定代表人的姓名、单位、地址、电话；

（二）当事人的名称、单位、地址、电话；

（三）纠纷的详细经过及申请调解的理由与要求的书面报告；

（四）汽车维修合同、车辆竣工出厂合格证、汽车维修费用结算凭证等其他必要的资料。

第七条 申请调解方（当事人）应如实填写《汽车维修质量纠纷调解申请书》。道路运政机构应在接到申请书后的五个工作日内根据本办法第五条规定做出是否同意受理的答复意见。同意受理的，道路运政机构应将《汽车维修质量纠纷调解申请书》自接到申请书后十个工作日内转送另一当事方。另一当事方同意调解的，应在自送达之日起五个工作日内就申请书所涉及的内容写出书面答辩材料，并做好参加调解准备。另一当事方不同意调解的应及时表明态度，道路运政机构则按不予受理的程序处理。道路运政机构不受理调解的，应在自接到申请书后或另一当事人不愿调解的答复后的五个工作日内，通知申请方。

第八条 参加调解的纠纷双方当事人均有举证责任，并对举证事实负责。

第九条 纠纷双方当事人均有保护当事车辆原始状态的义务。拆检车辆有关部位时，当事双方必须同时在场，一致证实拆检情况。

第十条 托修方或驾驶操作人员认为维修质量造成车辆异常，应保护好车辆原始状态并找承修方进行拆检。如承修方拒绝派人或事故现场不在本地的，托修方可向车辆停驶地道路运政机构提出拆检申请。

车辆停驶地道路运政机构接到拆检申请后，应及时组织拆检，填写《汽车现场拆检记录》（附件二），并及时将车辆现场拆检记录与有关证据送达承修方所在地道路运政机构。

第三章　技术分析和鉴定

第十一条　技术分析和鉴定由各级道路运政机构组织有关人员或委托有质量检测资格的汽车综合性能检测站进行。参与技术分析和鉴定工作的人员必须经道路运政机构审定并聘用。参加鉴定人员不得少于两人。

第十二条　技术分析和鉴定人员应依据现场拆检记录、汽车维修原始记录和《汽车维修合同》、车辆使用情况以及其他有关证据，分析原因，做出结论，并填写《技术分析和鉴定意见书》（附件三）。

第十三条　技术分析和鉴定是进行纠纷调解的基本依据，出具技术分析和鉴定的部门应对所做的结论负责。

第十四条　技术分析和鉴定的费用按照国家有关规定执行。需要做专项试验分析鉴定的，其费用按当地物价部门规定的收费标准执行。

第四章　责 任 认 定

第十五条　承修方不按技术标准、有关技术资料和维修操作工艺规程维修车辆或不按使用说明规定选用配件、油料所引起的质量责任由承修方负责。承修方因装配使用有质量问题的配件、油料或装配使用托修自带配件、油料且未在维修合同中明确责任的，所引起的质量责任由承修方负责。

第十六条　承修方在进行总成大修、小修和二级维护作业时，未对所装（拆）配件进行鉴定或虽发现相关配件质量不符合技术要求但未与托修方签订责任协议，在质量保证期内确因该零部件质量引起的质量事故由承修方负责。汽车维修合同中另有约定的按合同规定的责任确定。

第十七条　因托修方违反驾驶操作规程和车辆使用、维护规定而引起质量责任，由托修方负责。

第五章　纠 纷 调 解

第十八条　调解员由道路运政机构专业技术人员担任。调解员应熟悉业务，实事求是，公正廉洁。调解应以公开方式进行。

第十九条　当事各方应对调解过程中出示的证据进行质证。

第二十条　调解员根据有关技术标准和资料、技术分析和鉴定意见书及当事方的陈述、质证、辩论，分析事故原因，确定纠纷双方应负责任，调解各方应承担的经济损失。

第二十一条　经济损失应由责任人按过失比例承担。

对不能修复或没有修复价值的零部件按车辆折旧率和市场价格计算价值。

第二十二条　经济损失主要指直接经济损失，包括：

（一）在质量事故中直接损失的机件、燃润料及其他车用液体、气体、材料；

(二)返修工时费、材料费、材料管理费、辅助材料费、委外加工费、检测费。

第二十三条 道路运政机构在调解维修质量纠纷的过程中,如遇到下列情形之一,应向当事人双方宣布终止调解。

(一)当事人双方对技术分析和鉴定存有异议;

(二)受条件所限,不能出具技术分析和鉴定意见书;

(三)案件已由仲裁机构或法院受理。

第二十四条 向道路运政机构申请调解的质量纠纷,当事人中途不愿调解的,应向道路运政机构递交撤销调解的书面申请,并通知对方当事人,调解随即终止。

第二十五条 经调解达成协议的,道路运政机构应填写《汽车维修质量纠纷调解协议书》(附件四),调解协议书由双方当事人共同签字,并经道路运政机构盖印确认,调解协议书应交当事人各持一份,道路运政机构留存一份。调解即告结束。

第二十六条 质量纠纷调解过程中拆检、技术分析和鉴定的费用由责任方按照责任比例承担。质量纠纷已经受理并在调解过程中,一方提出不愿调解,应由其负担调解过程已发生的全部费用。

第二十七条 调解达成协议的,当事人各方应当自动履行。达成协议后当事人翻悔的或逾期不履行协议的,视为调解不成。

第二十八条 如经调解不能达成协议或调解达成协议后,一方不履行协议,有关当事方可依法提请仲裁机构仲裁或向人民法院提起民事诉讼。

第二十九条 调解结束后,调解员应对处理纠纷过程中的有关资料进行整理,由道路运政机构归档。

第六章 附 则

第三十条 摩托车、特种车辆及其他机动车辆的维修质量纠纷调解参照本办法执行。

第三十一条 本办法由交通运输部负责解释。

参考文献

[1] 王生昌.汽车服务企业管理[M].北京:人民交通出版社,2007.
[2] 李景芝,刘有星.汽车维修服务接待[M].北京:人民交通出版社,2010.
[3] 沈树盛,安国庆.汽车维修企业管理[M].北京:人民交通出版社,2011.
[4] 范瑞亭,苗泽青.汽车维修行业管理指南[M].北京:人民交通出版社,2006.
[5] 赵伟章.汽车维修业务管理[M].哈尔滨:哈尔滨工程大学出版社,2011.
[6] 李华.我国汽车维修企业存在的问题及发展对策,科技信息[M].北京:科技出版社,2008.
[7] 黄伟.中国汽车维修业的发展趋势,职业技术理论研究[M].重庆:重庆出版社,2007.
[8] 栾琪文.现代汽车维修企业管理实务[M].北京:机械工业出版社,2011.
[9] 王之政.汽车维修企业规划设计实务[M].北京:人民交通出版社,2005.
[10] 傅厚扬.汽车维修企业设计与管理[M].北京:人民交通出版社,2006.
[11] 李保良.汽车维修企业管理人员培训教材[M].北京:人民交通出版社,2004.
[12] 王勇,侯如松.基础会计[M].济南:山东人民出版社,2009.